Claus Bliefert

pH-Wert-Berechnungen

verlag chemie

Claus Bliefert

pH-Wert-Berechnungen

unter Mitarbeit von
Alfred Linek und Gerd Morawietz

Verlag Chemie · Weinheim · New York · 1978

Prof. Dr. Claus Bliefert
Meisenstr. 60
D-4431 Schöppingen

Verlagsredaktion: Dr. Gerd Giesler

Dieses Buch enthält 107 Abbildungen und 67 Tabellen

CIP-Kurztitelaufnahme der Deutschen Bibliothek
Bliefert, Claus:
pH-Wert-Berechnungen/Claus Bliefert.
Unter Mitarb. von Alfred Linek u. Gerd Morawietz. –
Weinheim, New York: Verlag Chemie 1978. –
ISBN 3-527-25788-8

Satz und Druck: Druckerei Dr. A. Krebs, D-6944 Hemsbach
Buchbinder: G. Kränkl, D-6148 Heppenheim
Printed in West Germany

Für Annie

Vorwort

Diese Einführung in Säure-Base-Theorien befaßt sich mit der Berechnung von pH-Werten ein- und mehrwertiger Säuren und Basen, von Säure- und Base-Gemischen, Puffern und Ampholyten, von Titrationskurven, pH-Diagrammen, Protolysegraden usw. Mit einfachen mathematischen Hilfsmitteln wird eine Vielzahl rechnerisch erfaßbarer Eigenschaften von Säure-Base-Gleichgewichten ausführlich dargestellt. Exakte Berechnungsformeln und zahlreiche Näherungen werden abgeleitet und diskutiert. Anschauliche Graphiken und tabellarische Zusammenfassungen sollen selbst für die Berechnung komplizierter Systeme ein schnelles Auffinden geeigneter Lösungsformeln ermöglichen. Viele Abbildungen und Beispiele sowie eine umfangreiche Aufgabensammlung mit Lösungen sollen Lernenden den Einstieg in diese grundlegenden Theorien und deren rechnerische Aspekte erleichtern und Lehrenden umfassende Informationen bieten.

Wegen der immer größeren Verbreitung programmierbarer Taschen- und Tischrechner wurde auf die Wiedergabe von aufwendigeren Formeln nicht verzichtet und im Anhang für einige ausgewählte Rechnungen Flußdiagramme angegeben, die leicht in eine Programmiersprache übersetzt werden können; die vielen Beispiele und die Lösungen der Aufgaben sind dabei geeignete Tests für selbstverfertigte Programme.

Mein besonderer Dank gilt meinen beiden Mitarbeitern, den Herren Ing. (grad.) A. Linek und Ing. (grad.) G. Morawietz, für ihre ausdauernde Unterstützung während aller Phasen der Manuskriptherstellung und Drucklegung. Weiter danke ich den folgenden Freunden, Mitarbeitern und Kollegen für Hilfeleistungen und Diskussionsbeiträge: Ing. (grad.) K. Brink, Dipl.-Math. W. Brenner, Ing. (grad.) G. Dehms, Dr. W. Gombler, Dr. J. Kaschuba, Prof. Dr. W. Kullbach, Prof. Dr. E. Krahé, Prof. Dr. G. Lieck, Prof. Dr. J. Martins und Dr. G. Schenker. Überdies gilt mein Dank Herrn Dr. G. Giesler und Herrn P. J. Biel vom Verlag Chemie für die bewährte freundliche, reibungslose Zusammenarbeit bei der Herstellung dieses Buches. Schließlich sei noch dem Fachbereich Maschinenbau der Fachhochschule Münster gedankt, dessen Tischrechner Hewlett Packard 9830 A wir benutzten.

Zum Schluß noch ein Hinweis für den Leser: Der Autor ist für alle kritischen Anmerkungen, Verbesserungsvorschläge usw. sehr dankbar!

Caseneuve, im August 1978 C. B.

Inhalt

Symbolverzeichnis

Symbol	Bedeutung	Beispiel
$A^-, A^{2-}, \ldots, A^{n-}$	einfach, zweifach, ..., *n*-fach negativ geladenes Teilchen	$A^{3-} = PO_4^{3-}$
a	Aktivität	$a = f_a \cdot c$
α	Dissoziationsgrad	$\alpha = \frac{c(A^-)}{C}$
$\alpha^{(i)}$	Dissoziationsgrad, berechnet mit Hilfe von Näherungen ($i = 0, 1, 2, 3$)	$\alpha^{(3)} = \sqrt{\frac{K_S}{C}}$
α^*	exakter Dissoziationsgrad	
B	Base B als Index: Base	$HA + B \rightleftharpoons A^- + HB^+$ K_B, pK_{B1}
β	Pufferkapazität	$\beta = \frac{dC(B)}{dpH}$
$\beta^{(i)}$	Pufferkapazität, berechnet mit Hilfe von Näherungen ($i = 1, 2, 3$)	$\beta^{(3)} = (\ln 10) \cdot \frac{C_P(HA) \cdot C_P(A^-)}{C_P(HA) + C_P(A^-)}$
β_{max}	maximale Pufferkapazität	
β', β''	erste und zweite Ableitung der Pufferkapazität nach pH	$\beta' = \frac{d\beta}{dpH}$
C	Gesamt-, Total-Konzentration*)	$C = c(HOAc) + c(OAc^-)$
$C(I)$	Gesamt-, Total-Konzentration*) der Komponente I	$C(HA)$, $C(B)$, $C(H_2SO_4)$, $C(Na^+)$, $C(S^{2-})$
C_P	Konzentration*) an Säure bzw. Base in einem Puffersystem, bestehend aus einer Säure HA bzw. ihrer korrespondierenden Base A^-	$C(HA) = C_P(HA) + C_P(A^-)$
C^*	Konzentration*) unter Berücksichtigung der Verdünnung	$C^*(HA) = C(HA) \cdot V(HA)$
$c(I)$	Gleichgewichts-Konzentration*) der Komponente I	$C(HA) = c(HA) + c(A^-)$

* Konzentrationen stets in mol/l.

Symbol	Bedeutung	Beispiel
$c(H_3O^+)$, $c(OH^-)$	Protonen-, Hydroxidionen-Konzentration*) im Gleichgewicht	$K_W = c(H_3O^+) \cdot c(OH^-)$
$\Delta\alpha^{(i)}$	relative Abweichung zweier Dissoziationsgrade ($i = 0, 1, 2, 3$)	$\Delta\alpha^{(1)} = \left\lvert \frac{\alpha^* - \alpha^{(1)}}{\alpha^*} \right\rvert$
ΔC	$\Delta C = C(HA) - C(B)$	
ΔpH, ΔpOH	Differenz zwischen zwei pH- bzw. pOH-Werten	$\Delta pOH = pOH_2 - pOH_1$
ΔpH_i, ΔpOH_i	Differenz zwischen dem wahren pH-Wert pH* und der i-ten Näherung ($i = 1, 2, \ldots, 7$)	$\Delta pH_2 = \lvert pH^* - pH_2 \rvert$
ΔpK, ΔpK_S	Differenz zweier pK-Werte	$\Delta pK_S = pK_{S2} - pK_{S1}$
δ	$\delta = pH - pK_S$	
F^*	Faktor, der bei Titrationen die Stärke der zugegebenen Base berücksichtigt	$F^* = 1 + \frac{K_W}{c(H_3O^+) \cdot K_B}$
f_a	Aktivitätskoeffizient	$a = f_a \cdot c$
$HA, H_2A, \ldots, H_nA$ $HB, H_2B, \ldots, H_nB$ $HX, H_2X, \ldots, H_nX$	einwertige, zweiwertige, ..., n-wertige Säuren	$HA = HOAc$ $H_3X = H_3PO_4$
HA/A^-, HB^+/B	korrespondierende Säure-Base-Paare	$HOAc/OAc^-$, NH_4^+/NH_3
$H_{n-i}A^{i-}$	i-te Protolyse-Stufe einer n-wertigen Säure H_nA	$H_2PO_4^-$, HPO_4^{2-}, PO_4^{3-} ($i = 1, 2, 3$; $n = 3$)
I	Komponente, Teilchen	$I = C_6H_5COOH$, $I = H_3A^-$
I	Isoelektrischer Punkt	
K_B, K_Y	Basekonstanten	$K_B = \frac{c(HB^+) \cdot c(OH^-)}{c(B)}$
K_S, K_{SA}, K_{SX}	Säurekonstanten	$K_{SX} = \frac{c(H_3O^+) \cdot c(X^-)}{c(HX)}$
$K_{B1}, K_{B2}, \ldots, K_{Bn}$ $K_{S1}, K_{S2}, \ldots, K_{Sn}$	Base- bzw. Säurekonstante für den ersten, zweiten, ..., n-ten Protolyse-Schritt einer mehrwertigen Base bzw. Säure	$K_{S2} = \frac{c(H_3O^+) \cdot c(S^{2-})}{c(HS^-)}$

* Konzentrationen stets in mol/l.

Symbol	Bedeutung	Beispiel
$K_{SA1}, K_{SA2}, \ldots, K_{SAn}$ $K_{SX1}, K_{SX2}, \ldots, K_{SXn}$	Säurekonstante für den ersten, zweiten, ..., n-ten Protolyse-Schritt der Säuren H_nA und H_nX	$K_{SX3} = \frac{c(H_3O^+) \cdot c(PO_4^{3-})}{c(HPO_4^{2-})}$
$K_S^{(i)}$	Säurekonstante, nach i-ter Näherung berechnet ($i = 0, 1, 2, 3$)	$K_S^{(3)} = \alpha^2 \cdot C$
K_S^*	exakte Säurekonstante	
K_W	Ionenprodukt des Wassers	$K_W = c(H_3O^+) \cdot c(OH^-)$
lg, ln	dekadischer bzw. natürlicher Logarithmus	$\ln x = \frac{\lg x}{\lg e} = 2{,}3026 \cdot \lg x$
M	Molarität	
m, n	allgemeine Angaben für die Wertigkeit von Basen oder Säuren	H_nA, H_nX
pH, pOH	pH-, pOH-Wert	$pH = -\lg c(H_3O^+)$
pH_i, pOH_i	pH- bzw. pOH-Wert, berechnet nach i-ter Näherung ($i = 1, 2, \ldots, 7$)	$pH_1 = -\lg C$
pH_{iso}	pH-Wert am isoelektrischen Punkt	$pH_{iso} = \frac{1}{2} \cdot (pK_{S1} + pK_{S2})$
pH_β	pH-Wert, bei dem β maximal ist	
pH*, pH**	wahre pH-Werte, die ohne vereinfachende Annahmen gewonnen wurden	
pK	pK-Wert	$pK = -\lg K$
pK_B, pK_Y	Baseexponenten der Basen B und Y	$pK_B = -\lg K_B$
pK_S, pK_{SA}, pK_{SX}	Säureexponenten	$pK_{SA} = -\lg K_{SA}$
$pK_{B1}, pK_{B2}, \ldots, pK_{Bn}$ $pK_{S1}, pK_{S2}, \ldots, pK_{Sn}$	Base- bzw. Säureexponenten für den ersten, zweiten, ..., n-ten Protolyse-Schritt einer mehrwertigen Base bzw. mehrwertigen Säure	$pK_{S3} = -\lg K_{S3}$

Symbol	Bedeutung	Beispiel
$pK_{SA1}, pK_{SA2}, \ldots, pK_{SAn}$ $pK_{SX1}, pK_{SX2}, \ldots, pK_{SXn}$	Säureexponenten für den ersten, zweiten, ..., n-ten Protolyse-Schritt der Säuren H_nA und H_nX	$pK_{SA1} = -\lg K_{SA1}$
pK_{SB}	pK_S-Wert der Base B	$pK_{SB} = pK_W - pK_B$
$pK_S^{(i)}$	pK_S-Wert, nach i-ter Näherung berechnet ($i = 0, 1, 2, 3$)	$pK_S^{(0)} = -\lg \dfrac{C \cdot \alpha^2}{1 - \alpha}$
pK_S^*	exakter Säureexponent	
pK_W	$pK_W = -\lg K_W$	
pT	Titrierexponent; pH-Wert am Endpunkt der Titration	
$q(HA)$	$q(HA) = \dfrac{c(OH^-) - c(H_3O^+)}{C(HA)}$	
S	Säure S	$S \rightleftharpoons B + H^+$
	als Index: Säure	$pK_S = -\lg K_S$
τ	Titrationsgrad	$\tau = \dfrac{C(B)}{C(HA)}$
$\tau^{(i)}$	Titrationsgrad, nach i-ter Näherung berechnet ($i = 2, 3, 4, 5$)	$\tau^{(5)} = \dfrac{K_S}{c(H_3O^+) + K_S}$
τ^*	Titrationsgrad unter Berücksichtigung der Verdünnung	$\tau^* = \tau \cdot \dfrac{V(B)}{V(HA)}$
V	Volumen	
$V(I)$	Volumen der Lösung mit der Komponente I	$V(HA)$, $V(NH_4Cl)$
$X^-, X^{2-}, \ldots, X^{n-}$	einfach, zweifach, ..., n-fach negativ geladenes Teilchen	$X^{2-} = CO_3^{2-}$
$x(HA)$, $x(A^-)$	Säure-, Basebruch	$x(HA) = \dfrac{c(H_3O^+)}{c(H_3O^+) + K_S}$
Y	als Index: Base Y	K_Y, pK_Y

1 Die Begriffe „Säure“, „Base“ und „pH-Wert“

1.1 Säuren und Basen im Chemie-Unterricht

Die Chemie war während vieler Jahrhunderte mit dem Makel behaftet, eine magische, nur wenigen Auserwählten vorbehaltene Kunst zu sein. Die Physik oder die Astronomie hingegen besaßen schon früh den Ruf von messenden, also „exakten“ Wissenschaften. Es dauerte lange, bis die „Lehre von den Stoffen und ihren Veränderungen“ in den Kreis der „wahren Wissenschaften“ aufgenommen wurde: Die Chemiker mußten erst lernen, sich physikalischer Methoden und Denkweisen beim Lösen ihrer chemischen Probleme zu bedienen. Seit Beginn dieses Jahrhunderts ist aus der Chemie die Anwendung physikalischer Methoden bei der Untersuchung und Charakterisierung von Stoffen nicht mehr wegzudenken. Es ist die Regel, Versuchsergebnisse im Rahmen konsistenter, wissenschaftstheoretisch einwandfreier Theorien zu deuten.

Natürlich versucht man heute schon im Anfänger-Unterricht – ganz gleich, ob im Gymnasium oder an der Hochschule – zu zeigen, daß in der Chemie nicht nur Veränderungen und Eigenschaften von Stoffen qualitativ erfaßt, sondern auch im Rahmen von Theorien Meßergebnisse exakt vorhergesagt werden können. Als besonders geeignetes Lehrgebiet wird hierfür oft und gerne die Theorie der Säuren und Basen benutzt. Die Begriffe „Säure“ und „Base“ lassen sich anhand einfacher Modelle leicht veranschaulichen. Darüberhinaus bedarf es keiner umfassenden Stoffkenntnisse und nur verhältnismäßig bescheidener apparativer Hilfsmittel, um auch im Experiment den Zugang zu diesen Begriffen zu finden. Diskussion und Deutung von Experimenten sind, je nach Verständnisgrad der Studierenden, auf verschiedenen Niveaus mit verschiedenen Blickpunkten und in den verschiedenen Disziplinen der Chemie möglich. Einfache Versuche gestatten ebenfalls einen guten Zugang zu weiteren zentralen Begriffen der Chemie wie „chemisches Gleichgewicht“, „Puffer“ oder „Redox-Reaktion“. Ferner erlaubt die Beschäftigung mit den Säure-Base-Theorien, sich anhand einfacher Beobachtungen mit den wissenschaftstheoretischen Begriffen *Hypothese, Modell* und *Theorie* auseinanderzusetzen.

Im folgenden werden einige der verschiedenen Definitionen von Säure und Base vorgestellt. Anschließend wird die Theorie von Brönsted ausführlich behandelt. Ein besonderes Anliegen des vorliegenden Textes ist es, die rechnerischen Aspekte gerade dieser Theorie eingehend zu diskutieren.

1.2 Säure-Base-Konzepte

Seit dem Mittelalter hat sich das Verständnis von Säuren oder sauren Stoffen weitgehend verändert. Zunächst nannte man Stoffe oder Lösungen „Säuren“, wenn sie sauren Geschmack aufwiesen (z. B. Pflanzensäfte, Essig, saure Milch). Wasserlöslichkeit und Auflösevermögen für andere Stoffe wurden ebenfalls als Charakteristika angegeben. Die chemischen Begriffe „Säure" und „Base" benutzte erstmals der westfälische Chemiker Tachenius (1666). Für das saure Verhalten solcher Flüssigkeiten machte man die Anwesenheit des entsprechend bezeichneten *Sauer*stoffs verantwortlich (Lavoisier), denn die meisten damals bekannten Säuren wurden aus Nichtmetalloxiden und Wasser gewonnen.

Boyle gab als spezifische Eigenschaften für Säuren an, daß sie mit Kreide aufbrausen, aus Schwefelleber Schwefel ausfällen, gewisse blaue Lösungen von Pflanzenfarbstoffen rot färben, und daß Säuren bei der Umsetzung mit Alkali ihre „sauren" Eigenschaften verlieren. Davy wies 1814 nach, daß der für das saure Verhalten von Salzsäure verantwortliche Stoff keinen Sauerstoff enthält. Liebig definierte 1838 als erster Säuren als Wasserstoff-Verbindungen, in denen der Wasserstoff durch Metalle ersetzt werden kann.

Im Laufe der letzten 100 Jahre vermehrten sich parallel zur allgemeinen stürmisch voranschreitenden Entwicklung der Chemie die Kenntnisse der chemischen und physikalischen Eigenschaften von Säuren und Basen. Damit ging die Suche nach einer eindeutigen und umfassenden Festlegung der Begriffe „Säure" und „Base" einher. Es galt also, diese Klasse von Verbindungen zu charakterisieren, und zwar aufgrund bestimmter Strukturen, dem Vorhandensein bestimmter Atome oder Atomgruppierungen, Elektronen-Konfigurationen oder gewisser Eigenschaften (etwa der, Ionen oder Elektronenpaare anzulagern oder abzugeben). Daß inzwischen mehr als fünf verschiedene Definitionen von „Säure" und „Base" existieren, mag zeigen, wie sehr man sich in den letzten Jahrzehnten bemüht hat, durch klare Begriffsbildungen neue experimentelle Befunde vergleichbar zu machen und sie ggf. übergeordneten Prinzipien gedanklich unterzuordnen.

1.2.1 Arrhenius-Säuren und -Basen

Die Arbeiten von Faraday (Einführung des Begriffs „Ion"), von Hittorf und Kohlrausch (Untersuchungen zur Ionenbeweglichkeit) und insbesondere die von Guldberg und Waage (Massenwirkungsgesetz) erlaubten erstmals eine umfassende Beschreibung von Dissoziations-Gleichgewichten. Arrhenius und Ostwald verknüpften dann (1887/88) die Erkenntnisse über Ionen-Gleichgewichte zu einer ersten Theorie der Dissoziationen von Elektrolyten, speziell von Säuren, und definierten Begriffe wie „Säure", „Base" und „Neutralisation". Nach Arrhenius ist das Wasserstoffion Träger der *sauren* Eigenschaften, das Hydroxidion Träger der *basischen* Eigenschaften.

Arrhenius-Säuren sind danach Wasserstoff-Verbindungen, die in wäßrigen Lösungen unter Abgabe von Wasserstoffionen dissoziieren. Entsprechend sind *Arrhenius-Basen* Verbindungen mit Hydroxidgruppen, die in wäßriger Lösung OH^--Ionen freisetzen. Ein Hauptmerkmal dieser Säure-Base-Definition ist, daß Säuren und Basen miteinander stets unter Bildung von Wasser reagieren, während sich die Kationen der Base und die Anionen der Säure nicht an der Reaktion beteiligen.

Die *Neutralisation*

$$\underset{NO_3^-}{H^+} + \underset{Na^+}{OH^-} \rightarrow \underset{Na^+, NO_3^-}{H_2O} \tag{1.1}$$

ist also die einzige mögliche Säure-Base-Reaktion im Arrheniusschen Sinn. Bei Reaktionen äquivalenter Mengen von Säure und Base heben sich die entgegengesetzten Eigenschaften „sauer" und „basisch" auf, und *Salze* werden gebildet:

$$\text{Säure} + \text{Base} = \text{Salz} + \text{Wasser}. \tag{1.2}$$

Dieses Konzept ermöglichte es zwar, Säure-Base-Reaktionen in wäßriger Lösung in Übereinstimmung mit den experimentellen Ergebnissen zu beschreiben. Die Arrhenius-Definition weist jedoch einige Schwächen auf. Es gibt Substanzen, z. B. CO_2, NH_3 oder NaCN, die das für Säuren und Basen nach Arrhenius erforderliche *konstitutionelle Merkmal* in Form einer H- oder OH-Gruppe im Teilchen nicht aufweisen, obwohl wäßrige Lösungen dieser Stoffe das *funktionelle Merkmal,* sauer oder basisch zu reagieren, besitzen. Dies führte dazu, daß man in wäßriger Lösung gemäß

$$CO_2 + H_2O \rightleftharpoons H_2CO_3 \rightleftharpoons H^+ + HCO_3^- \rightleftharpoons 2H^+ + CO_3^{2-},$$

$$NH_3 + H_2O \rightleftharpoons NH_4OH \rightleftharpoons NH_4^+ + OH^-$$

die Bildung von H_2CO_3 und NH_4OH postulierte, obschon keinerlei experimentelle Befunde auf deren Existenz in wäßrigem Medium hindeuteten. Weiterhin sind in nichtwäßrigen Lösungsmitteln (z. B. flüssigem Ammoniak) Säure-Base-Reaktionen möglich, die von der Arrheniusschen Definition nicht erfaßt werden können.

1.2.2 Brönsted-Säuren und -Basen

Die wohl wichtigste Weiterentwicklung der Arrheniusschen Definitionen waren die von Brönsted (und Lowry).

Um Wiederholungen zu vermeiden, wird hier auf weitere Erläuterungen und Beispiele verzichtet. Zum Verständnis der folgenden Abschnitte, die andere Säure-Base-Theorien mit der der Brönstedschen Protonensäuren vergleichen, ist es ggf. notwendig, Aussagen aus Abschn. 2.1 heranzuziehen.

1.2.3 Lewis-Säuren und -Basen

Lewis stellte fest, daß zahlreiche Stoffe keine Wasserstoff-Verbindungen sind und dennoch nach Auflösen in Wasser saure Reaktion hervorrufen, z. B. CO_2, SO_3 oder $AlCl_3$. Darüberhinaus reagiert beispielsweise die Base NH_3 nicht nur mit Protonen, sondern auch mit Ag^+, Cu^{2+}, Ni^{2+} oder BF_3. Aus diesen Gründen definierte Lewis als *Säure* jedes in seiner äußeren Elektronenschale unvollständig besetzte Molekül oder Ion, das ein anderes Teilchen mit einem freien Elektronenpaar unter Bildung einer kovalenten Bindung aufnehmen kann *(Elektronenpaar-Akzeptor).* Umgekehrt sind *Lewis-Basen* Teilchen, die freie Elektronenpaare besitzen und sie an Lewis-Säuren zur Ausbildung einer kovalenten Bindung abgeben können *(Elektronenpaar-Donator).* Der Lewissche Säure-Base-Begriff ist eine Erweiterung der Vorschläge von Arrhenius und Brönsted; dies wird anhand der folgenden Reaktion deutlich,

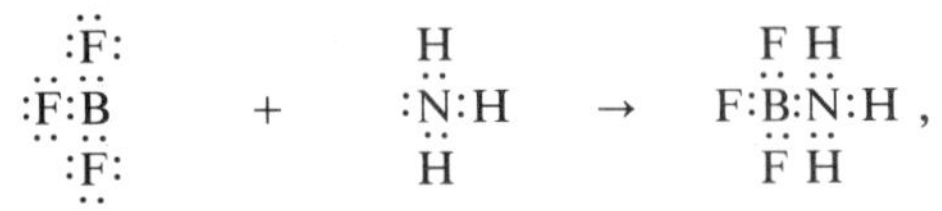 (1.3)

Lewis-Säure Lewis-Base

die nur im Lewisschen Sinn eine Säure-Base-Reaktion ist. Auch Komplexbildungs-Reaktionen sind Reaktionen von Lewis-Säuren mit Lewis-Basen, da die Lücken der Elektronenhülle des Zentralions durch Elektronenpaare der Liganden aufgefüllt werden.

Trotz der weit gefaßten Lewisschen Definition sind die Brönstedschen Protonensäuren keine Lewis-Säuren, da sie nicht als Elektronenpaar-Akzeptoren wirken können. Dagegen sind Brönsted-Basen stets auch Lewis-Basen. Zum Beispiel sind die Protonensäuren

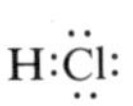 oder 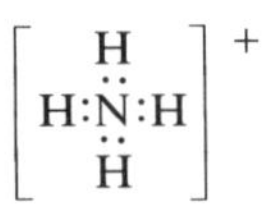

keine Lewis-Säuren, da die äußeren Elektronenschalen von H, N und Cl voll besetzt sind.

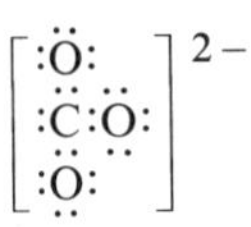 oder 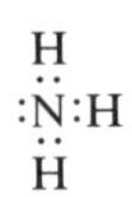

hingegen besitzen ein freies Elektronenpaar. Sie sind sowohl Elektronenpaar-Donator (Lewis-Base) als auch Protonen-Akzeptor (Brönsted-Base).

Lewis' Theorie nimmt an, daß bei allen Säure-Base-Reaktionen kovalente Bindungen ausgebildet werden. Dies setzt Kenntnisse über die Struktur der Stoffe und deren Elektronenkonfiguration voraus. Bei Arrhenius und Brönsted muß man im wesentlichen nur die chemischen Formeln der Stoffe kennen. Es sei noch angefügt, daß die Begriffe Lewis-Säure und -Base häufig durch die äquivalenten Begriffe *elektrophiles* und *nucleophiles* Reagens ersetzt werden, wenn man Reaktionen mehr unter kinetischen Gesichtspunkten betrachtet.

Die Lewisschen Definitionen sind nicht geeignet, Säure-Base-Gleichgewichte quantitativ zu beschreiben. Für die Diskussion von Reaktionsmechanismen jedoch eignet sich dieses Konzept gut, wenn man beachtet, daß das bei der Reaktion einer Lewis-Säure mit einer Lewis-Base entstehende Produkt auch durch weitere Reaktion – z. B. Umlagerung – stabilisiert werden kann. Einige Reaktionen zwischen Lewis-Säuren und -Basen sind in Tab. 1.1 aufgeführt.

Tab. 1.1. Einige Reaktionen zwischen Lewis-Säuren und -Basen.

Lewis-Säure	Lewis-Base		
Ni	+ 4 :CO	→	$Ni(CO)_4$
F_3B	+ $:NR_3$	→	F_3BNR_3
Ag^+	+ 2 $:NH_3$	→	$[Ag(NH_3)_2]^+$
Cu^{2+}	+ 4 $:NH_3$	→	$[Cu(NH_3)_4]^{2+}$
S	+ $:SO_3^{2-}$	→	$S\overset{O}{\underset{O}{S}}O^{2-}$
H^+	+ $:NH_3$	→	NH_4^+
CO_2	+ $:\ddot{O}H^-$	→	HCO_3^-
SO_3	+ $H_2\ddot{O}:$	→	H_2SO_4
Al^{3+}	+ 6 $H_2\ddot{O}:$	→	$[Al(H_2O)_6]^{3+}$
$FeCl_3$	+ $:\ddot{Cl}:^-$	→	$[FeCl_4]^-$
$(C_6H_5)_3C^+$	+ $:\ddot{O}H^-$	→	$(C_6H_5)_3COH$

1.2.4 Solvenssäuren und -basen*)

Franklin beschrieb erstmals die sauren Eigenschaften von Ammonium-Salzen und das basische Verhalten von Amiden, Iminen und Nitriden in flüssigem Ammoniak. Die Analogie beispielsweise der Reaktion

$$\underset{Cl^-}{NH_4^+} + \underset{Na^+}{NH_2^-} \rightarrow \underset{Na^+,\,Cl^-}{2\,NH_3}$$

in flüssigem Ammoniak zur Neutralisation im Lösungsmittel Wasser [→ Gl. (1.1)] führte zu einer ersten Definition von „Säuren" und „Basen" in einem nichtwäßrigen protonenhaltigen Lösungsmittel. Diese wurde im Laufe der Jahre auch auf protonenfreie Solventien mit Eigendissoziation erweitert, in denen man, analog zu den Protonen-Übergängen, beliebige Ionen-Übergänge betrachtete.

Bei diesem *Solvenskonzept* steht die elektrolytische Disproportionierung des Lösungsmittels im Mittelpunkt. So wie Wasser in positiv und negativ geladene Teilchen dissoziiert, bilden auch andere Lösungsmittel durch Eigenionisation Kationen und Anionen (→ Tabellen 1.2 und 1.3). Man versteht unter den säureanalogen *Solvenssäuren* Stoffe, die die Konzentration der bei der Autoionisierung des Lösungsmittels entstehenden Kationen *(Lyoniumion)* infolge ihrer elektrolytischen Dissoziation oder ihrer Eigenschaft als potentieller Elektrolyt über diejenige des Lösungsmittels hinaus erhöhen, z. B. NO^+ oder $SOCl^+$ (→ Tab. 1.2). Die den Basen entsprechenden *Solvensbasen* erhöhen die Konzentration an lösungsmitteleigenen Anionen *(Lyationen),* z. B. SO_3^{2-}

* Auch *Solvosäuren* und *-basen* genannt.

oder BrF_4^- (→Tab. 1.2). *Solvenssalze* sind Verbindungen, die bei ihrer Dissoziation in einem bestimmten Lösungsmittel lösungsmittelfremde Kationen oder Anionen abspalten.

Tab. 1.2. Autoionisierung in einigen Lösungsmittel-Systemen.

$2\,H_2O$	⇌	$H_3O^+ + OH^-$
$2\,NH_3$	⇌	$NH_4^+ + NH_2^-$
$2\,SO_2$	⇌	$SO^{2+} + SO_3^{2-}$
$2\,OPCl_3$	⇌	$OPCl_2^+ + OPCl_4^-$
$COCl_2$	⇌	$COCl^+ + Cl^-$
$NOCl$	⇌	$NO^+ + Cl^-$
N_2O_4	⇌	$NO^+ + NO_3^-$
$SOCl_2$	⇌	$SOCl^+ + Cl^-$
$2\,AsCl_3$	⇌	$AsCl_2^+ + AsCl_4^-$
$2\,AsF_3$	⇌	$AsF_2^+ + AsF_4^-$
$2\,JBr$	⇌	$J^+ + JBr_2^-$
$2\,JCl$	⇌	$J^+ + JCl_2^-$
$2\,BrF_3$	⇌	$BrF_2^+ + BrF_4^-$
$2\,JF_5$	⇌	$JF_4^+ + JF_6^-$

Analog zum Ionenprodukt im wäßrigen System [→Gl. (1.10)] kann man für andere Solventien, in denen ein Gleichgewicht der Form

$$AB \rightleftharpoons A^+ + B^- \qquad (1.4)$$

vorliegt,

$$K_{AB} = c(A^+) \cdot c(B^-) \qquad (1.5)$$

definieren; $c(A^+)$ und $c(B^-)$ sind dabei die Konzentrationen an Kationen und Anionen. Eine der pH-Skala analoge Unterteilung läßt sich für jedes solche Lösungsmittel

Tab. 1.3. Autoprotolyse-Reaktion einiger protonenhaltiger amphoterer Lösungsmittel (K Ionenprodukt).

Autoprotolyse-Reaktion			pK	(ϑ in °C)
$H_2O + H_2O$	⇌	$H_3O^+ + OH^-$	14,0	(22)
$CH_3OH + CH_3OH$	⇌	$CH_3OH_2^+ + CH_3O^-$	17,0	(18)
$C_2H_5OH + C_2H_5OH$	⇌	$C_2H_5OH_2^+ + C_2H_5O^-$	19,1	(18)
$NH_3 + NH_3$	⇌	$NH_4^+ + NH_2^-$	22	(−33)
$HCOOH + HCOOH$	⇌	$HCOOH_2^+ + HCOO^-$	6,2	(25)
$CH_3COOH + CH_3COOH$	⇌	$CH_3COOH_2^+ + CH_3COO^-$	13	(25)
$H_2SO_4 + H_2SO_4$	⇌	$H_3SO_4^+ + HSO_4^-$	2,9	(25)
$HNO_3 + HNO_3$	⇌	$H_2NO_3^+ + NO_3^-$	1,7	(25)

konstruieren, indem man den Zahlenwert $-\frac{1}{2}$ lg K_{AB} als „Neutralpunkt" festlegt; damit lautet dann die Neutralitätsbedingung

$$c(A^+) = c(B^-)\ .$$

1.2.5 Oxy-Säuren und -Basen

Zahlreiche Metalloxide, -Hydroxide und -Carbonate lösen sich beispielsweise in geschmolzenem Ammoniumnitrat. Überhaupt zeigen einige Salzschmelzen bei höheren Temperaturen ähnliche Eigenschaften wie Säuren. In solchen Schmelzen gleichen Übertragungen von Oxidionen *(Oxidotropie)* den Protonenaustausch-Vorgängen *(Prototropie)* bei Protonensäuren. Aus diesem Grund übertrugen Lux und Flood die Definitionen von Protonensäuren und -basen auf Oxidsysteme. *Säuren,* die Bjerrum zur Unterscheidung von Protonensäuren *Antibasen* genannt hat, sind Teilchen, die Oxidionen aufnehmen können, also *Oxidionen-Akzeptoren. Basen* können O^{2-}-Ionen abgeben, sind also *Oxidionen-Donatoren.* Beide Teilchen bilden ein *korrespondierendes Base-Antibase-Paar*:

$$\text{Base} \rightleftharpoons \text{Antibase} + n\,O^{2-}\,(n = 1, 2, \ldots)\ . \quad (1.6)$$

In Tab. 1.4 sind einige solcher Base-Antibase-Paare aufgeführt.

Tab. 1.4. Korrespondierende Base-Antibase-Paare.

Base		Antibase
SiO_4^{4-}	$\rightleftharpoons$	$SiO_2 + 2\,O^{2-}$
CO_3^{2-}	$\rightleftharpoons$	$CO_2 + O^{2-}$
$2\,SO_4^{2-}$	$\rightleftharpoons$	$S_2O_7^{2-} + O^{2-}$
CaO	$\rightleftharpoons$	$Ca^{2+} + O^{2-}$

Tab. 1.5 enthält einige Base-Antibase-Reaktionen, die bei höheren Temperaturen in Salzschmelzen ablaufen. Von praktischer Bedeutung sind besonders die *basischen* (z. B. Na_2CO_3) oder *sauren* (z. B. $K_2S_2O_7$) *Aufschlüsse* in Schmelzen, bei denen unlösliche Substanzen wie Al_2O_3, SiO_2 oder TiO_2 in wasserlösliche überführt werden.

Tab. 1.5. Base-Antibase-Reaktionen.

$Base_1$	+ $Antibase_2$	$\rightleftharpoons$ $Antibase_1$	+ $Base_2$
CO_3^{2-}	+ $S_2O_7^{2-}$	$\rightleftharpoons$ CO_2	+ $2\,SO_4^{2-}$
Al_2O_3	+ $3\,S_2O_7^{2-}$	$\rightleftharpoons$ $2\,Al^{3+}$	+ $6\,SO_4^{2-}$ *)
CO_3^{2-}	+ Al_2O_3	$\rightleftharpoons$ CO_2	+ $2\,AlO_2^-$ *)
$2\,CO_3^{2-}$	+ SiO_2	$\rightleftharpoons$ $2\,CO_2$	+ SiO_4^{4-}

* Al_2O_3 verhält sich *amphoter.*

1.2.6 Säuren und Basen nach Usanovic

Weiterhin soll auf das weniger bekannte Säure-Base-Konzept von Usanovic hingewiesen werden. Eine *Säure* ist nach Usanovic jeder Stoff, der fähig ist, Wasserstoffionen oder beliebige Kationen abzuspalten *(Kationen-Donator)* oder beliebige Anionen oder Elektronen anzulagern *(Anionen-Akzeptor, Elektronen-Akzeptor, Oxidationsmittel).* Umgekehrt sind *Basen* Teilchen, die beliebige Anionen oder Elektronen abspalten *(Anionen-Donatoren, Elektronen-Donatoren, Reduktionsmittel)* oder H^+-Ionen oder andere Kationen anlagern können *(Kationen-Akzeptoren).* Dieser Säure-Base-Begriff schließt die Brönstedsche und Lewissche Definition ein und umfaßt zusätzlich Redox-Reaktionen.

Daß es sinnvoll ist, Elektronenübertragungs-Reaktionen auch in das Säure-Base-Konzept einzubeziehen, kann man aus der Gegenüberstellung der beiden folgenden Reaktionen ersehen:

$$NaOH + HCl \rightleftharpoons NaCl + H_2O\ ,$$

$$Na + HCl \rightleftharpoons NaCl + \tfrac{1}{2}\,H_2\ .$$

Die Neutralisation der Base NaOH mit der Säure HCl führt ebenso zu einem Salz wie das Auflösen von Natriummetall in Säure (eine Redox-Reaktion). Das Usanovic-Konzept ist die umfassendste Säure-Base-Definition, da es neben den bisher beschriebenen verschiedenen Arten von Säure-Base-Reaktionen auch Redox-Reaktionen mitberücksichtigt; man kann somit fast alle chemischen Reaktionen (mit Ausnahme einiger Reaktionen von Radikalen) als Säure-Base-Systeme betrachten.

Usanovic geht davon aus, daß in allen an der Reaktion beteiligten Teilchen Ionenbindungen ausgebildet sind und nur Reaktionsprodukte mit heteropolaren Bindungen entstehen. Um alle Säure-Base-Reaktionen einheitlich als Ionen-Reaktionen beschreiben zu können, werden auch Teilchen, die kovalente Bindungen enthalten, formal als aus Ionen aufgebaut betrachtet. Einige Beispiele für Säure-Base-Reaktionen nach Usanovic sind in Tab. 1.6 zu finden.

Tab. 1.6. Säure-Base-Reaktionen nach Usanovic.

Säure		Base		
Cu^{2+}	+	$4\,NH_3$	$\rightleftharpoons$	$[Cu(NH_3)_4]^{2+}$
Na	+	NH_3	$\rightleftharpoons$	$NaNH_2 + \frac{1}{2}\,H_2$
NH_3	+	$CH_3C\begin{smallmatrix}/\!\!/O\\ \backslash Cl\end{smallmatrix}$	$\rightleftharpoons$	$CH_3C\begin{smallmatrix}/\!\!/O\\ \backslash NH_2\end{smallmatrix} + HCl$
J_2	+	$2\,S_2O_3^{2-}$	$\rightleftharpoons$	$S_4O_6^{2-} + 2\,J^-$
HgJ_2	+	$2\,J^-$	$\rightleftharpoons$	HgJ_4^{2-}
HPO_4^{2-}	+	OH^-	$\rightleftharpoons$	$PO_4^{3-} + H_2O$
HPO_4^{2-}	+	H^+	$\rightleftharpoons$	$H_2PO_4^-$

1.2.7 Harte und weiche Säuren und Basen

Nach Überlegungen von Pearson kann jede chemische Bindung als Vereinigung von Lewis-Säure und Lewis-Base zu einem *Säure-Base-Komplex* beschrieben werden.

A	+	:B	⇌	A – B	(1.7)
Lewis-Säure Elektronenpaar-Akzeptor		Lewis-Base Elektronenpaar-Donator		Säure-Base-Komplex	

Pearsons Ziel war es, ähnlich wie dies in der Komplexchemie für die Stabilität von Komplexen bei gegebenen Liganden für verschiedene Zentralatome schon früher formuliert wurde, qualitative Aussagen über die Lage dieses „Säure-Base-Gleichgewichts" [→Gl. (1.7)] und über die Stabilität des Säure-Base-Komplexes A – B zu machen.

Für die Reaktionsfähigkeit von Molekülen und Ionen, die an solchen Reaktionen beteiligt sind, ist neben der Elektronegativität der Reaktionspartner insbesondere die Deformierbarkeit der Elektronenhülle der verschiedenen Teilchen unter dem Einfluß des elektrischen Felds der jeweiligen Reaktionspartner (die *Polarisierbarkeit*) von Bedeutung. So ist leicht einzusehen, daß ein Teilchen großer Polarisierbarkeit gegenüber einem Elektronen-Akzeptor reaktiver ist als ein solches geringer Polarisierbarkeit. Demzufolge bezeichnete Pearson Lewis-Säuren (Elektronenpaar-Akzeptoren) mit geringer Polarisierbarkeit als *harte Säuren*. *Weiche Säuren* sind Lewis-Säuren hoher Polarisierbarkeit. Entsprechend definierte er als *harte Basen* Lewis-Basen (Elektronenpaar-Donatoren) mit großer Elektronegativität und geringer Polarisierbarkeit, als *weiche Basen* Lewis-Basen mit geringer Elektronegativität und großer Polarisierbarkeit. Harte Säuren sind insbesondere kleine und hochgeladene Kationen bzw. Moleküle. Als weiche Säuren kommen neben Kationen mit niedriger Ladung und großem Ionenradius auch Atome und Moleküle mit besetzten äußeren Orbitalen in Frage, aus denen Valenzelektronen leicht abgegeben werden können. In Tab. 1.7 sind einige Teilchen aufgeführt, die von Pearson als harte oder weiche Säuren oder Basen bezeichnet wurden.

Das qualitative Konzept*), das Pearson aufgestellt hat, lautet: Harte Säuren verbinden sich bevorzugt mit harten Basen, weiche Säuren bevorzugen weiche Basen.

Dabei bilden sich bei Reaktionen von harten Säuren mit harten Basen hauptsächlich Säure-Base-Komplexe mit Bindungen ionischen Charakters. Weiche Säuren und weiche Basen hingegen bilden Teilchen mit Bindungen vorwiegend kovalenten Charakters. Reaktionen zwischen weichen und harten Partnern sind weniger bevorzugt und führen zu Säure-Base-Komplexen geringerer Stabilität.

Pearsons Konzept läßt sich auf alle Arten der chemischen Bindung anwenden. Es ermöglicht, die Lage von Gleichgewichten qualitativ abzuschätzen und die relative Stabilität von Reaktionsprodukten vorherzusagen. Beispielsweise ist zu erwarten, daß der Komplex AgJ_2^- bedeutend stabiler ist (Ag^+ und J^-: weiche Säure und weiche Base) als das Ion AgF_2^- (F^- ist eine harte Base).

---

* Oft mit HSAB-Prinzip abgekürzt (von: *H*ard and *S*oft *A*cids and *B*ases).

Tab. 1.7. Harte und weiche Säuren und Basen (nach Pearson).

Harte Säuren	Weiche Säuren
H^+, Li^+, Na^+, K^+, Be^{2+}, Mg^{2+}, Ca^{2+}, Sr^{2+}, Mn^{2+}, Al^{3+}, Ga^{3+}, La^{3+}, Sc^{3+}, Cr^{3+}, Co^{3+}, Fe^{3+}, As^{3+}, Si^{4+}, Ti^{4+}, Th^{4+}, Zr^{4+}, Ce^{3+}, Sn^{4+}, VO^{2+}, RSO_2^+, BF_3, $AlCl_3$, SO_3, CO_2	Cu^+, Ag^+, Au^+, Hg^+, Tl^+, Pd^{2+}, Cd^{2+}, Pt^{2+}, Hg^{2+}, Tl^{3+}, $Ga(CH_3)_3$, J^+, Br^+, CH_3Hg^+ J_2, Br_2, O, Cl, Br, J, Metallatome
Harte Basen	**Weiche Basen**
H_2O, OH^-, F^-, O^{2-}, CH_3COO^-, PO_4^{3-}, SO_4^{2-}, CO_3^{2-}, ClO_4^-, NO_3^-, ROH, RO^-, R_2O, NH_3, RNH_2, N_2H_4	R_2S, RSH, RS^-, S^{2-}, J^-, SCN^-, $S_2O_3^{2-}$, R_3P, R_3As, $(RO)_3P$, CN^-, CO, H^-, R^-, C_2H_4, C_6H_6

1.2.8 Allgemeine Bemerkungen zu Säure-Base-Konzepten

Alle in den vorangegangenen Abschnitten skizzierten Säure-Base-Konzepte besitzen einige Gemeinsamkeiten, die zum Abschluß an dieser Stelle hervorgehoben werden sollen. *Säuren* sind bei allen Definitionen Moleküle oder Ionen, die positive Teilchen abgeben (H^+-Ionen, Lösungsmittel-Kationen) oder negative Teilchen aufnehmen (z. B. O^{2-}-Ionen, Elektronenpaare). *Basen* sind stets Donatoren einer negativ geladenen Spezies (z. B. Elektronenpaar, O^{2-}-Ion, OH^--Ion, Lösungsmittel-Anion) oder Akzeptoren eines positiven Teilchens (H^+-Ion).

Es läßt sich also verallgemeinernd als *Acidität* eine Eigenschaft von chemischen Teilchen bezeichnen, die bei Reaktion mit Basen abnimmt, z. B. die Tendenz zur Protonen-

Tab. 1.8. Säure-Base-Konzepte.

Säure-Base-Begriff	Säure	Base
Arrhenius	H^+-Ion	OH^--Ion
Brönsted-Lowry	Protonen-Donator	Protonen-Akzeptor
Lewis	Elektronenpaar-Akzeptor	Elektronenpaar-Donator
Usanovic	Kationen-Donator Anionen-Akzeptor Elektronen-Akzeptor Oxidationsmittel	Anionen-Donator Kationen-Akzeptor Elektronen-Donator Reduktionsmittel
Solvenskonzept	erhöht Lösungsmittel-Kationen	erhöht Lösungsmittel-Anionen
Oxy-Säuren und -Basen	O^{2-}-Ionen-Akzeptor	O^{2-}-Ionen-Donator

Abgabe. Umgekehrt kann man unter *Basizität* einer Teilchenart eine Eigenschaft verstehen, die sich bei Reaktion mit einer Säure vergrößert, z. B. die Tendenz zur Protonen-Aufnahme.

In Tab. 1.8 sind die Charakteristika der wichtigsten Säure-Base-Konzepte zusammengefaßt.

1.3 Die Eigendissoziation des Wassers

Da im folgenden vornehmlich Reaktionen in wäßrigem Medium betrachtet werden, sollen zuvor einige Eigenschaften des Lösungsmittels Wasser ausführlicher behandelt werden.

Die Eigendissoziation des Wassers wird oft in der Form

$$H_2O \rightleftharpoons H^+ + OH^- \qquad (1.8)$$

geschrieben. Das Proton, H^+, ist jedoch in wäßriger Lösung wegen der für seine Größe verhältnismäßig hohen Ladung instabil; seine mittlere Lebensdauer beträgt in Wasser nur 10^{-13} s. Es lagert mindestens ein H_2O-Molekül unter Bildung des *Oxoniumions**, H_3O^+, an. Auch das H_3O^+-Ion seinerseits existiert nicht als freies Ion; es ist vielmehr in einer ersten Wasserhülle von drei besonders stark über Wasserstoffbrücken mit dem zentralen H_3O^+-Ion verknüpften H_2O-Molekülen umgeben. (Die Spezies $H_9O_4^+$ ist besonders stabil, wie man beispielsweise massenspektroskopisch nachweisen kann.) Das $H_9O_4^+$-Teilchen kann wiederum H_2O-Moleküle anlagern, die jedoch bedeutend schwächer gebunden sind. Man muß sich also vor Augen halten, daß in Gl. (1.8) über den Grad der Hydratisierung des Protons und des Hydroxidions nichts ausgesagt wird. Anstelle des „nackten" Protons muß man sich ein von vielen Wasser-Molekülen umgebenes H_3O^+-Ion vorstellen.

Für die Gleichgewichts-Reaktion (1.8) ergibt das Massenwirkungsgesetz die *Gleichgewichtskonstante*

$$K = \frac{c(H^+) \cdot c(OH^-)}{c(H_2O)} \quad . \qquad (1.9)$$

Da Wasser nur sehr geringfügig in Wasserstoff- und Hydroxidionen dissoziiert und in verdünnten wäßrigen Lösungen stets in sehr großem Überschuß vorhanden ist, kann man

---

* Der Begriff *Hydroniumion* wird meistens dann benutzt, wenn kein bestimmter Grad der Hydratisierung des Protons zum Ausdruck gebracht werden soll. Da hier nur Reaktionen in wäßriger Lösung betrachtet werden, wo H^+ ja immer hydratisiert vorliegt, also keine Mißverständnisse auftreten können, werden im folgenden die Begriffe *Proton, Wasserstoffion* und *Oxoniumion* gleichbedeutend nebeneinander verwandt.

$$c(H_2O) = \frac{997\ g/l}{18\ g/mol} = 55{,}4\ mol/l$$

setzen (1 l Wasser besitzt bei 25 °C die Masse von 997 g) und diese praktisch konstante Größe in K mit einbeziehen. So definiert man nach einem Vorschlag von Nernst das *Ionenprodukt des Wassers:*

$$K_W = c(H^+) \cdot c(OH^-)\ . \qquad (1.10)$$

Da das Symbol H^+ nichts über das Ausmaß der Hydratisierung aussagt, formuliert man im allgemeinen Gl. (1.10) in der Form

$$K_W = c(H_3O^+) \cdot c(OH^-)\ . \qquad (1.11)$$

K_W ist temperaturabhängig (→Tab. 1.9). Man beachte, daß für 22° C – bei dieser Temperatur ist $K_W = 1{,}000 \cdot 10^{-14}\ mol^2/l^2$ – die Konzentrationen an H_3O^+- und OH^--Ionen gleich sind und 10^{-7} mol/l betragen. Oft benutzt man bei Rechnungen auch

$$pK_W = -\lg K_W\ , \qquad (1.12)$$

den negativen dekadischen Logarithmus des Zahlenwerts von K_W (→Tab. 1.9).

Tab. 1.9. Ionenprodukt des Wassers bei verschiedenen Temperaturen.

ϑ (in °C)	$K_W \cdot 10^{14}$ (in mol^2/l^2)	pK_W	$c(H_3O^+) \cdot 10^7$ (in mol/l)	pH
0	0,114	14,943	0,338	7,472
5	0,189	14,724	0,435	7,362
10	0,292	14,535	0,540	7,267
15	0,451	14,346	0,672	7,173
20	0,681	14,167	0,825	7,083
22	1,000	14,000	1,000	7,000
25	1,008	13,997	1,004	6,998
30	1,469	13,833	1,212	6,916
40	2,919	13,535	1,709	6,767
50	5,474	13,262	2,340	6,631

Im folgenden sollen die Gleichungen stets so formuliert werden, daß keine Protonen, sondern Oxoniumionen vorkommen. Diese Vereinbarung, anstelle von Protonen stets das einfache hydratisierte Proton anzugeben, verändert die prinzipiellen Aussagen der Gleichungen nicht. Sie hat aber den Vorteil, daß bei Protonenübertragungs-Reaktionen in wäßrigen Lösungen das Lösungsmittel meistens als Reaktionspartner genannt werden kann.

Konzentrationen können nur für genügend verdünnte Lösungen den wirklich wirksamen Ionen-Konzentrationen, den *Aktivitäten,* gleichgesetzt werden. Im strengen Sinn muß man das Massenwirkungsgesetz für Aktivitäten und nicht für Konzentrationen formulieren, denn in konzentrierten Elektrolyt-Lösungen machen sich die Anziehungskräfte zwischen den Ionen stärker bemerkbar und somit scheinen die Konzentrationen von Ionen geringer zu sein, als sie es in Wirklichkeit sind. Diese Erscheinung berücksichtigt man im allgemeinen dadurch, daß man die Konzentrationen c mit Korrekturfaktoren, den *Aktivitätskoeffizienten,* multipliziert und so die *Aktivitäten* a definiert:

$$a = f_{\mathrm{a}} \cdot c \,. \tag{1.13}$$

Mit zunehmender Konzentration werden die Aktivitätskoeffizienten kleiner, der Bruchteil der tatsächlich wirksamen Ionen verringert sich also. Werden Lösungen hingegen verdünnt, so gilt:

$$\lim_{c \to 0} f_a = 1 \,. \tag{1.14}$$

In der Praxis genügt es in den meisten Fällen, anstelle der Aktivitäten in verdünnten wäßrigen Lösungen mit Konzentrationen zu rechnen. Deshalb werden im folgenden vereinfachend stets die Konzentrationen der wäßrigen Lösungen benutzt; die Aktivitätskoeffizienten werden dementsprechend als 1 angenommen. Weiterhin soll im folgenden stets K_{W} gleich 10^{-14} gesetzt werden ($\vartheta = 22\,°\mathrm{C}$).

Verdünnte wäßrige Lösungen kann man aufgrund ihrer Protonen-Konzentrationen charakterisieren. Man nennt sie *neutral,* wenn die H_3O^+- und OH^--Ionen-Konzentrationen gleich sind, wenn also

$$c(\mathrm{H_3O^+}) = c(\mathrm{OH^-}) = 10^{-7}\ \mathrm{mol/l} \tag{1.15}$$

erfüllt ist, was bei reinem Wasser der Fall ist. Eine wäßrige Lösung heißt *sauer,* wenn die H_3O^+-Ionen-Konzentration größer als 10^{-7} mol/l ist [und damit $c(\mathrm{OH^-})$ entsprechend kleiner ist]. Sie wird *basisch* (oder *alkalisch*) genannt, wenn $c(\mathrm{H_3O^+})$ kleiner als 10^{-7} mol/l ist (→Tab. 1.10).

Tab. 1.10. Charakterisierung wäßriger Lösungen aufgrund ihrer Protonen-Konzentrationen ($\vartheta = 22\,°\mathrm{C}$).

	sauer	neutral	basisch
$c(\mathrm{H_3O^+})$	$>10^{-7}$	$=10^{-7}$	$<10^{-7}$
$c(\mathrm{OH^-})$	$<10^{-7}$	$=10^{-7}$	$>10^{-7}$
pH	<7	$=7$	>7
pOH	>7	$=7$	<7

1.4 Der pH-Begriff

Eine der wichtigsten Etappen auf dem Weg zum heutigen pH-Begriff ist die Abhandlung „Enzymstudien II, über die Messung und die Bedeutung der Wasserstoffionen-Konzentration bei enzymatischen Prozessen“, in der der dänische Biochemiker Sörensen den Begriff des pH-Werts einführte. Er definierte als *pH-Wert* den negativen dekadischen Logarithmus des Zahlenwerts der Wasserstoffionen-Konzentration („*p*ondus *h*ydrogenii“, wörtlich „Gewicht des Wasserstoffs“):

$$\mathrm{pH} = -\lg c(\mathrm{H_3O^+}) \; . \qquad (1.16)$$

Der so definierte *Wasserstoffionen-Exponent* genügt der Beziehung

$$c(\mathrm{H_3O^+}) = 10^{-\mathrm{pH}} \; . \qquad (1.17)$$

Der pH-Wert ist eine dimensionslose Zahl. Er weist gegenüber der Wasserstoffionen-Konzentration den Vorteil auf, daß der $c(H_3O^+)$-Bereich von mehr als 10 Zehnerpotenzen auf positive Zahlen, im wesentlichen zwischen 0 und 14, reduziert wird. Dabei besitzen negative pH-Werte und pH-Werte > 14 im wäßrigen System keine Bedeutung, da die zugehörigen H_3O^+- bzw. OH^--Konzentrationen so groß sind, daß auf sie das Massenwirkungsgesetz nicht mehr angewandt werden darf*). Eine Änderung des pH-Werts um 1 bedeutet eine Änderung der $c(H_3O^+)$- und $c(OH^-)$-Zahlenwerte um eine Zehnerpotenz.

Entsprechend versteht man unter dem *pOH-Wert (Hydroxidionen-Exponent)* den negativen dekadischen Logarithmus des Zahlenwerts der Hydroxidionen-Konzentration:

$$\mathrm{pOH} = -\lg c(\mathrm{OH^-}) \; . \qquad (1.18)$$

Nach Logarithmieren von Gl. (1.11) erkennt man, daß für jede wäßrige Säure- oder Base-Lösung die Bedingung

$$\mathrm{pH} + \mathrm{pOH} = \mathrm{p}K_\mathrm{W} \qquad (1.19)$$

erfüllt sein muß.

Mit diesen Definitionen sind die Aussagen „eine wäßrige Lösung reagiert neutral“, „$c(H_3O^+) = c(OH^-) = 10^{-7}$“**), „pH = 7“**) *(Neutralpunkt)* und „pOH = 7“**) äquivalent (→Tab. 1.10).

---

* Für die Acidität *supersaurer* Systeme sind weitere Definitionen vorgeschlagen worden (z. B. Hammettsche H_0-Funktion).

** Bei $\vartheta = 22\,°C$.

Im folgenden werden Formelzeichen wie $c(H_3O^+)$, $c(HOAc)$, $C(A^-)$ oder auch $V(B)$ in zweifacher Weise verwandt. In wenigen Fällen stehen diese Symbole für die physikalische *Größe,* also als Zahlenwert einer Konzentration oder eines Volumens multipliziert mit der Einheit mol/l oder l. Dies ist beispielsweise in *Größengleichungen* wie

$$c(H_3O^+) = 10^{-2}\ \text{mol/l},$$

$$V(HA) = 0{,}1\ \text{l}$$

der Fall. Aus der Angabe der Maßeinheit läßt sich immer erkennen, daß es sich um eine Größengleichung handelt.

Vorwiegend werden jedoch in diesem Text die Formelzeichen zur Kennzeichnung von *Zahlenwerten* solcher Größen benutzt. Fast alle Gleichungen, die in diesem Text vorkommen, sind also *Zahlenwertgleichungen.* Da aus dem Zusammenhang immer eindeutig hervorgeht, ob ein Formelzeichen einen Zahlenwert oder eine Größe darstellt, soll auf eine unterscheidende Kennzeichnung durch verschiedene Symbole verzichtet werden. Mehrdeutigkeiten sind ausgeschlossen, da vereinbarungsgemäß alle Konzentrationen in mol/l und alle Volumina in l angegeben werden.

2 Die Brönstedsche Säure-Base-Theorie

Im Brönstedschen Konzept, das in diesem Kapitel vorgestellt werden soll, ist das Proton Träger der Säure-Base-Reaktion. Man nennt aus diesem Grund *Brönsted-Säuren* und *-Basen* oft auch *Protonensäuren* und *-basen,* um gerade diese Eigenschaft der Brönstedschen Definitionen besonders hervorzuheben. Es handelt sich bei diesem Säure-Base-Begriff um eine leistungsfähige Definition, die alle Protonen-Übertragungsreaktionen in wäßriger Lösung, in nichtwäßrigen protonenhaltigen Lösungsmitteln und in der Gasphase umfaßt und sie zu beschreiben in der Lage ist; lediglich bei analogen Reaktionen in protonenfreien Lösungsmitteln versagt diese Theorie. Der große Vorteil des Brönstedschen Begriffssystems liegt vor allem in der Möglichkeit, Säure-Base-Gleichgewichte quantitativ mit verhältnismäßig einfachen mathematischen Mitteln zu beschreiben.

2.1 Protonen-Donatoren und -Akzeptoren

Kern dieser Theorie ist die Definition einer Säure als *Protonen-Donator* (auch *Protonen-Donor* genannt): Alle Teilchen, die Protonen abgeben können, werden im Rahmen dieser von Brönsted und Lowry unabhängig voneinander vorgeschlagenen Theorie*) als *Säuren* bezeichnet. Man beachte, daß Brönsted-Säuren Ionen oder Moleküle sein müssen, die als H^+-Ionen abspaltbare Wasserstoff-Atome besitzen z. B.

$HCl \quad H_3O^+ \quad HSO_4^- \quad CH_3COOH \quad NH_4^+ \quad HCN \quad OH^-$

CO_2 und SO_2 sind dementsprechend keine Brönsted-Säuren.

Basen sind Moleküle oder Ionen, welche Protonen zu binden in der Lage sind, also *Protonen-Akzeptoren*; allen Basen ist gemeinsam, daß sie freie Elektronenpaare zur Bildung einer kovalenten Bindung mit H^+-Ionen besitzen, beispielsweise:

$H\ddot{\underset{\cdot\cdot}{O}}:^- \quad :\ddot{\underset{\cdot\cdot}{S}}:^{2-} \quad :CN^- \quad H_3N: \quad CH_3C{\lessdot}^{O}_{\underset{\cdot\cdot}{\ddot{O}}:^-} \quad :\ddot{\underset{\cdot\cdot}{F}}:^- \quad H_2\ddot{O}:$

---

* Da Brönsted die umfassendsten Arbeiten auf diesem Gebiet veröffentlicht hat, wird der im folgenden vorgestellte Säure-Base-Begriff gewöhnlich nur mit dem Namen dieses dänischen Chemikers verbunden.

Die Aussage „X ist eine Säure im Brönstedschen Sinn“ bedeutet also: X ist ein Molekül oder Ion, das als Wasserstoffionen abspaltbare Wasserstoffatome besitzt *(konstitutionelles Merkmal)* und sie auf geeignete Reaktionspartner auch überträgt *(funktionelles Merkmal)*. Damit ein Teilchen also im Rahmen dieser Definition als *Säure* bezeichnet werden kann, muß es ein konstitutionelles *und* ein funktionelles Merkmal aufweisen. Von einer *Base* hingegen verlangt die Brönsted-Definition nur, daß solche Teilchen in der Lage sein müssen, H^+-Ionen aufzunehmen; es wird also nur die Erfüllung eines funktionellen Merkmals gefordert. Bei diesen Begriffen handelt es sich um eine *unsym-*

Tab. 2.1. Säure- und Baseexponenten
einiger ausgewählter korrespondierender Säure-Base-Paare.

↑ zunehmende Säurestärke	pK_S	Säure	Base	pK_B	zunehmende Basestärke ↓
sehr starke Säure	−10	$HClO_4$	ClO_4^-	24	extrem schwache Base
	−9	HBr	Br^-	23	
	−6	HCl	Cl^-	20	
	−3	H_2SO_4	HSO_4^-	17	
	−1,74	H_3O^+	H_2O	15,74	
starke Säure	−1,32	HNO_3	NO_3^-	15,32	sehr schwache Base
	0	$HClO_3$	ClO_3^-	14	
	1,92	HSO_4^-	SO_4^{2-}	12,08	
	2,13	H_3PO_4	$H_2PO_4^-$	11,87	
	2,22	$[Fe(H_2O)_6]^{3+}$	$[Fe(H_2O)_5OH]^{2+}$	11,78	
	3,14	HF	F^-	10,86	
	3,35	HNO_2	NO_2^-	10,65	
	3,75	HCOOH	$HCOO^-$	10,25	
schwache Säure	4,75	CH_3COOH	CH_3COO^-	9,25	
	4,85	$[Al(H_2O)_6]^{3+}$	$[Al(H_2O)_5OH]^{2+}$	9,15	
	6,92	H_2S	HS^-	7,08	schwache Base
	7	HSO_3^-	SO_3^{2-}	7	
	7,2	$H_2PO_4^-$	HPO_4^{2-}	6,8	
sehr schwache Säure	9,25	NH_4^+	NH_3	4,75	
	9,40	HCN	CN^-	4,60	
	9,61	$[Zn(H_2O)_6]^{2+}$	$[Zn(H_2O)_5OH]^+$	4,39	
	10,40	HCO_3^-	CO_3^{2-}	3,60	starke Base
	11,62	H_2O_2	HO_2^-	2,38	
	12,36	HPO_4^{2-}	PO_4^{3-}	1,64	
	13,0	HS^-	S^{2-}	1,0	
extrem schwache Säure	15,74	H_2O	OH^-	−1,74	sehr starke Base
	23	NH_3	NH_2^-	−9	
	24	OH^-	O^{2-}	−10	
	40	H_2	H^-	−26	

metrische Definition von Säure und Base, da für Basen kein der Säure-Definition entsprechendes konstitutionelles Merkmal gefordert wird. [Säure- und Base-Begriff nach Arrhenius sind typisch für eine *symmetrische* Säure-Base-Definition, da Säuren und Basen durch gleich viele zueinander inverse funktionelle (H^+-Abgabe, OH^--Abgabe) und konstitutionelle Merkmale (als H^+- bzw. OH^--Ionen abspaltbare H- bzw. OH-Gruppen im Molekül oder Ion) gekennzeichnet sind.]

2.2 Korrespondierende Säure-Base-Paare

Ein weiterer zentraler Begriff dieser Theorie ist der des *korrespondierenden Säure-Base-Paares* (auch *konjugiertes* oder *konjugates Säure-Base-Paar* genannt). Solche Säure-Base-Paare (→Tab. 2.1) sind stets zwei Teilchen (z. B. HB^{n+} und $B^{(n-1)+}$), die miteinander in einem Gleichgewicht der Form

$$\begin{array}{lcl} HB^{n+} & \rightleftharpoons & B^{(n-1)+} + H^+ \\ H_2O + H^+ & \rightleftharpoons & H_3O^+ \\ \hline HB^{n+} + H_2O & \rightleftharpoons & B^{(n-1)+} + H_3O^+ \end{array} \tag{2.1}$$

stehen (n kann die Werte 0, 1, −1, 2, −2, ... annehmen). Es sind dabei HB^{n+} eine Säure und $B^{(n-1)+}$ deren korrespondierende Base. HB^{n+} und $B^{(n-1)+}$ können durch Protonen-Abgabe bzw. -Aufnahme ineinander übergeführt werden. Korrespondierende Säure-Base-Paare lassen sich nach der Stärke der Säuren bzw. der Basen anordnen (→Tab. 2.1).

Tab. 2.2. Beispiele für Molekül- und Ionensäuren und -basen und deren korrespondierende Teilchen.

Bezeichnung	Säuren	korrespondierende Basen
Neutralsäure	HCl, H_2SO_4	Cl^-, HSO_4^-
Kationensäure	NH_4^+, H_3O^+	NH_3, H_2O
Anionensäure	$H_2PO_4^-$, HS^-	HPO_4^{2-}, S^{2-}
	Basen	**korrespondierende Säuren**
Neutralbase	NH_3, H_2NOH	NH_4^+, H_3NOH^+
Kationenbase	$N_2H_5^+$, $[Al(H_2O)_5OH]^{2+}$	$N_2H_6^{2+}$, $[Al(H_2O)_6]^{3+}$
Anionenbase	S^{2-}, CN^-	HS^-, HCN

Eine Brönsted-Säure unterscheidet sich von ihrer korrespondierenden Base immer genau um eine Ladungseinheit. Säuren besitzen also stets genau ein H^+ mehr in der Formeleinheit als ihre korrespondierenden Basen. Säuren oder deren korrespondierende Basen können neutral, positiv oder negativ geladen sein. Man unterscheidet so *Molekül-* (oder *Neutral-*) und *Ionensäuren* oder *-basen (Kationen-* und *Anionensäuren* bzw. *-basen),* je nach Ladung der betrachteten Teilchen (→Tab. 2.2).

2.3 Ampholyte

Moleküle oder Ionen, die Protonen sowohl aufnehmen als auch abgeben können, nennt man *amphoter* (oder *amphiprotisch*), z. B.:

$$\underset{\text{korrespondierende Base zu HA}}{A^-} \xleftarrow{-H^+} \underset{\text{Ampholyt}}{HA} \xrightarrow{+H^+} \underset{\text{korrespondierende Säure zu HA}}{H_2A^+}\,. \qquad (2.2)$$

So sind in den Reihen

$$NH_4^+ \underset{+H^+}{\overset{-H^+}{\rightleftharpoons}} NH_3 \underset{+H^+}{\overset{-H^+}{\rightleftharpoons}} NH_2^-\,,$$

$$H_3SO_4^+ \underset{+H^+}{\overset{-H^+}{\rightleftharpoons}} H_2SO_4 \underset{+H^+}{\overset{-H^+}{\rightleftharpoons}} HSO_4^- \underset{+H^+}{\overset{-H^+}{\rightleftharpoons}} SO_4^{2-}$$

nur die jeweils links bzw. rechts außen stehenden Ionen Säuren bzw. Basen, während NH_3, H_2SO_4 und HSO_4^- Protonen aufnehmen und abgeben können, also amphoter sind. H_2SO_4, die in den meisten chemischen Reaktionen als Säure auftritt, kann sich mit geeigneten Reaktionspartnern durchaus wie eine Base verhalten, z. B.

$$H_2SO_4 + HClO_4 \rightleftharpoons H_3SO_4^+ + ClO_4^-\,.$$

Tab. 2.3. Beispiele für Ampholyte und deren korrespondierende Säuren und Basen.

korrespondierende Säure	$\xleftarrow{+H^+}$	amphoteres Teilchen	$\xrightarrow{-H^+}$	korrespondierende Base
H_3O^+		H_2O		OH^-
NH_4^+		NH_3		NH_2^-
H_2S		HS^-		S^{2-}
H_2SO_4		HSO_4^-		SO_4^{2-}
H_3PO_4		$H_2PO_4^-$		HPO_4^{2-}
$H_2PO_4^-$		HPO_4^{2-}		PO_4^{3-}
$N_2H_6^{2+}$		$N_2H_5^+$		N_2H_4

Weitere Beispiele für *Ampholyte,* also für Teilchen, die sowohl Säure- als auch Base-Eigenschaften besitzen, sind in Tab. 2.3 zu finden.

Ob ein solcher Ampholyt wie eine Säure oder wie eine Base reagiert, hängt vom jeweiligen Reaktionspartner ab. Eine saure oder basische Wirkung ist keine Stoffeigenschaft, sondern eine Funktion des Reaktionspartners. Zum Beispiel kann Wasser gegenüber einer Säure HA als Base auftreten,

$$HA + H_2O \rightleftharpoons A^- + H_3O^+ \ , \tag{2.3}$$

und mit einer Base B als Säure reagieren,

$$B + H_2O \rightleftharpoons HB^+ + OH^- \ . \tag{2.4}$$

Auch können sich Verbindungen, denen man weder basische noch saure Eigenschaften zusprechen würde, je nach Säure- oder Basestärke der Reaktionspartner ggf. in nichtwäßrigen Lösungsmitteln wie Ampholyte verhalten. Aceton zum Beispiel reagiert zwar in wäßriger Lösung neutral, ist aber in Schwefelsäure eine Base,

$$CH_3-\overset{\overset{\displaystyle :O:}{\|}}{C}-CH_3 + H_2SO_4 \rightleftharpoons CH_3-\overset{\overset{\displaystyle :OH^+}{\|}}{C}-CH_3 + HSO_4^- ;$$

in Dimethylsulfoxid und Anwesenheit von Methylat verhält sich Aceton wie eine Säure:

$$CH_3-\overset{\overset{\displaystyle :O:}{\|}}{C}-CH_3 + CH_3O^- \rightleftharpoons CH_3-\overset{\overset{\displaystyle :O:}{\|}}{C}-CH_2^- + CH_3OH \ .$$

Auch Essigsäure kann als Base reagieren,

$$CH_3COOH + H_2SO_4 \rightleftharpoons CH_3COOH_2^+ + HSO_4^- \ .$$

Anilin, das in wäßrigen Lösungen als Base auftritt, verhält sich bei der Reaktion mit Amiden in flüssigem NH_3 wie eine Säure:

$$C_6H_5NH_2 + NH_2^- \rightleftharpoons C_6H_5NH^- + NH_3 \ .$$

Eine wichtige Klasse amphoterer Verbindungen sind die Grundbausteine der Eiweiße, die Aminosäuren (→Tab. 2.4).

$$\underset{\text{(a)}}{H_2N-\overset{\overset{\displaystyle R}{|}}{\underset{\underset{\displaystyle H}{|}}{C}}-COOH} \rightleftharpoons \underset{\text{(b)}}{{}^+H_3N-\overset{\overset{\displaystyle R}{|}}{\underset{\underset{\displaystyle H}{|}}{C}}-COO^-} \tag{2.5}$$

Diese Verbindungen reagieren zum großen Teil in wäßriger Lösung annähernd neutral, da sie als *innere Salze* [Form (2.5b)] vorliegen *(Betain-Struktur*), Zwitterion)*.

Tab. 2.4. Säurekonstanten einiger Aminosäuren der Zusammensetzung $NH_2-CH(R)-COOH$.

R	pK_{S1}	pK_{S2}	pH_{iso}
H	2,35	9,78	6,07
CH_3	2,35	9,87	6,11
CH_3CH_2	2,29	9,83	6,06
$CH_3(CH_2)_2$	2,32	9,81	6,06
$(CH_3)_2CH$	2,29	9,72	6,00
$CH_3(CH_2)_3$	2,33	9,84	6,09
$(CH_3)_2CHCH_2$	2,36	9,60	5,98
$HOC_6H_4CH_2$	2,20	9,11	5,65

Aminosäuren enthalten im Molekül die COOH-Gruppe als möglichen Protonen-Donator und die NH_2-Gruppe als Protonen-Akzeptor; Protonen-Aufnahme *und* -Abgabe sind also möglich:

$$^{+}H_3N-\underset{H}{\overset{R}{\underset{|}{\overset{|}{C}}}}-COOH \xleftarrow{+H^+} H_2N-\underset{H}{\overset{R}{\underset{|}{\overset{|}{C}}}}-COOH \xrightarrow{-H^+} H_2N-\underset{H}{\overset{R}{\underset{|}{\overset{|}{C}}}}-COO^-. \quad (2.6)$$

2.4 Säure- und Basekonstanten und -exponenten

Die Gleichgewichts-Reaktion einer Säure HA mit Wasser, das *Säure-Gleichgewicht*

$$HA + H_2O \rightleftharpoons H_3O^+ + A^-, \quad (2.7)$$

kann durch die Gleichgewichtskonstante

$$K = \frac{c(H_3O^+) \cdot c(A^-)}{c(HA) \cdot c(H_2O)} \quad (2.8)$$

charakterisiert werden, die sich durch Anwendung des Massenwirkungsgesetzes auf Gl. (2.7) ergibt. Der Zahlenwert dieser Konstanten erlaubt Aussagen über die Lage

* Betain: $(CH_3)_3\overset{+}{N}-CH_2-COO^-$.

dieses chemischen Gleichgewichts, über den Verlauf dieser Säure-Base-Reaktion (→Tab. 2.5).

Der Term $c(H_2O)$ im Nenner ist in verdünnten wäßrigen Lösungen praktisch konstant, so daß man üblicherweise $c(H_2O)$ mit in die Konstante K einbezieht und mit

$$K_S = \frac{c(H_3O^+) \cdot c(A^-)}{c(HA)} \tag{2.9}$$

die *Säurekonstante* oder *Dissoziationskonstante* von HA definiert. Man nennt den negativen dekadischen Logarithmus des Zahlenwerts von K_S,

$$pK_S = -\lg K_S\,, \tag{2.10}$$

den *Säureexponenten* einer Säure. Die das Gleichgewicht (2.7) beschreibende Konstante K_S (Dimension von K_S: mol/l) gibt an, bis zu welchem Ausmaß aus der undissoziierten Säure durch Reaktion mit Wasser A^-- und H_3O^+-Teilchen entstanden sind. Eine Säure ist demzufolge um so stärker, je größer K_S ist, je leichter sie also ihre Protonen abgibt (→Tab. 2.6).

Tab. 2.5. Schematische Darstellung des Zusammenhangs zwischen K- bzw. pK-Wert und Verlauf einer Gleichgewichts-Reaktion.

K	pK	Reaktionsverlauf Lage des Gleichgewichts
$\gg 1$	$\ll 0$	$\underset{\leftharpoondown}{\xrightharpoonup{\qquad\qquad}}$
>1	<0	$\underset{\xleftharpoondown{\qquad\quad}}{\xrightharpoonup{\qquad\qquad}}$
≈ 1	≈ 0	$\underset{\xleftharpoondown{\qquad}}{\xrightharpoonup{\qquad}}$
<1	>0	$\underset{\xleftharpoondown{\qquad\qquad}}{\xrightharpoonup{\qquad\quad}}$
$\ll 1$	$\gg 0$	$\underset{\xleftharpoondown{\qquad\qquad}}{\rightharpoonup}$

Analog zu Gl. (2.7) definiert man für das *Base-Gleichgewicht*

$$B + H_2O \rightleftharpoons HB^+ + OH^- \tag{2.11}$$

die *Basekonstante*

$$K_B = \frac{c(HB^+) \cdot c(OH^-)}{c(B)} \tag{2.12}$$

und den *Baseexponenten*

$$pK_B = -\lg K_B\,. \tag{2.13}$$

Tab. 2.6. Bedingungen für Säureexponenten (Baseexponenten) zur Definition der Stärke von Säuren (Basen).

Bezeichnung	Bedingung für pK_S (pK_B)
sehr starke Säure (Base)	$\leqslant -1{,}74$
starke Säure (Base)	$-1{,}74$ bis 4
schwache Säure (Base)	4 bis 9
sehr schwache Säure (Base)	9 bis 15,74
extrem schwache Säure (Base)	$\geqslant 15{,}74$

K_B- bzw. pK_B-Werte gestatten eine den Säuren entsprechende Unterteilung der Basen nach ihrer Stärke (→Tab. 2.6).

Setzt man anstelle von B die zu HA korrespondierende Base A^- in die Gleichungen (2.11) und (2.12) ein,

$$A^- + H_2O \rightleftharpoons HA + OH^-, \qquad (2.14)$$

so kann man mit den Beziehungen (2.9) und

$$K_B = \frac{c(HA) \cdot c(OH^-)}{c(A^-)} \qquad (2.15)$$

die beiden Gleichungen

$$K_S K_B = c(H_3O^+) \cdot c(OH^-) = K_W \qquad (2.16)$$

oder

$$pK_S + pK_B = pK_W \qquad (2.17)$$

ableiten ($\vartheta = 22\,°C$). Mit Hilfe dieser Gleichungen kann man aus einer Säurekonstante stets die Basekonstante der zu dieser Säure korrespondierenden Base berechnen (und umgekehrt). Die Gleichungen (2.16) bzw. (2.17) gestatten noch die folgende wichtige Aussage: Je stärker eine Säure ist, um so schwächer ist die korrespondierende Base und umgekehrt (→Tab. 2.1).

Die Säurekonstante der Essigsäure*) ($pK_S = 4{,}75$),

$$K_S = \frac{c(H_3O^+) \cdot c(OAc^-)}{c(HOAc)} = 10^{-4{,}75} = 1{,}78 \cdot 10^{-5}, \qquad (2.18)$$

beschreibt die Lage des Gleichgewichts

* Im folgenden wird abgekürzt CH_3CO = Ac gesetzt.

$$HOAc + H_2O \rightleftharpoons H_3O^+ + OAc^-. \tag{2.19}$$

Daraus kann man die Basekonstante

$$K_B = \frac{c(HOAc) \cdot c(OH^-)}{c(OAc^-)} \tag{2.20}$$

für die Base-Reaktion des Acetat-Anions,

$$OAc^- + H_2O \rightleftharpoons HOAc + OH^-, \tag{2.21}$$

ermitteln: Aus

$$pK_B = 14 - pK_S = 14 - 4{,}75 = 9{,}25 \tag{2.22}$$

ergibt sich

$$K_B = 10^{-9{,}25} = 5{,}62 \cdot 10^{-10}. \tag{2.23}$$

2.5 Stärken von Säuren und Basen

Säurekonstanten sind ein Maß für die Stärke von Säuren und damit stoffspezifische Größen; sie sind von der Temperatur und vom Lösungsmittel abhängig. Da man im allgemeinen Säuren in wäßrigen Systemen betrachtet, werden Säurekonstanten üblicherweise auf das Lösungsmittel Wasser bezogen.

Wäßrige Lösungen von HF und HCN gleicher Konzentration besitzen unterschiedliche pH-Werte. Dies ist darauf zurückzuführen, daß sich für die beiden Säure-Gleichgewichte

$$HF + H_2O \rightleftharpoons F^- + H_3O^+$$

$$HCN + H_2O \rightleftharpoons CN^- + H_3O^+$$

die entsprechenden Säurekonstanten (→Tab. 2.1)

$$K_S = \frac{c(H_3O^+) \cdot c(F^-)}{c(HF)} = 10^{-3{,}14} = 7{,}24 \cdot 10^{-4} \tag{2.24}$$

$$K_S = \frac{c(H_3O^+) \cdot c(CN^-)}{c(HCN)} = 10^{-9{,}40} = 3{,}98 \cdot 10^{-10} \tag{2.25}$$

um etwa 6 Zehnerpotenzen unterscheiden.

Vergleicht man jedoch zwei gleich konzentrierte wäßrige Lösungen von HCl und $HClO_4$, so kann man keinen pH-Wert-Unterschied feststellen, obwohl die Säurekonstante von $HClO_4$ um 4 Zehnerpotenzen größer ist als diejenige von HCl (→Tab. 2.1). Hier macht sich der *nivellierende Effekt* des Lösungsmittels bemerkbar. In Wasser ist H_3O^+ die stärkste Säure. Für die Säure-Reaktion des Oxoniumions,

$$H_3O^+ + \mathit{H_2O} \rightleftharpoons H_2O + H\mathit{H_2O}^+,^{*)} \tag{2.26}$$

ist die Säurekonstante

$$K_S = \frac{c(H_2O) \cdot c(H\mathit{H_2O}^+)}{c(H_3O^+)} = c(H_2O) \; . \tag{2.27}$$

$c(H\mathit{H_2O}^+)$ und $c(H_3O^+)$ sind natürlich gleich. Die Unterscheidung zwischen H_2O und $\mathit{H_2O}$ soll an dieser Stelle darauf aufmerksam machen, daß die Konzentration des in Gl.(2.26) auf der Seite der Ausgangs-Produkte stehenden Lösungsmittel-$\mathit{H_2O}$ als konstanter Zahlenwert in K_S einbezogen wird.

In verdünnten wäßrigen Lösungen ist die Wasser-Konzentration praktisch konstant und gleich 55,4 mol/l. Damit erhält man für die Säure-Reaktion des H_3O^+-Ions die Säurekonstante

$$K_S = c(H_2O) = 55{,}4 \tag{2.28}$$

und den Säureexponenten

$$pK_S = -\lg c(H_2O) = -\lg 55{,}4 = -1{,}74 \; . \tag{2.29}$$

Entsprechend errechnet man für die Säure-Reaktion des Wassers,

$$H_2O + \mathit{H_2O} \rightleftharpoons OH^- + H\mathit{H_2O}^+, \tag{2.30}$$

die Säurekonstante

$$K_S = \frac{c(OH^-) \cdot c(H\mathit{H_2O}^+)}{c(H_2O)} = \frac{K_W}{c(H_2O)} = \frac{10^{-14}}{55{,}4} = 1{,}80 \cdot 10^{-16} \tag{2.31}$$

und den Säureexponenten

$$pK_S = -\lg \frac{K_W}{c(H_2O)} = -\lg(1{,}80 \cdot 10^{-16}) = 15{,}74 \; . \tag{2.32}$$

---

* Da bei dieser Säure-Base-Reaktion zwischen der zu H_3O^+ korrespondierenden Base H_2O und dem Lösungsmittel-$\mathit{H_2O}$ nicht unterschieden werden kann, ist hier aus dem Lösungsmittel stammendes $\mathit{H_2O}$ *kursiv* gesetzt.

Lösungen verschiedener Säuren gleicher Konzentration besitzen bei verschiedenen pK_S-Werten nur dann unterschiedliche pH-Werte, wenn der pK_S-Wert mindestens einer der beiden Säuren zwischen $-1{,}74$ und $15{,}74$ liegt. Das Ausmaß der sauren Reaktion wird ausschließlich vom H_3O^+-Ion bestimmt. Bei jeder Säure-Reaktion

$$HA + H_2O \rightleftharpoons H_3O^+ + A^-$$

ist die Anzahl der gebildeten H_3O^+-Teilchen höchstens so groß, wie die Anzahl der in Lösung gegebenen HA-Teilchen.

Aufgrund des pH-Werts einer Säure-Lösung lassen sich also nur dann Aussagen über die Säurestärke gewinnen, wenn es sich nicht um sehr starke oder extrem schwache Säuren handelt. Säureexponenten, die außerhalb des Bereichs zwischen $-1{,}74$ und $15{,}74$ liegen, können in wäßriger Lösung nicht bestimmt werden. Das Verhalten solcher Säuren in nichtwäßrigen Lösungsmitteln gestattet jedoch die Bestimmung von lösungsmittelspezifischen Gleichgewichtskonstanten, die man auf das wäßrige System bezieht.

Auch das Ausmaß der Dissoziation einer Säure gestattet im allgemeinen keine Aussage über Säurestärken. Zwar liegen sehr starke Säuren über einen weiten Konzentrations-Bereich vollständig dissoziiert vor (vgl. dazu Abb. 6.1), aber auch schwache Säuren sind um so mehr dissoziiert, je stärker man verdünnt.

Über den Dissoziationsgrad von Säuren kann man also die Stärke von Säuren nur dann unterscheiden, wenn zum einen das Ausmaß der Dissoziation bei gleicher Konzentration bekannt ist und wenn zum andern mindestens eine der beiden Säuren einen pK_S-Wert zwischen $-1{,}74$ und $15{,}74$ aufweist. Zum Beispiel liegen in einer 0,01 M HCN-Lösung – HCN ist eine sehr schwache Säure – nur $1{,}993 \cdot 10^{-2}\%$ als Cyanid vor; die restlichen 99,98% sind undissoziierte Säure. Das Gleichgewicht

$$HCN + H_2O \rightleftharpoons CN^- + H_3O^+ \tag{2.33}$$

liegt also weitgehend auf Seiten der Ausgangsprodukte, der Zähler in

$$K_S = \frac{c(H_3O^+) \cdot c(CN^-)}{c(HCN)} = 10^{-9{,}40} \tag{2.34}$$

ist bedeutend kleiner als der Nenner.

In einer gleich konzentrierten $HClO_4$-Lösung hingegen liegen nur ca. $10^{-8}\%$ der eingesetzten Perchlorsäure undissoziiert vor. Das Gleichgewicht

$$HClO_4 + H_2O \rightleftharpoons ClO_4^- + H_3O^+ \tag{2.35}$$

liegt also nahezu vollständig auf der Seite der Perchlorat-Anionen. Im Quotienten von

$$K_S = \frac{c(H_3O^+) \cdot c(ClO_4^-)}{c(HClO_4)} = 10^{10} \tag{2.36}$$

ist das Produkt $c(H_3O^+) \cdot c(ClO_4^-)$ sehr groß und die Konzentration an undissoziierter Säure sehr klein.

Wasser übt als Ampholyt einen nivellierenden Effekt auch auf sehr starke Basen aus (→Tabellen 2.1 und 2.6). In wäßrigen Base-Lösungen gleicher Konzentration liegen immer nur (hydratisierte) OH^--Ionen vor, die das alkalische Verhalten verursachen. Alle sehr starken Basen zeigen das gleiche Verhalten wie OH^--Ionen.

2.6 Säure-Base-Gleichgewichte

Gleichgewichte, an denen zwei korrespondierende Säure-Base-Paare, z. B. die Paare HA/A^- und HB^+/B oder Säure$_1$/Base$_1$ und Säure$_2$/Base$_2$, beteiligt sind, nennt man *Säure-Base-Gleichgewichte, Protolyse-Gleichgewichte* oder kurz *Protolysen*:

$$HA + B \rightleftharpoons A^- + HB^+ \tag{2.37}$$

oder

$$\text{Säure}_1 + \text{Base}_2 \rightleftharpoons \text{Base}_1 + \text{Säure}_2\,. \tag{2.38}$$

Die bisher betrachteten Säure-Base-Reaktionen waren nur Reaktionen zwischen Protonen-Donatoren bzw. -Akzeptoren und dem Lösungsmittel Wasser; in den Gleichungen (2.37) und (2.38) ist also für HA oder Säure$_1$ bzw. B oder Base$_2$ H_2O zu setzen, je nachdem, ob es sich um Reaktionen handelt, bei denen Wasser als Säure oder als Base reagiert. Eines der korrespondierenden Säure-Base-Paare ist hierbei also stets H_3O^+/H_2O oder H_2O/OH^-. Im folgenden sollen Säure-Base-Reaktionen in wäßriger Lösung betrachtet werden, in denen die *Protonen-Übertragung (Protonen-Transfer)* zwischen beliebigen Brönsted-Säuren und -Basen stattfindet.

Tab. 2.7. p*K*-Werte von Säure-Base-Reaktionen.

Säure$_1$	+ Base$_2$	⇌	Säure$_2$	+ Base$_1$	pK_{S1}	pK_{B2}	pK
$HClO_4$	+ Cl^-	⇌	HCl	+ ClO_4^-	−10	20	−4
HOAc	+ Cl^-	⇌	HCl	+ OAc^-	4,75	20	10,75
HCN	+ Cl^-	⇌	HCl	+ CN^-	9,40	20	15,40
$HClO_4$	+ OAc^-	⇌	HOAc	+ ClO_4^-	−10	9,25	−14,75
HOAc	+ OAc^-	⇌	HOAc	+ OAc^-	4,75	9,25	0
HCN	+ OAc^-	⇌	HOAc	+ CN^-	9,40	9,25	4,65
$HClO_4$	+ NH_3	⇌	NH_4^+	+ ClO_4^-	−10	4,75	−19,25
HOAc	+ NH_3	⇌	NH_4^+	+ OAc^-	4,75	4,75	−4,5
HCN	+ NH_3	⇌	NH_4^+	+ CN^-	9,40	4,75	0,15
$HClO_4$	+ NH_2^-	⇌	NH_3	+ ClO_4^-	−10	−9	−33
HOAc	+ NH_2^-	⇌	NH_3	+ OAc^-	4,75	−9	−18,25
HCN	+ NH_2^-	⇌	NH_3	+ CN^-	9,40	−9	−13,6

In Tab. 2.7 sind einige Säure-Base-Reaktionen vom Typ der Gleichungen (2.37) bzw. (2.38) und ihre Gleichgewichtskonstanten angegeben. Alle diese Gleichungen beschreiben Reaktionen im wäßrigen System, selbst wenn H_2O in den Gleichgewichts-Reaktionen dieser Tabelle nicht auftritt.

Man kann die Gleichgewichtskonstanten solcher allgemeiner Säure-Base-Reaktionen berechnen, indem man geeignete Teil-Reaktionen betrachtet.

$$HA + H_2O \rightleftharpoons H_3O^+ + A^- \tag{2.39}$$

$$B + H_2O \rightleftharpoons HB^+ + OH^- \tag{2.40}$$

$$H_3O^+ + OH^- \rightleftharpoons 2\,H_2O \tag{2.41}$$

$$HA + B \rightleftharpoons HB^+ + A^- \tag{2.42}$$

Die Konstanten, die die drei Gleichgewichts-Reaktionen [Gleichungen (2.39) bis (2.41)] in wäßriger Lösung beschreiben, lauten:

$$K_{S1} = \frac{c(H_3O^+) \cdot c(A^-)}{c(HA)}\,, \tag{2.43}$$

$$K_{B2} = \frac{c(HB^+) \cdot c(OH^-)}{c(B)}\,, \tag{2.44}$$

$$\frac{1}{K_W} = \frac{1}{c(H_3O^+) \cdot c(OH^-)}\,. \tag{2.45}$$

Die Gleichgewichtskonstante für das Gleichgewicht (2.42) ist

$$K = \frac{c(HB^+) \cdot c(A^-)}{c(B) \cdot c(HA)}\,. \tag{2.46}$$

Zur gleichen Konstante K gelangt man, wenn man das Produkt

$$K = K_{S1} K_{B2} \cdot \frac{1}{K_W} \tag{2.47}$$

bildet. Damit errechnet sich also die Gleichgewichtskonstante der Gesamt-Reaktion (2.42) aus dem Produkt der Gleichgewichtskonstanten der drei Teil-Reaktionen.

Man erhält den Zahlenwert $1/K_W$ als Konstante für die Reaktion (2.41) aus dem Ionenprodukt des Wassers [→ Gl. (1.11)], wenn man beachtet, daß allgemein gilt:

$$K_{\text{Hinreaktion}} = \frac{1}{K_{\text{Rückreaktion}}}\,. \tag{2.48}$$

Für den negativen Logarithmus von K ergibt sich aus Gl. (2.47) die Beziehung

$$pK = pK_{S1} + pK_{B2} - pK_W = pK_{S1} - pK_{S2}\,, \tag{2.49}$$

dabei ist pK_{S2} der Säureexponent der Reaktion

$$HB^+ + H_2O \rightleftharpoons B + H_3O^+. \qquad (2.50)$$

Je stärker negativ ein pK-Wert ist, desto größer ist 10^{-pK}, desto weiter liegt also das Gesamt-Gleichgewicht auf der Seite der Reaktionsprodukte [in Gl. (2.37) HB^+ und A^-; in Gl. (2.38) $Säure_2$ und $Base_1$]. Bei positiven pK-Werten ist das Ausmaß der Säure-Base-Reaktion um so geringer, je größer die pK-Werte werden (→Tab. 2.5).

Man kann aus Tab. 2.7 das folgende Prinzip ablesen: Eine Gleichgewichts-Reaktion zwischen einer $Säure_1$ und einer $Base_2$ [Gl. (2.38)] liegt um so mehr auf der Seite der Reaktionsprodukte, je stärker $Säure_1$ und $Base_2$ sind. Protonen-Abgabe kann nur von einem in Tab. 2.1 höher stehenden zu einem tiefer stehenden System erfolgen.

2.7 Mehrwertige Säuren und Basen

Es gibt Moleküle bzw. Ionen, die nicht nur ein, sondern mehrere Protonen nacheinander abzugeben in der Lage sind: die *mehrwertigen Säuren* (auch *mehrprotonige* oder *mehrbasige* Säuren genannt). Für jede solche Protolyse-Stufe läßt sich eine Säurekonstante angeben: für die Abgabe des ersten Protons K_{S1}, für die des zweiten K_{S2}, usw. Beispielsweise werden für die Phosphorsäure die drei Protolyse-Schritte durch die Gleichungen

$$H_3PO_4 + H_2O \rightleftharpoons H_3O^+ + H_2PO_4^-, \qquad (2.51)$$

$$H_2PO_4^- + H_2O \rightleftharpoons H_3O^+ + HPO_4^{2-}, \qquad (2.52)$$

$$HPO_4^{2-} + H_2O \rightleftharpoons H_3O^+ + PO_4^{3-} \qquad (2.53)$$

beschrieben. Dazu gehören die drei Dissoziationskonstanten

$$K_{S1} = \frac{c(H_3O^+) \cdot c(H_2PO_4^-)}{c(H_3PO_4)} = 10^{-2,13} = 7,41 \cdot 10^{-3}, \qquad (2.54)$$

$$K_{S2} = \frac{c(H_3O^+) \cdot c(HPO_4^{2-})}{c(H_2PO_4^-)} = 10^{-7,2} = 6,31 \cdot 10^{-8}, \qquad (2.55)$$

$$K_{S3} = \frac{c(H_3O^+) \cdot c(PO_4^{3-})}{c(HPO_4^{2-})} = 10^{-12,36} = 4,37 \cdot 10^{-13}. \qquad (2.56)$$

Oft unterscheiden sich die pK_S-Werte der einzelnen Protolyse-Schritte mehrwertiger Säuren um 4 bis 6 pK-Einheiten (→Tab. 2.8). Die Säurestärke dieser Säuren nimmt mit zunehmender Anzahl der abgespaltenen Protonen ab, was darauf zurückzuführen ist, daß sich bei Protonen-Abgabe die negative Ladung der korrespondierenden Base erhöht und dadurch die Abspaltung eines weiteren Protons erschwert wird.

Tab. 2.8. pK_S-Werte einiger zweiwertiger Säuren.

Säure	pK_{S1}	pK_{S2}	ΔpK
$(CH_2)_2(COOH)_2$	4,13	5,35	1,22
H_2SiO_3	9,51	11,77	2,26
H_2TeO_4	7,81	10,33	2,52
$(COOH)_2$	1,24	5,17	3,93
H_2PHO_3	1,80	6,16	4,36
H_2SO_4	−3	1,92	4,92
$H_2B_4O_7$	4,0	9,0	5,0
H_2SeO_3	2,54	8,02	5,48
H_2S	6,9	12,9	6,0
H_2Se	3,77	10,0	6,23
$H_2N_2O_3$	2,51	9,70	7,21
$H_2Fe(CO)_4$	4,44	14,0	9,56

Mehrwertige Basen – man nennt sie auch *mehrprotonig* oder *mehrsäurig* – sind Teilchen, die mehrere Protonen aufnehmen können. Zum Beispiel ist das Carbonat-Anion eine zweiwertige, das Phosphat-Anion eine dreiwertige Base. Die Basekonstanten für die stufenweise Aufnahme eines ersten und weiterer Protonen werden analog zu den Konstanten mehrwertiger Säuren für die einzelnen Schritte gebildet. Beispielsweise gehören zu den drei Base-Gleichgewichten

$$PO_4^{3-} + H_2O \rightleftharpoons HPO_4^{2-} + OH^-, \tag{2.57}$$

$$HPO_4^{2-} + H_2O \rightleftharpoons H_2PO_4^- + OH^-, \tag{2.58}$$

$$H_2PO_4^- + H_2O \rightleftharpoons H_3PO_4 + OH^- \tag{2.59}$$

die drei Basekonstanten

$$K_{B1} = \frac{c(HPO_4^{2-}) \cdot c(OH^-)}{c(PO_4^{3-})} = \frac{K_W}{K_{S3}} = 10^{-(14-12,36)} = 10^{-1,64} = 2,29 \cdot 10^{-2}, \tag{2.60}$$

$$K_{B2} = \frac{c(H_2PO_4^-) \cdot c(OH^-)}{c(HPO_4^{2-})} = \frac{K_W}{K_{S2}} = 10^{-(14-7,2)} = 10^{-6,8} = 1,58 \cdot 10^{-7}, \tag{2.61}$$

$$K_{B3} = \frac{c(H_3PO_4) \cdot c(OH^-)}{c(H_2PO_4^-)} = \frac{K_W}{K_{S1}} = 10^{-(14-2,13)} = 10^{-11,87} = 1,35 \cdot 10^{-12}. \tag{2.62}$$

2.8 Bemerkungen zur Berechnung von Gleichgewichts-Konzentrationen

Bei der Betrachtung von Säure-Base-Gleichgewichten muß man zwei verschiedene Arten der Konzentrations-Angaben unterscheiden. Im allgemeinen ist die *Ausgangs-Konzentration*) (Gesamt-Konzentration, Total-Konzentration, Brutto-Konzentration)* von Säuren oder Basen in wäßriger Lösung bekannt. Man kennt also die Gesamt-Anzahl der Mole der reinen Säuren bzw. Basen, die in 1 l Wasser aufgelöst sind. Die Konzentrationen der sich im Gleichgewicht befindlichen Teilchen einer wäßrigen Lösung von Säuren bzw. Basen, die *Gleichgewichts-Konzentrationen (tatsächlichen Konzentrationen),* müssen in den meisten Fällen erst berechnet werden**). So ist für eine 10^{-3} M Essigsäure die Ausgangs-Konzentration $C = 1{,}000 \cdot 10^{-3}$ mol/l, die Gleichgewichts-Konzentration an undissoziierter Säure beträgt jedoch nur $c(\mathrm{HOAc}) = 0{,}875 \cdot 10^{-3}$ mol/l; die übrigen 12,5% der eingesetzten Essigsäure liegen als Acetat-Ionen vor.

Um in einem gegebenen System von gelösten Teilchen deren Gleichgewichts-Konzentrationen aus den Ausgangs-Konzentrationen zu ermitteln, ist es notwendig, alle möglichen Gleichgewichte zu kennen, die in diesem System eine Rolle spielen. Die zu solchen unabhängigen Gleichgewichten gehörenden Konzentrationen sind meistens bekannt. Jedoch benötigt man im allgemeinen weitere Bedingungen, um alle unbekannten Konzentrationen eines solchen Systems rechnerisch bestimmen zu können. So stellen sich für das Essigsäure-Gleichgewicht [→Gl. (2.19)] bei gegebener Ausgangs-Konzentration C die Gleichgewichts-Konzentrationen $c(\mathrm{HOAc})$, $c(\mathrm{OAc^-})$, $c(\mathrm{H_3O^+})$ und $c(\mathrm{OH^-})$ ein. Es sind also vier *verschiedene, voneinander unabhängige Gleichungen* notwendig, um diese vier Unbekannten zu berechnen.

Zwar liefern manche vereinfachende Annahmen solche Beziehungen; sie erlauben jedoch oft nur näherungsweise Berechnungen gesuchter Konzentrationen. Um die exakten Konzentrationen der in Lösung befindlichen Teilchen zu ermitteln, gibt es einige Bedingungen, die sich für alle Systeme formulieren lassen.

2.8.1 Die Protonen-Bedingung

Die *Protonen-Bedingung* berücksichtigt, inwieweit $\mathrm{H_3O^+}$-Ionen durch die Dissoziation einer Säure oder durch Dissoziation des Lösungsmittels Wasser geliefert und ggf. durch eine Base verbraucht werden. Die Protonen-Bedingung ist eine Massenbilanz für die Protonen eines Systems.

---

* Sie wird in der angelsächsischen Literatur auch *analytische Konzentration* genannt und soll im folgenden mit C, $C(\mathrm{HA})$, $C(\mathrm{A^-})$, ... benannt werden. Ihre Maßeinheit sei stets mol/l.

** Gleichgewichts-Konzentrationen werden mit c bezeichnet, z. B. $c(\mathrm{H_3O^+})$, $c(\mathrm{Cl^-})$, usw., und immer in mol/l angegeben.

Zum Beispiel bedeutet für eine Säure HA mit dem Säure-Gleichgewicht

$$HA + H_2O \rightleftharpoons H_3O^+ + A^- \tag{2.63}$$

die Protonen-Bedingung

$$c(H_3O^+) = c(A^-) + c(OH^-)\ , \tag{2.64}$$

daß ein Teil der Protonen durch Dissoziation von HA und ein Teil aus dem Lösungsmittel stammen: ein H_3O^+ pro dissoziiertes H_2O (zur Erläuterung siehe auch Abb. 4.1b). Für Essigsäure [→Gl. (2.19)] gibt

$$c(H_3O^+) = c(OAc^-) + c(OH^-) \tag{2.65}$$

an, daß ein Teil der Protonen durch Dissoziation aus der Säure HOAc stammt (nämlich so viele, wie OAc^--Teilchen entstanden sind) und daß der Rest der Protonen vom Lösungsmittel Wasser herrührt (ein H_3O^+ je entstandenes OH^-). Insbesondere sind bei sehr starken Säuren $c(A^-)$ und C gleich, so daß für diesen Fall als Protonen-Bedingung

$$c(H_3O^+) = C + c(OH^-) \tag{2.66}$$

angegeben werden kann.

Man beachte, daß die Protonen-Bedingung [→Gleichungen (2.64) und (2.65)] von der Ladung der Protonenspender unabhängig ist. Dies bedeutet, daß beispielsweise für einwertige Neutral-, Kationen- oder Anionensäuren stets die gleichen Protonen-Bedingungen entsprechend Gl. (2.64) aufgestellt werden können.

Bei mehrwertigen Säuren müssen im allgemeinen – wenn nicht irgendwelche Gleichgewichts-Konzentrationen näherungsweise berechnet werden sollen – alle Protolyse-Schritte mitberücksichtigt werden. So lautet für Malonsäure mit den beiden Säure-Reaktionen

$$C_3O_4H_4 + H_2O \rightleftharpoons C_3O_4H_3^- + H_3O^+, \tag{2.67}$$

$$C_3O_4H_3^- + H_2O \rightleftharpoons C_3O_4H_2^{2-} + H_3O^+ \tag{2.68}$$

die Protonen-Bedingung:

$$c(H_3O^+) = c(OH^-) + c(C_3O_4H_3^-) + 2c(C_3O_4H_2^{2-})\ . \tag{2.69}$$

Die Konzentration des zweifach negativ geladenen Malonat-Anions muß mit dem Faktor 2 versehen sein, weil die Bildung eines $C_3O_4H_2^{2-}$-Teilchens *zwei* Protonen in Freiheit gesetzt hat. Entsprechend ist

$$c(H_3O^+) = c(OH^-) + c(H_2PO_4^-) + 2c(HPO_4^{2-}) + 3c(PO_4^{3-}) \tag{2.70}$$

die Protonen-Bedingung der Phosphorsäure [→Gleichungen (2.51) bis (2.53)]. In den Gleichungen (2.64) bis (2.66), (2.69) und (2.70) steht $c(OH^-)$ immer für die Konzentration der aus dem Wasser gebildeten H_3O^+-Ionen.

Eine der Protonen-Bedingung analoge Gleichung kann man für Hxdroxidionen aufstellen: die *Hydroxidionen-Bedingung.* So stammen die OH^--Ionen, die in einer wäßrigen Cyanid-Lösung vorliegen, entweder aus der Base-Reaktion

$$CN^- + H_2O \rightleftharpoons HCN + OH^- \tag{2.71}$$

oder aus dem Lösungsmittel, das heißt, die Hydroxidionen-Bedingung für dieses Beispiel lautet

$$c(OH^-) = c(HCN) + c(H_3O^+) \,. \tag{2.72}$$

2.8.2 Massen-Beziehungen

Die *Massen-Beziehungen* tragen dem Gesetz von der Erhaltung der Masse Rechnung. Sie berücksichtigen die Tatsache, daß während Säure-Base-Reaktionen „keine Masse verloren gehen kann“, daß also die Anzahl einer jeden an einer solchen Reaktion beteiligten Teilchensorte gleich bleiben muß.

In einer verdünnten wäßrigen Natriumacetat-Lösung stellt sich das Base-Gleichgewicht

$$\underset{Na^+}{OAc^-} + H_2O \rightleftharpoons HOAc + \underset{Na^+}{OH^-} \tag{2.73}$$

ein. Da Natriumacetat in Wasser vollständig dissoziiert vorliegt, ist die Natriumionen-Konzentration gleich der Konzentration an Natriumacetat, die sich ergibt, wenn eine abgewogene Menge NaOAc in ein bestimmtes Volumen Wasser gegeben wird. Es gilt also

$$C = c(Na^+) \,. \tag{2.74}$$

Eine analoge Beziehung $C = c(OAc^-)$ muß falsch sein, weil das pro Na^+-Ion in Lösung gegebene OAc^--Ion im Base-Gleichgewicht (2.73) mit Wasser unter Bildung von HOAc reagiert. Die Acetationen-Konzentration muß demzufolge kleiner als die Gesamt-Konzentration sein, und zwar um den Anteil, der als undissoziierte Essigsäure vorliegt:

$$C = c(OAc^-) + c(HOAc) \,. \tag{2.75}$$

Die Gleichungen (2.74) und (2.75) sind zwei exakte Massen-Beziehungen für eine Natriumacetat-Lösung.

Für eine wäßrige $KHSO_4$-Lösung der Ausgangs-Konzentration C kann man mit Überlegungen, die denjenigen des vorhergehenden Beispiels entsprechen, folgende Massen-Beziehungen aufstellen:

$$C = c(K^+) \,, \tag{2.76}$$

$$C = c(H_2SO_4) + c(HSO_4^-) + c(SO_4^{2-}) \,. \tag{2.77}$$

Für eine Na_3PO_4-Lösung der Total-Konzentration C sind

$$C = \tfrac{1}{3}\, c(Na^+) \,, \tag{2.78}$$

$$C = c(H_3PO_4) + c(H_2PO_4^-) + c(HPO_4^{2-}) + c(PO_4^{3-}) \tag{2.79}$$

exakte Massen-Beziehungen.

2.8.3 Das Ladungs-Gleichgewicht

Das *Ladungs-Gleichgewicht* (auch *Elektroneutralitäts-Bedingung* genannt) fordert, daß die Zahl der negativen Ladungsträger in einer Lösung gleich der der positiven Ladungsträger ist. Dies bedeutet, daß *alle* in Lösung befindlichen geladenen Teilchen in ihren Gleichgewichts-Konzentrationen mitberücksichtigt werden müssen, selbst diejenigen, die im eigentlichen Säure-Base-Gleichgewicht praktisch keine Rolle spielen.

Zum Beispiel lautet das Ladungs-Gleichgewicht für eine wäßrige Natriumacetat-Lösung [→ Gl. (2.73)]

$$c(H_3O^+) + c(Na^+) = c(OH^-) + c(OAc^-) \,. \tag{2.80}$$

Beim Aufstellen solcher Ladungs-Gleichgewichte ist zu beachten, daß die Konzentrationen höher geladener Teilchen stets mit einem Faktor – der Anzahl der positiven oder negativen Ladungen – multipliziert werden müssen. Das Ladungs-Gleichgewicht für eine $NaHSO_4$-Lösung lautet dementsprechend

$$c(H_3O^+) + c(Na^+) = c(OH^-) + c(HSO_4^-) + 2c(SO_4^{2-}) \,, \tag{2.81}$$

für eine Natriumphosphat-Lösung:

$$c(H_3O^+) + c(Na^+) = c(OH^-) + c(H_2PO_4^-) + 2c(HPO_4^{2-}) + 3c(PO_4^{3-}) \,. \tag{2.82}$$

2.8.4 Zur Abhängigkeit zwischen Protonen-Bedingung, Massen-Beziehungen und Ladungs-Gleichgewicht

Es muß hier angemerkt werden, daß die Protonen-Bedingung, die Massen-Beziehungen und das Ladungs-Gleichgewicht keinesfalls voneinander unabhängige

Gleichungen sind. Vielmehr lassen sich die Protonen-Bedingung und das Ladungs-Gleichgewicht ineinander überführen, wenn man Massen-Beziehungen geeignet mitverwendet.

Dazu zwei Beispiele. Gegeben sei ein Gemisch, das aus einer einwertigen Säure HA und dem Salz B^+Cl^- (B^+ sei eine einwertige Kationen-Base) zusammengesetzt ist. Wenn man nur die beiden Gleichgewichte

$$HA + H_2O \rightleftharpoons H_3O^+ + A^- , \tag{2.83}$$

$$\underset{Cl^-}{B^+} + H_2O \rightleftharpoons \underset{Cl^-}{HB^{2+}} + OH^- \tag{2.84}$$

und das Dissoziations-Gleichgewicht des Wassers [→Gl. (1.8)] berücksichtigt und mit $C(HA)$ und $C(B^+)$ die beiden Ausgangs-Konzentrationen bezeichnet, dann sind

$$C(HA) + C(B^+) = c(HA) + c(A^-) + c(B^+) + c(HB^{2+}) , \tag{2.85}$$

$$C(HA) + C(B^+) = c(HA) + c(A^-) + c(Cl^-) , \tag{2.86}$$

zwei Massen-Beziehungen für dieses System. Die Protonen-Bedingung für dieses System lautet

$$c(H_3O^+) = c(OH^-) + c(A^-) - c(HB^{2+}) . \tag{2.87}$$

$c(A^-)$ gibt darin an, wieviele HA durch Dissoziation Protonen liefern; davon müssen die von HB^{2+} verbrauchten subtrahiert werden; schließlich entspricht $c(OH^-)$ der Anzahl derjenigen Protonen, die durch die Eigendissoziation des Wassers entstehen. Addiert man nun auf beiden Seiten der Protonen-Bedingung (2.87) $c(HB^{2+})$ und dazu noch die Beziehung

$$c(HB^{2+}) + c(B^+) = c(Cl^-) \tag{2.88}$$

[sie kann aus den Gleichungen (2.85) und (2.86) gewonnen werden], so erhält man das Ladungs-Gleichgewicht für dieses System,

$$c(H_3O^+) + c(B^+) + 2c(HB^{2+}) = c(OH^-) + c(A^-) + c(Cl^-) . \tag{2.89}$$

In einem zweiten Beispiel sei eine wäßrige Lösung gegeben, die 0,2 molar an Trinatriumphosphat und 0,1 molar an Essigsäure ist, es gelte also

$$C(PO_4^{3-}) = 0{,}2, \quad C(HOAc) = 0{,}1 .$$

Weiterhin sollen bei der Betrachtung dieses Systems die drei Base-Gleichgewichte des Phosphat-Anions [→Gleichungen (2.57) bis (2.59)], die Säure-Reaktion der Essigsäure [→Gl. (2.19)] und natürlich die Eigendissoziation des Wassers [Gl. (1.8)] berücksichtigt werden. Dann sind die folgenden Gleichungen Massen-Beziehungen für dieses System:

$$c(\mathrm{Na^+}) = 3C(\mathrm{PO_4^{3-}}) = 0{,}6\ , \tag{2.90}$$

$$c(\mathrm{PO_4^{3-}}) + c(\mathrm{HPO_4^{2-}}) + c(\mathrm{H_2PO_4^-}) + c(\mathrm{H_3PO_4}) = C(\mathrm{PO_4^{3-}}) = 0{,}2\ , \tag{2.91}$$

$$c(\mathrm{HOAc}) + c(\mathrm{OAc^-}) = C(\mathrm{HOAc}) = 0{,}1\ . \tag{2.92}$$

Die Protonen werden in diesem System vom Lösungsmittel Wasser und der Essigsäure geliefert, Natriumphosphat als dreiwertige Base verbraucht Protonen, d. h.

$$c(\mathrm{H_3O^+}) = c(\mathrm{OH^-}) + c(\mathrm{OAc^-}) - [c(\mathrm{HPO_4^{2-}}) + 2c(\mathrm{H_2PO_4^-}) + 3c(\mathrm{H_3PO_4})] \tag{2.93}$$

ist die Protonen-Bedingung. Aus den Gleichungen (2.90) und (2.91) kann man

$$c(\mathrm{H_3PO_4}) = \tfrac{1}{3}\, c(\mathrm{Na^+}) - [c(\mathrm{H_2PO_4^-}) + c(\mathrm{HPO_4^{2-}}) + c(\mathrm{PO_4^{3-}})] \tag{2.94}$$

isolieren und in Gl. (2.93) einsetzen. So erhält man das Ladungs-Gleichgewicht,

$$\begin{aligned} c(\mathrm{H_3O^+}) + c(\mathrm{Na^+}) = {} & c(\mathrm{OH^-}) + c(\mathrm{OAc^-}) + \\ & + c(\mathrm{H_2PO_4^-}) + 2c(\mathrm{HPO_4^{2-}}) + 3c(\mathrm{PO_4^{3-}})\ . \end{aligned} \tag{2.95}$$

Aufgaben

1. Geben Sie zu den nachstehenden Säuren deren korrespondierende Basen an: HNO_2, $HCOOH$, $(COOH)_2$, H_3NOH^+, $(CH_3)_2NH_2^+$, $CH_3COOH_2^+$, $H_2PO_3^-$, HS^-, HSO_4^-.

2. Welche der folgenden Teilchen sind amphoter, können also als Säure *und* Base reagieren?
H_2S, H_3O^+, HSO_4^-, CH_3NH_2, NO_2^-, HPO_4^{2-}, $HN_2O_3^-$, $(CH_3)_2C(NH_2)COOH$.

3. Formulieren Sie für wäßrige Lösungen, in denen die nachstehenden Verbindungen gelöst sind, voneinander unabhängige Gleichgewichts-Reaktionen.
a) NH_4CN
b) NaOAc
c) $(NH_4)_3PO_4$
d) $(COOH)_2$

4. Geben Sie für die folgenden Systeme Massen-Beziehungen (MB), Ladungs-Gleichgewichte (LG) und Protonen-Bedingungen (PB) an. (Die Konzentrationen stehen in runden Klammern hinter den jeweiligen Teilchen; zu berücksichtigen sind bei der Formulierung der Gleichungen – von H_3O^+ und OH^- abgesehen – die in eckigen Klammern aufgeführten Teilchen.)
a) NH_4Cl (0,1 M), NaOH (0,05 M)
$[NH_4^+, NH_3, Cl^-, Na^+]$

b) NH_4HSO_4 (0,01 M)
$[NH_4^+, NH_3, HSO_4^-, SO_4^{2-}, H_2SO_4]$

c) Na_2HPO_4 (0,01 M), HOAc (0,02 M)
$[PO_4^{3-}, HPO_4^{2-}, H_2PO_4^-, H_3PO_4, Na^+, OAc^-, HOAc]$

d) NH_4CN (0,1 M)
$[NH_4^+, NH_3, CN^-, HCN]$

e) $(NH_4)_2CO_3$ (0,05 M)
$[NH_4^+, NH_3, CO_3^{2-}, HCO_3^-, CO_2]$

f) $C_3O_4H_4$ (0,5 M), NaOAc (0,2 M)
$[C_3O_4H_4, C_3O_4H_3^-, C_3O_4H_2^{2-}, Na^+, OAc^-, HOAc]$

g) NH_4Cl (0,1 M), NaOAc (0,2 M)
$[NH_4^+, NH_3, OAc^-, HOAc, Na^+, Cl^-]$

h) NaOAc (0,05 M), HOAc (0,05 M)
$[Na^+, HOAc, OAc^-]$

i) KH_2PO_4 (0,05 M), Na_2HPO_4 (0,05 M)
$[K^+, Na^+, H_3PO_4, H_2PO_4^-, HPO_4^{2-}, PO_4^{3-}]$

j) NaOH (0,1 M)
$[Na^+, OH^-]$

k) NaCN (0,1 M)
$[Na^+, HCN, CN^-]$

l) NaOAc (0,1 M), HCl (0,08 M)
$[Na^+, HOAc, OAc^-, Cl^-]$

3 pH-Werte von Säuren und Basen*)

In diesem Kapitel sollen Formeln oder Gleichungen abgeleitet werden, die die Bestimmung der *exakten* pH-Werte von Lösungen gestatten, die Säuren und/oder Basen enthalten. Unter „exakt" soll in diesem und den folgenden Kapiteln stets verstanden werden, daß zur rechnerischen Ermittlung der pH-Werte oder anderer Größen keinerlei vereinfachende Annahmen gemacht werden**).

Für einstufige Säure- bzw. Base-Gleichgewichte wird im folgenden eine ausführliche Ableitung der Bestimmungs-Gleichungen für die gesuchten H_3O^+- und OH^--Ionen-Konzentrationen gegeben. Im weiteren wird jedoch darauf verzichtet, die entsprechenden Gleichungen für Basen anzugeben, da man sie stets durch Ersetzen von K_S durch K_B, von $c(H_3O^+)$ durch $c(OH^-)$ und von pH durch pOH erhalten kann. Die Berechnungen der pH-Werte *n*-wertiger Säuren ($n > 1$), von Ampholyt-Lösungen, Säure-Gemischen und Gemischen aus Säuren und Basen schließen sich an.

3.1 pH-Werte einwertiger Säuren und Basen

3.1.1 pH-Werte einwertiger Säuren

Eine Säure HA stehe mit ihrer korrespondierenden Base A^- in wäßriger Lösung im Gleichgewicht

$$HA + H_2O \rightleftharpoons H_3O^+ + A^-. \tag{3.1}$$

Die Säurekonstante K_S von HA genügt der Bedingung

$$K_S = \frac{c(H_3O^+) \cdot c(A^-)}{c(HA)}. \tag{3.2}$$

---

* Obschon die Angabe eines pH-Werts mit mehr als zwei Ziffern nach dem Komma experimentell kaum gerechtfertigt und somit fragwürdig ist, werden im folgenden trotzdem die *exakten* Ergebnisse von Rechenbeispielen auf drei Stellen nach dem Komma angegeben, um es dem Leser zu erleichtern, die eigenen Rechnungen zu überprüfen und selbst verfertigte Rechenprogramme zu testen.

** Alle Wechselwirkungen, die zwischen den verschiedenen Teilchen eines Systems stattfinden können, müssen durch Reaktionsgleichungen und diese Gleichgewichte beschreibende Konstanten mitberücksichtigt werden.

In diesem Ausdruck bedeuten $c(H_3O^+)$, $c(A^-)$ und $c(HA)$ die jeweiligen Gleichgewichts-Konzentrationen an H_3O^+- bzw. A^--Ionen und an undissoziierter Säure HA. Die Gleichgewichts-Konzentrationen an A^- und HA lassen sich mit Hilfe der Gesamt-Konzentration,

$$C = c(HA) + c(A^-), \tag{3.3}$$

der Protonen-Bedingung (nur für Neutralsäuren mit dem Ladungs-Gleichgewicht identisch)

$$c(H_3O^+) = c(A^-) + c(OH^-) \tag{3.4}$$

und dem Ionenprodukt des Wassers

$$K_W = c(H_3O^+) \cdot c(OH^-) \tag{3.5}$$

errechnen. Aus den Gleichungen (3.4) und (3.5) ergibt sich die Konzentration an korrespondierender Base zu

$$c(A^-) = c(H_3O^+) - \frac{K_W}{c(H_3O^+)}. \tag{3.6}$$

Setzt man Formel (3.6) in Gl. (3.3) ein, so erhält man eine Beziehung für die Konzentration der undissoziierten Säure HA

$$c(HA) = C - c(H_3O^+) + \frac{K_W}{c(H_3O^+)}. \tag{3.7}$$

Durch Zusammenfassen der Gleichungen (3.2), (3.6) und (3.7) ergibt sich schließlich nach geeignetem Umstellen

$$c^3(H_3O^+) + c^2(H_3O^+) \cdot K_S - c(H_3O^+) \cdot (CK_S + K_W) - K_SK_W = 0. \tag{3.8}$$

Eine Nullstelle dieser Gleichung dritten Grades in $c(H_3O^+)$ erlaubt bei gegebenen K_S- und C-Werten – von Aktivitätskorrekturen abgesehen – die exakte Bestimmung des pH-Werts.

Zur Ableitung von Gl. (3.8) ist die Protonen-Bedingung [Gl. (3.4)], nicht aber das Ladungs-Gleichgewicht herangezogen worden. Aus diesem Grund gilt Gl. (3.8) für alle einwertigen Säuren beliebiger Ladung.

Es ist möglich, für Gl. (3.8) drei Nullstellen zu berechnen, da es sich um eine Gleichung dritten Grades handelt. Von diesen drei Nullstellen, die für $C \leqslant 1$ und $pK_S \geqslant -10$ stets alle reell sind, besitzt jedoch nur eine einzige positive Zahlenwerte. Die beiden anderen können folglich nicht zur pH-Wert-Bestimmung herangezogen werden, da negative Konzentrations-Werte keinen physikalischen Sinn besitzen und weil darüberhinaus der Logarithmus von negativen Zahlen nicht definiert ist. Abb. 3.1 zeigt zwei Ausschnitte des Kurvenverlaufs der aus Gl. (3.8) gewonnenen Funktion

$$f[c(H_3O^+)] = c^3(H_3O^+) + c^2(H_3O^+) \cdot K_S - c(H_3O^+) \cdot (CK_S + K_W) - K_SK_W \quad (3.9)$$

für $C = 0{,}1$ und $K_S = 10^{-4{,}75}$.

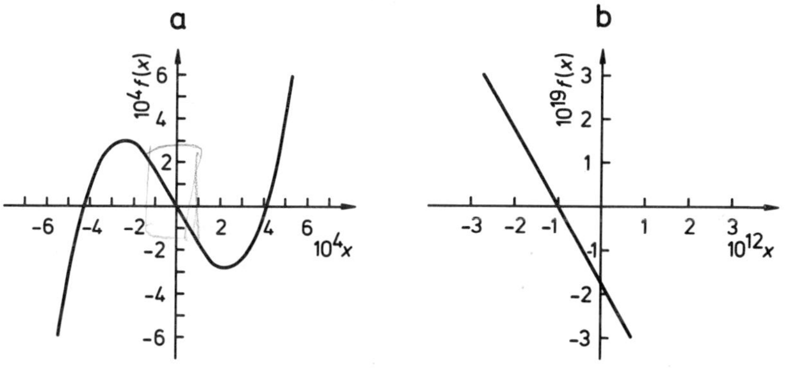

Abb. 3.1. Verlauf der durch

$$f(x) = x^3 + x^2 \cdot K_S - x \cdot (CK_S + K_W) - K_SK_W$$

mit $x = c(H_3O^+)$ gegebenen Kurve für $C = 10^{-1}$ und $pK_S = 4{,}75$ (**b** ist ein Ausschnitt von **a**).

Aus Abb. 3.2 kann man für Konzentrationen C von 10^{-8} bis 1 mol/l und Säureexponenten pK_S von 0 bis 14 die sich aus Gl. (3.8) ergebenden pH-Werte zumindest gut abschätzen. Man erkennt insbesondere, daß sich der pH-Wert für alle Säureexponenten dem Wert 7 nähert, wenn die Verdünnung (und damit $-\lg C$) vergrößert wird, also C gegen 0 strebt. Der gleiche Sachverhalt ist in Abb. 3.3 räumlich dargestellt.

In Abb. 3.4, die ebenso wie Abb. 3.2 mit Hilfe von Gl. (3.8) berechnet wurde, ist der durch Gl. (3.8) ausgedrückte Zusammenhang für den Konzentrations-Bereich $10^{-6} \leqslant C \leqslant 1$ wiedergegeben; die gesamte Kurventafel ist jedoch in drei Teile untergliedert, um ein genaueres Ablesen von pH-Werten auch bei größeren Verdünnungen und nicht ganzzahligen pK-Werten zu gestatten.

Während die üblichen Vereinfachungen, die im nächsten Kapitel diskutiert werden, teilweise zu erheblichen Fehlern führen, sind die aus den Diagrammen 3.2 und 3.4 gewonnenen pH-Werte über den gesamten eingetragenen Konzentrations- und Säure- bzw. Baseexponenten-Bereich – die Aktivitätskoeffizienten werden als 1 vorausgesetzt – uneingeschränkt gültig.

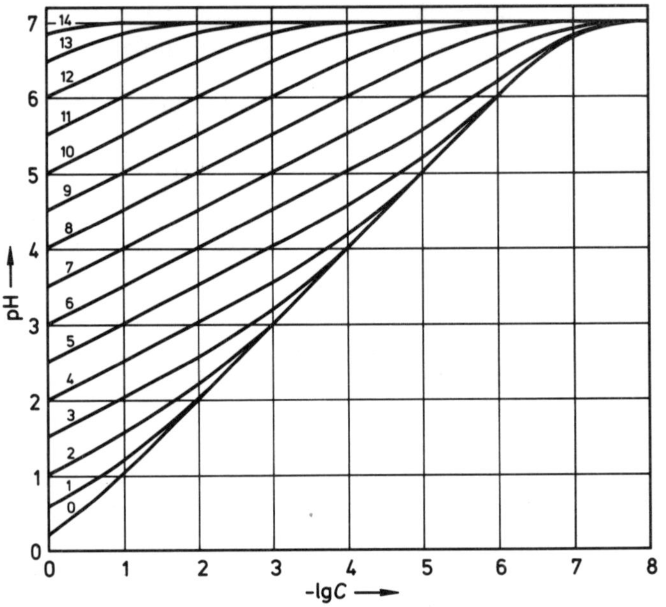

Abb. 3.2. pH-Werte einwertiger Säuren, bestimmt nach Gl. (3.8). (Die pK_S-Werte stehen über den zugehörigen Kurven; C in mol/l.)

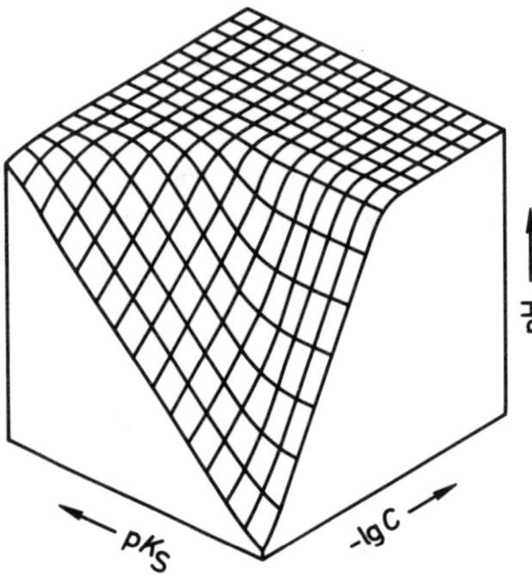

Abb. 3.3. Räumliche Darstellung der durch die Gleichung

$$c^3(H_3O^+) + c^2(H_3O^+) \cdot K_S - c(H_3O^+) \cdot (CK_S + K_W) - K_S K_W = 0$$

gegebenen Fläche.

3.1.2 pH-Werte einwertiger Basen

Für das Base-Gleichgewicht

$$B + H_2O \rightleftharpoons HB^+ + OH^- \tag{3.10}$$

mit der Basekonstanten

$$K_B = \frac{c(HB^+) \cdot c(OH^-)}{c(B)}, \tag{3.11}$$

der Gesamt-Konzentration C, der Massen-Beziehung

$$C = c(HB^+) + c(B) \tag{3.12}$$

und der Hydroxidionen-Bedingung

$$c(OH^-) = c(HB^+) + c(H_3O^+) \tag{3.13}$$

erhält man zusammen mit Gl. (3.5) eine Gleichung dritten Grades in $c(OH^-)$,

$$c^3(OH^-) + c^2(OH^-) \cdot K_B - c(OH^-) \cdot (CK_B + K_W) - K_B K_W = 0, \tag{3.14}$$

die sich auch aus Gl. (3.8) ergibt, wenn man K_S durch K_B und $c(H_3O^+)$ durch $c(OH^-)$ ersetzt. Die positive Nullstelle von Gl. (3.14) liefert die Gleichgewichts-Konzentration an Hydroxidionen, $c(OH^-)$, und damit den pOH-Wert, aus dem man über

$$pH + pOH = pK_W \tag{3.15}$$

[diese Beziehung folgt aus Gl. (3.5)] den pH-Wert einer wäßrigen Base-Lösung mit bekannter Konzentration C und Basekonstante K_B berechnen kann.

pOH-Werte lassen sich graphisch ebenfalls aus Abb. 3.4 ermitteln, wenn man die in Klammern angegebenen Variablen benutzt, also pH durch pOH und pK_S durch pK_B ersetzt.

3.1.3 pH-Werte sehr starker Säuren und Basen

Aufgrund des nivellierenden Effekts des Lösungsmittels Wasser besitzen alle sehr starken Säuren (und Basen) gleicher Konzentration gleiche pH-Werte. Sehr starke Säuren sind für Konzentrationen kleiner 1 mol/l praktisch vollständig dissoziiert (→ Abb. 6.1); der undissoziierte Anteil ist so gering, daß die Protonen-Konzentration – von einem verschwindend kleinen Anteil abgesehen – durch die Säure-Konzentration bestimmt wird.

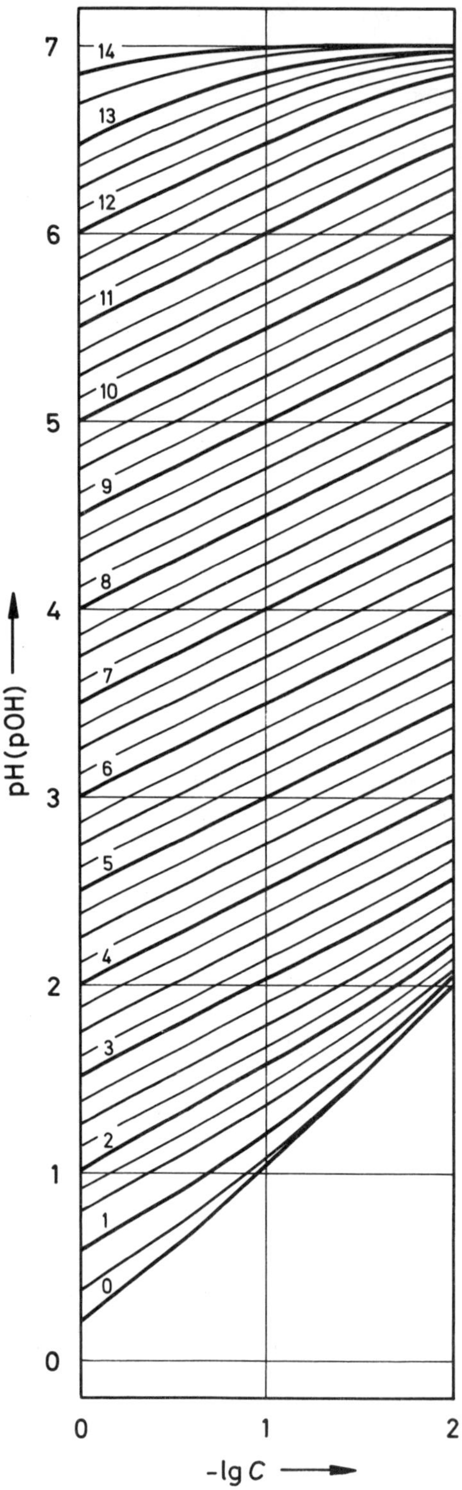

pH (pOH)
-lg C
14
13
12
11
10
9
8
7
6
5
4
3
2
1
0

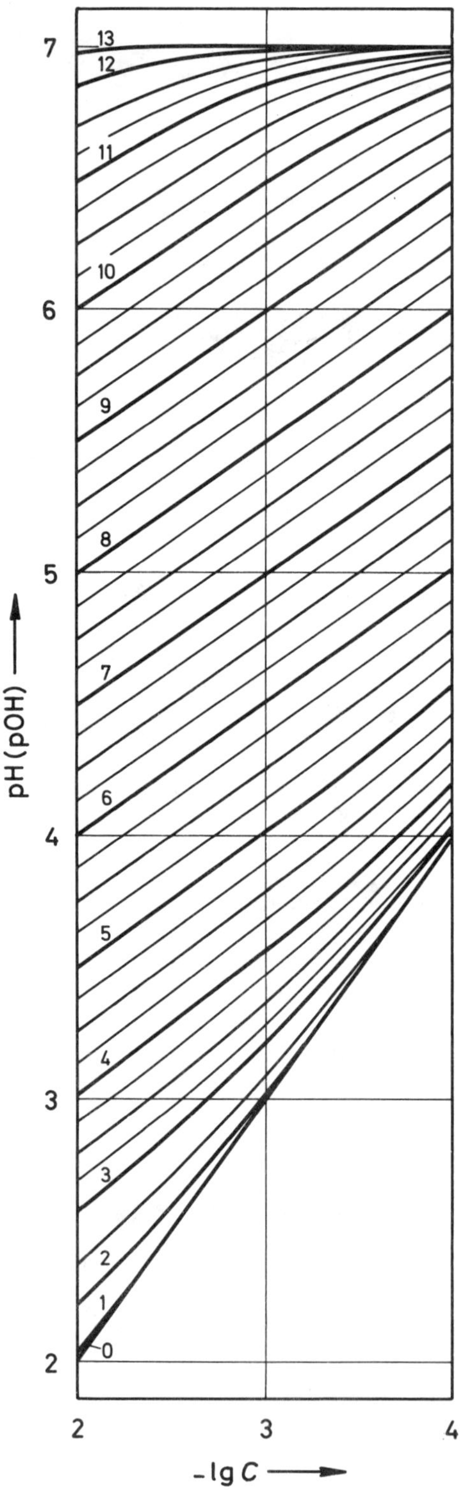

pH (pOH)
-lg C
13
12
11
10
9
8
7
6
5
4
3
2
1
0

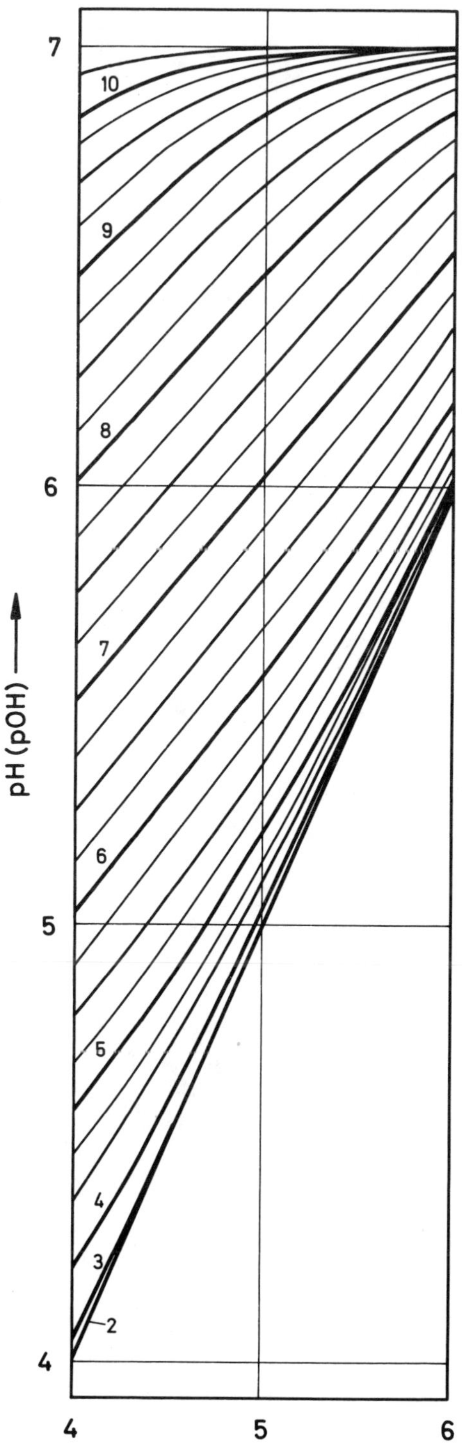

Abb. 3.4. Kurventafel zur graphischen Ermittlung von pH-(pOH-)Werten einwertiger Säuren (und Basen); die pK_S-(pK_B-)Werte stehen über den jeweiligen Ablesekurven (C in mol/l).

Im folgenden soll für sehr starke Säuren unter der Voraussetzung $10^{-} \leq C \leq 1$ die Beziehung

$$c(H_3O^+) = C \tag{3.16}$$

als *exakte* Lösung bezeichnet werden. Dies ist gerechtfertigt, da bei der Berechnung von pH-Werten sehr starker Säuren mit Gl. (3.8) und mit Gl. (3.16) in diesem Konzentrations-Bereich Unterschiede im pH-Wert von weniger als 0,1% auftreten. Mit dieser Vereinfachung kann man beispielsweise für eine 0,06 M $HClO_4$-Lösung pH = − lg 0,06 = 1,222 errechnen.

3.2 pH-Werte zwei- und mehrwertiger Säuren

3.2.1 pH-Werte zweiwertiger Säuren

Durch Anwendung des Massenwirkungsgesetzes auf die beiden Protolyse-Gleichgewichte

$$H_2A + H_2O \rightleftharpoons H_3O^+ + HA^-, \tag{3.17}$$

$$HA^- + H_2O \rightleftharpoons H_3O^+ + A^{2-} \tag{3.18}$$

einer zweiwertigen Säure H_2A erhält man zwei Säurekonstanten

$$K_{S1} = \frac{c(H_3O^+) \cdot c(HA^-)}{c(H_2A)}, \tag{3.19}$$

$$K_{S2} = \frac{c(H_3O^+) \cdot c(A^{2-})}{c(HA^-)}. \tag{3.20}$$

Ebenso wie bei einwertigen Säuren benötigt man zur Herleitung der exakten pH-Gleichung die Gesamt-Konzentration C der Lösung, die Massen-Beziehung

$$C = c(H_2A) + c(HA^-) + c(A^{2-}), \tag{3.21}$$

die Protonen-Bedingung

$$c(H_3O^+) = c(OH^-) + c(HA^-) + 2c(A^{2-}) \tag{3.22}$$

und das Ionenprodukt des Wassers [→ Gl. (3.5)].

Durch Zusammenfassen der Gleichungen (3.19) und (3.20) erhält man

$$c(H_2A) = \frac{c^2(H_3O^+) \cdot c(A^{2-})}{K_{S1}K_{S2}}. \tag{3.23}$$

multiplizieren

Substituiert man mit dieser Beziehung in Gl. (3.21) die Konzentration an undissoziierter Säure und in den Gleichungen (3.21) und (3.22) jeweils die HA^--Konzentrationen mit Hilfe von Gl. (3.20), so gelangt man unter Berücksichtigung von Gl. (3.5) zu den Beziehungen

$$C = c(A^{2-}) \cdot \left(\frac{c^2(H_3O^+)}{K_{S1}K_{S2}} + \frac{c(H_3O^+)}{K_{S2}} + 1 \right) \tag{3.24}$$

und

$$c(H_3O^+) = \frac{K_W}{c(H_3O^+)} + c(A^{2-}) \cdot \left(\frac{c(H_3O^+)}{K_{S2}} + 2 \right). \tag{3.25}$$

Aus Gl. (3.24) kann man $c(A^{2-})$ isolieren und in (3.25) einsetzen. Ausmultiplizieren und geeignetes Zusammenfassen liefert schließlich eine Gleichung vierten Grades in $c(H_3O^+)$:

$$\begin{aligned} c^4(H_3O^+) + c^3(H_3O^+) \cdot K_{S1} + c^2(H_3O^+) \cdot (K_{S1}K_{S2} - K_W - CK_{S1}) - \\ - c(H_3O^+) \cdot (2CK_{S1}K_{S2} + K_{S1}K_W) - K_{S1}K_{S2}K_W = 0. \end{aligned} \tag{3.26}$$

Aus einer Nullstelle dieser Gleichung vierten Grades in $c(H_3O^+)$ läßt sich der exakte pH-Wert einer zweiwertigen Säure bestimmen. Auch hier liefert nur eine einzige Nullstelle positive $c(H_3O^+)$-Werte.

Es sei angemerkt, daß Gl. (3.26) und Gl. (3.8) identisch werden, wenn man $K_{S1} = K_S$ und $K_{S2} = 0$ setzt und die gesamte Gl. (3.26) durch $c(H_3O^+)$ dividiert.

3.2.2 pH-Werte *n*-wertiger Säuren

Für die Dissoziation einer *n*-wertigen Säure kann man allgemein die folgenden *n* Gleichgewichte formulieren:

$$H_{n-i+1}A^{(i-1)-} + H_2O \rightleftharpoons H_{n-i}A^{i-} + H_3O^+ \quad (i = 1, 2, \ldots, n). \tag{3.27}$$

Das Massenwirkungsgesetz liefert für diese *n* Dissoziationsstufen die Säurekonstanten

$$K_{Si} = \frac{c(H_3O^+) \cdot c(H_{n-i}A^{i-})}{c(H_{n-i+1}A^{(i-1)-})} \quad (i = 1, 2, \ldots, n). \tag{3.28}$$

Für die Gesamt-Konzentration einer *n*-wertigen Säure muß

$$C = c(H_nA) + \sum_{i=1}^{n} c(H_{n-i}A^{i-}) \tag{3.29}$$

erfüllt sein. Die Protonen-Bedingung kann in der Form

$$c(H_3O^+) = c(OH^-) + \sum_{i=1}^{n} i \cdot c(H_{n-i}A^{i-}) \tag{3.30}$$

geschrieben werden. Die Konzentration an undissoziierter Säure H_nA ergibt sich durch Zusammenfassen der n Gleichungen (3.28) zu

$$c(H_nA) = \frac{c^n(H_3O^+) \cdot c(A^{n-})}{\prod_{i=1}^{n} K_{Si}} . \tag{3.31}$$

Isoliert man entsprechend aus den Gleichungen (3.28) die Konzentrationen der n Komponenten $H_{n-i}A^{i-}$ ($i = 1, 2, \ldots, n$) und setzt die sich daraus ergebenden Beziehungen in Gl. (3.29) ein, so erhält man zusammen mit Gl. (3.31) und Ausklammern von $c(A^{n-})$

$$C = \frac{c(A^{n-})}{\prod_{i=1}^{n} K_{Si}} \cdot \left\{ c^n(H_3O^+) + \sum_{i=1}^{n} \left[c^{n-i}(H_3O^+) \cdot \prod_{j=1}^{i} K_{Sj} \right] \right\} . \tag{3.32}$$

Substituiert man in gleicher Weise $c(H_{n-i}A^{i-})$ in Gl. (3.30), so lautet die Protonen-Bedingung für die n-wertige Säure H_nA

$$c(H_3O^+) = c(OH^-) + \frac{c(A^{n-})}{\prod_{i=1}^{n} K_{Si}} \cdot \sum_{i=1}^{n} \left[i \cdot c^{n-i}(H_3O^+) \cdot \prod_{j=1}^{i} K_{Sj} \right] . \tag{3.33}$$

Die Ausdrücke (3.32) und (3.33) lassen sich unter Berücksichtigung von Gl. (3.5) zusammenfassen zu

$$c(H_3O^+) = \frac{K_W}{c(H_3O^+)} + \frac{C \cdot \sum_{i=1}^{n} \left[i \cdot c^{n-i}(H_3O^+) \cdot \prod_{j=1}^{i} K_{Sj} \right]}{\sum_{i=0}^{n} \left[c^{n-i}(H_3O^+) \cdot \prod_{j=1}^{i} K_{Sj} \right]^{*)}} . \tag{3.34}$$

Gl. (3.34) läßt sich umformen in

$$[c^2(H_3O^+) - K_W] \cdot \sum_{i=0}^{n} \left[c^{n-i}(H_3O^+) \cdot \prod_{j=1}^{i} K_{Sj} \right]^{*)} -$$

$$- c(H_3O^+) \cdot C \cdot \sum_{i=1}^{n} \left[i \cdot c^{n-i}(H_3O^+) \cdot \prod_{j=1}^{i} K_{Sj} \right] = 0$$

---

* Definitionsgemäß gilt $\prod_{j=1}^{0} K_{Sj} = 1$.

oder

$$c^{n+2}(H_3O^+) - c^n(H_3O^+) \cdot K_W + \\ + \sum_{i=1}^{n} \left\{ c^{n-i}(H_3O^+) \cdot [c^2(H_3O^+) - c(H_3O^+) \cdot i \cdot C - K_W] \cdot \prod_{j=1}^{i} K_{Sj} \right\} = 0\,. \tag{3.35}$$

Dieser letzte Ausdruck ist eine Gleichung $(n + 2)$-ten Grades in $c(H_3O^+)$, mit deren Hilfe sich der exakte pH-Wert jeder n-wertigen Säure mit beliebiger Genauigkeit bestimmen läßt*).

3.3 pH-Werte von Ampholyten

Gegeben sei ein Ampholyt HA^- **) mit seinen beiden Gleichgewichten

$$HA^- + H_2O \rightleftharpoons H_2A + OH^-\,, \tag{3.36}$$

$$HA^- + H_2O \rightleftharpoons A^{2-} + H_3O^+\,. \tag{3.37}$$

Außer diesen beiden Reaktionen kann man noch die Autoprotolyse

$$2HA^- \rightleftharpoons H_2A + A^{2-} \tag{3.38}$$

formulieren. Zu den Gleichungen (3.36) und (3.37) gehören die beiden Konstanten

$$K_{B2} = \frac{c(H_2A) \cdot c(OH^-)}{c(HA^-)} = \frac{K_W}{K_{S1}} \tag{3.39}$$

und

$$K_{S2} = \frac{c(H_3O^+) \cdot c(A^{2-})}{c(HA^-)}\,. \tag{3.40}$$

Die Nummern der Säure- bzw. Basekonstante in Gl. (3.39) sind verschieden, weil zur Reaktion

$$H_2A + H_2O \rightleftharpoons H_3O^+ + HA^- \tag{3.41}$$

---

* Ein Flußdiagramm für die Berechnung des pH-Werts einer n-wertigen Säure ist in Abschn. 10.3 wiedergegeben.

** Die Ladung -1 ist willkürlich ausgewählt worden und hat auf die nachfolgenden Überlegungen und Berechnungen keinen Einfluß.

die *erste* Säurekonstante von H_2A gehört,

$$K_{S1} = \frac{c(H_3O^+) \cdot c(HA^-)}{c(H_2A)}. \tag{3.42}$$

Die entsprechende Base-Reaktion [Gl. (3.36)] ist jedoch bereits die *zweite* Protonen-Aufnahme der zweiwertigen Base A^{2-}.

Für dieses System lautet die Protonen-Bedingung

$$c(H_3O^+) = c(OH^-) + c(A^{2-}) - c(H_2A). \tag{3.43}$$

$c(H_3O^+) = c(OH^-)$, also pH = 7, liegt genau dann vor, wenn die Gleichgewichts-Konzentrationen an H_2A und A^{2-} gleich sind; dies ist sicher dann der Fall, wenn die Bedingung $K_{S2} = K_{B2}$ erfüllt ist. Für $K_{S2} > K_{B2}$ muß der pH-Wert der Ampholyt-Lösung < 7 sein, da dann $c(H_2A) < c(A^{2-})$ ist; der Ampholyt reagiert alkalisch für $K_{S2} < K_{B2}$ und $c(H_2A) > c(A^{2-})$ [man beachte dabei Gl. (3.43)].

Die Massen-Beziehung

$$C(HA^-) = c(H_2A) + c(HA^-) + c(A^{2-}) \tag{3.44}$$

zusammen mit den beiden Gleichungen (3.39) und (3.40) gestattet die Berechnung von $c(H_2A)$ und $c(A^{2-})$ [→Gleichungen (5.22) und (5.24)], so daß die Protonen-Bedingung [→Gl. (3.43)] in

$$c(H_3O^+) = \frac{K_W}{c(H_3O^+)} + \frac{C(HA^-) \cdot [K_{S1}K_{S2} - c^2(H_3O^+)]}{c^2(H_3O^+) + c(H_3O^+) \cdot K_{S1} + K_{S1}K_{S2}} \tag{3.45}$$

übergeht. Dieser Beziehung entspricht die Gleichung vierten Grades in $c(H_3O^+)$,

$$\begin{aligned} c^4(H_3O^+) + c^3(H_3O^+) \cdot [C(HA^-) + K_{S1}] + c^2(H_3O^+) \cdot (K_{S1}K_{S2} - K_W) - \\ - c(H_3O^+) \cdot [C(HA^-) \cdot K_{S1}K_{S2} + K_{S1}K_W] - K_{S1}K_{S2}K_W = 0, \end{aligned} \tag{3.46}$$

die also den exakten pH-Wert eines beliebigen Ampholyten beschreibt.

Die beiden Reaktionen

$$HSO_4^- + H_2O \rightleftharpoons H_2SO_4 + OH^- \quad (pK_{B2} = 17), \tag{3.47}$$

$$HSO_4^- + H_2O \rightleftharpoons SO_4^{2-} + H_3O^+ \quad (pK_{S2} = 1{,}92) \tag{3.48}$$

geben das amphotere Verhalten des Hydrogensulfat-Anions wieder. Setzt man also in Gl. (3.46) $K_{S1} = 10^3$ und $K_{S2} = 10^{-1,92}$, so errechnet sich für $C(HSO_4^-) = 0{,}01$ mol/l: pH = 2,188. Weitere Rechnungen mit Gl. (3.46) sind in Tab. 4.1 aufgeführt.

Hier sind nur Rechnungen zur Reaktion von amphoteren Substanzen mit Wasser betrachtet worden. Ob ein Ampholyt in einem gegebenen System mehr als Säure oder als Base fungiert, hängt von der relativen Säure- bzw. Basestärke der Reaktionspartner ab (→Aufg. 4).

3.4 pH-Werte von Säure-Gemischen

3.4.1 Gemische sehr starker Säuren

Bei der Säure-Reaktion sehr starker Säuren ist die Protonen-Konzentration praktisch gleich der Ausgangs-Konzentration (→ Abschn. 3.1.3). Für Gemische sehr starker Säuren errechnet sich somit der pH-Wert aus der Summe der Konzentrationen der einzelnen Säuren. Zum Beispiel gilt für eine wäßrige Lösung, die 0,02 M an HCl und 0,03 M an HJ ist,

$$c(H_3O^+) = C(HCl) + C(HJ) = 0{,}02 + 0{,}03 = 5 \cdot 10^{-2}$$

und damit

$$pH = -\lg(5 \cdot 10^{-2}) = 2 - \lg 5 = 1{,}301 \; .$$

3.4.2 Gemische sehr starker und schwacher Säuren

Bei Zusatz einer sehr starken Säure HX zu einer schwachen Säure HA wird sich das Gleichgewicht

$$HA + H_2O \rightleftharpoons H_3O^+ + A^- \tag{3.49}$$

auf die linke Seite verschieben. Je nach den vorgegebenen Konzentrationen an HX und HA, $C(HX)$ und $C(HA)$, wird der pH-Wert sich mehr dem Wert der reinen schwachen oder dem der reinen sehr starken Säure annähern. Die Massen-Beziehungen für dieses System lauten:

$$C(HA) = c(HA) + c(A^-) \; , \tag{3.50}$$

$$C(HX) = c(HX) + c(X^-) \; . \tag{3.51}$$

Das Ladungs-Gleichgewicht

$$c(H_3O^+) = c(OH^-) + c(A^-) + c(X^-) \; , \tag{3.52}$$

das für dieses Säure-Gemisch mit der Protonen-Bedingung identisch ist, gestattet die Berechnung von $c(H_3O^+)$. Mit der Gleichgewichtskonstanten

$$K_{SA} = \frac{c(H_3O^+) \cdot c(A^-)}{c(HA)} \tag{3.53}$$

und der Massen-Beziehung (3.50) gelangt man zu

$$c(\mathrm{A}^-) = \frac{C(\mathrm{HA}) \cdot K_{\mathrm{SA}}}{c(\mathrm{H_3O^+}) + K_{\mathrm{SA}}} \; . \tag{3.54}$$

Damit ergibt sich

$$c(\mathrm{H_3O^+}) = c(\mathrm{OH^-}) + \frac{C(\mathrm{HA}) \cdot K_{\mathrm{SA}}}{c(\mathrm{H_3O^+}) + K_{\mathrm{SA}}} + c(\mathrm{X^-}) \tag{3.55}$$

oder, da ja für sehr starke Säuren praktisch $c(\mathrm{X^-}) = C(\mathrm{HX})$ gilt (→ Abschn. 3.1.3):

$$c(\mathrm{H_3O^+}) = \frac{K_{\mathrm{W}}}{c(\mathrm{H_3O^+})} + \frac{C(\mathrm{HA}) \cdot K_{\mathrm{SA}}}{c(\mathrm{H_3O^+}) + K_{\mathrm{SA}}} + C(\mathrm{HX}) \; . \tag{3.56}$$

Multiplizieren mit

$$c(\mathrm{H_3O^+}) \cdot [c(\mathrm{H_3O^+}) + K_{\mathrm{SA}}]$$

und Umordnen führt schließlich zu

$$\begin{aligned} &c^3(\mathrm{H_3O^+}) + c^2(\mathrm{H_3O^+}) \cdot [K_{\mathrm{SA}} - C(\mathrm{HX})] - \\ &\quad - c(\mathrm{H_3O^+}) \cdot [C(\mathrm{HA}) \cdot K_{\mathrm{SA}} + C(\mathrm{HX}) \cdot K_{\mathrm{SA}} + K_{\mathrm{W}}] - K_{\mathrm{SA}} K_{\mathrm{W}} = 0 \; . \end{aligned} \tag{3.57}$$

In Tab. 3.1 sind für einige Gemische aus Essigsäure und Salzsäure deren pH-Werte und die im Gleichgewicht vorliegenden Konzentrationen an HOAc und $\mathrm{OAc^-}$ aufgeführt.

Tab. 3.1. Beispiel zur pH-Wert-Berechnung von Säure-Gemischen für HA = HOAc und HX = HCl [berechnet mit Gl. (3.57)].

C(HOAc)	C(HCl)	pH	c(HOAc)	$c(\mathrm{OAc^-})$
10^{-2}	0	3,384	$9{,}587 \cdot 10^{-3}$	$4{,}129 \cdot 10^{-4}$
10^{-2}	10^{-6}	3,384	$9{,}588 \cdot 10^{-3}$	$4{,}124 \cdot 10^{-4}$
10^{-2}	10^{-5}	3,379	$9{,}592 \cdot 10^{-3}$	$4{,}080 \cdot 10^{-4}$
10^{-2}	10^{-4}	3,331	$9{,}633 \cdot 10^{-3}$	$3{,}669 \cdot 10^{-4}$
10^{-2}	10^{-3}	2,939	$9{,}982 \cdot 10^{-3}$	$1{,}520 \cdot 10^{-4}$
10^{-2}	10^{-2}	1,999	$9{,}982 \cdot 10^{-3}$	$1{,}772 \cdot 10^{-5}$

3.4.3 Gemische mehrwertiger Säuren

In diesem Abschnitt soll abgeleitet werden, wie man für ein Gemisch einer m- und n-wertigen Säure $\mathrm{H}_n\mathrm{A}$ und $\mathrm{H}_m\mathrm{X}$ (mit den Säureexponenten $\mathrm{p}K_{\mathrm{SA}i}$ und $\mathrm{p}K_{\mathrm{SX}j}$; $i = 1, 2, \ldots, n$; $j = 1, 2, \ldots, m$) den pH-Wert berechnen kann.

Geht man von Gl. (3.52) aus und ersetzt $c(A^-)$ und $c(X^-)$ durch die entsprechenden Ausdrücke für eine m- und n-wertige Säure, so gelangt man zur Protonen-Bedingung

$$c(H_3O^+) = c(OH^-) + \sum_{i=1}^{n} i \cdot c(H_{n-i}A^{i-}) + \sum_{j=1}^{m} j \cdot c(H_{m-j}X^{j-}) \,. \qquad (3.58)$$

Ähnlich, wie sich die Gleichgewichts-Konzentrationen $c(A^-)$ und entsprechend $c(X^-)$ als Funktion von $c(H_3O^+)$ ausdrücken lassen [→Gl. (3.6)], erhält man*) für $i = 1, 2, \ldots, n$

$$c(H_{n-i}A^{i-}) = \frac{c^{n-i}(H_3O^+) \cdot C(H_nA) \cdot \prod_{j=1}^{i} K_{SAj}}{\sum_{r=0}^{n} \left[c^{n-r}(H_3O^+) \cdot \prod_{j=1}^{r} K_{SAj} \right]^{**)}} \qquad (3.59)$$

und

$$c(H_{m-j}X^{j-}) = \frac{c^{m-j}(H_3O^+) \cdot C(H_mX) \cdot \prod_{r=1}^{j} K_{SXr}}{\sum_{i=0}^{m} \left[c^{m-i}(H_3O^+) \cdot \prod_{r=1}^{i} K_{SXr} \right]^{**)}} \qquad (3.60)$$

für $j = 1, 2, \ldots, m$. Einsetzen in Gl. (3.58) ergibt

$$c(H_3O^+) = c(OH^-) + \frac{C(H_nA) \cdot \sum_{i=1}^{n} \left[c^{n-i}(H_3O^+) \cdot i \cdot \prod_{j=1}^{i} K_{SAj} \right]}{\sum_{r=0}^{n} \left[c^{n-r}(H_3O^+) \cdot \prod_{j=1}^{r} K_{SAj} \right]} + \frac{C(H_mX) \cdot \sum_{j=1}^{m} \left[c^{m-j}(H_3O^+) \cdot j \cdot \prod_{r=1}^{j} K_{SXr} \right]}{\sum_{i=0}^{m} \left[c^{m-i}(H_3O^+) \cdot \prod_{r=1}^{i} K_{SXr} \right]} \,. \qquad (3.61)$$

Beispielsweise berechnet sich für eine Lösung, die 0,008 mol H_3PO_4 und 0,05 mol $(COOH)_2$ enthält, mit Gl. (3.61) pH = 1,479 [es wurden $n = 3$, $m = 2$, $C(H_3A) = 0{,}008$, $C(H_2X) = 0{,}05$ und $K_{SA1} = 10^{-2{,}13}$, $K_{SA2} = 10^{-7{,}2}$, $K_{SA3} = 10^{-12{,}36}$, $K_{SX1} = 10^{-1{,}24}$, $K_{SX2} = 10^{-5{,}17}$ eingesetzt].

---

* Siehe auch Gl. (5.32).

** Man beachte, daß gilt: $\prod_{j=1}^{0} K_{Sj} = 1$.

3.5 pH-Werte von Gemischen aus Säuren und Basen; pH-Werte von Salzen

Salze sind aus Ionen aufgebaute kristalline Verbindungen, die mindestens eine von H^+-Ionen verschiedene Kationen-Art und mindestens eine von OH^--Ionen verschiedene Anionen-Art enthalten, z. B.

$NaCl$, $KHSO_4$, NH_4Cl, $[N(CH_3)_4]_2[CoCl_4]$.

Beim Auflösen in Wasser dissoziieren Salze in Kationen und Anionen, in Teilchen also, die Protonen-Säuren oder -Basen sein können. Im Rahmen der Brönstedschen Theorie müssen Salze dementsprechend als Gemische aus Ionen angesehen werden, die verschiedenartige Säure- und/oder Base-Eigenschaften besitzen.

In wäßrigen Lösungen von $NaClO_4$ und KCN tragen die Kationen Na^+ und K^+ zu möglichen Protonen-Übertragungsreaktionen nichts bei. Eine $NaClO_4$-Lösung reagiert neutral, da ClO_4^- als sehr schwache korrespondierende Base zur sehr starken Säure $HClO_4$ keine pH-Wert-Änderung hervorzurufen in der Lage ist (→Abschn. 2.5). Das Cyanid-Anion jedoch verhält sich wie eine schwache Base, da für das Gleichgewicht

$$CN^- + H_2O \rightleftharpoons HCN + OH^-$$

ein Baseexponent $pK_B = 4{,}60$ angegeben wird (→Tab. 2.1). Den pH-Wert einer KCN-Lösung berechnen heißt also, den pH-Wert der einwertigen Base CN^- bestimmen. Ähnlich liegen die Verhältnisse in NH_4ClO_4-Lösungen. Hier liefert nur die sehr schwache Säure NH_4^+ Protonen, so daß Ammoniumperchlorat-Lösungen schwach sauer reagieren.

In wäßrigen NH_4OAc-Lösungen sind Kation *und* Anion, aus denen das Salz aufgebaut ist, Brönsted-Säure bzw. -Base. Die Protonen-Konzentration wird also sowohl durch die Konzentration und Stärke des Protonen-Donators NH_4^+ als auch des Protonen-Akzeptors OAc^- bestimmt. Den pH-Wert einer solchen Salz-Lösung bestimmen bedeutet also, den pH-Wert eines Gemischs aus einer Säure und einer Base mit geeigneten Formeln auszurechnen.

Allgemein kann man das Berechnen des pH-Werts von Salz-Lösungen darauf zurückführen, daß man pH-Werte von Gemischen aus Brönsted-Säuren und/oder Brönsted-Basen bestimmt. Aus diesem Grund wird bei den in den folgenden Kapiteln abgeleiteten Formeln nicht mehr auf ihre besondere Anwendbarkeit für Salz-Lösungen hingewiesen.

Man unterscheidet übrigens aufgrund des pH-Werts von Salz-Lösungen *neutrale, saure* und *basische Salze* (→Tab. 3.2).

Im Rahmen der anorganischen Chemie versteht man unter *Salz-Hydrolyse* Protolyse-Reaktionen von Kationen und/oder Anionen eines Salzes. Man sollte jedoch für solche Reaktionen dem Begriff *Salz-Protolyse* den Vorzug geben. *Hydrolysen* sollte man im

Rahmen der anorganischen Chemie nur solche Reaktionen nennen, bei denen, wie beispielsweise in

$$SnCl_4 + 2\,H_2O \rightarrow SnO_2 + 4\,HCl,$$

kovalente Bindungen durch Wasser gespalten werden.

Tab. 3.2. Beispiele für neutrale, saure und basische Salze.

Neutrale Salze	Saure Salze	Basische Salze
$NaCl$	NH_4Cl	$NaCN$
K_2SO_4	$KHSO_4$	Na_2CO_3
$NaClO_4$	NaH_2PO_4	Na_3PO_4

3.5.1 pH-Werte von Gemischen einwertiger Säuren und Basen

Die Base B mit dem Base-Gleichgewicht

$$B + H_2O \rightleftharpoons HB^+ + OH^- \tag{3.62}$$

und der Basekonstanten

$$K_B = \frac{c(HB^+) \cdot c(OH^-)}{c(B)}, \tag{3.63}$$

die Säure HA mit dem Säure-Gleichgewicht

$$HA + H_2O \rightleftharpoons H_3O^+ + A^- \tag{3.64}$$

und der Säurekonstante

$$K_S = \frac{c(H_3O^+) \cdot c(A^-)}{c(HA)} \tag{3.65}$$

und auch die Gesamt-Konzentrationen $C(HA)$ und $C(B)$ seien gegeben. Die beiden Massen-Beziehungen

$$C(HA) = c(HA) + c(A^-), \tag{3.66}$$

$$C(B) = c(HB^+) + c(B) \tag{3.67}$$

führen zusammen mit den Gleichungen (3.63) und (3.65) zu

$$c(A^-) = \frac{C(HA) \cdot K_S}{c(H_3O^+) + K_S} \tag{3.68}$$

und

$$c(HB^+) = \frac{C(B) \cdot K_B}{c(OH^-) + K_B}. \tag{3.69}$$

Setzt man diese beiden Beziehungen in die Protonen-Bedingung dieses Systems ein,

$$c(H_3O^+) = c(OH^-) + c(A^-) - c(HB^+), \tag{3.70}$$

erhält man mit

$$c(H_3O^+) = c(OH^-) + \frac{C(HA) \cdot K_S}{c(H_3O^+) + K_S} - \frac{C(B) \cdot K_B}{c(OH^-) + K_B} \tag{3.71}$$

eine Gleichung, die sich in

$$\begin{aligned} &c^4(H_3O^+) \cdot K_B + c^3(H_3O^+) \cdot [K_S K_B + C(B) \cdot K_B + K_W] + \\ &\quad + c^2(H_3O^+) \cdot [K_S K_W + C(B) \cdot K_S K_B - K_B K_W - C(HA) \cdot K_S K_B] - \\ &\quad - c(H_3O^+) \cdot K_W \cdot [K_S K_B + K_W + C(HA) \cdot K_S] - K_S K_W^2 = 0 \end{aligned} \tag{3.72}$$

umformen läßt.

Mit Gl. (3.72) kann man insbesondere pH-Werte von Salzen der Zusammensetzung $HB_1^+B_2^-$ exakt berechnen, wenn man anstelle von $C(HA)$ und $C(B)$ die Ausgangs-Konzentration des Salzes und für

$$K_S = \frac{c(B_1) \cdot c(H_3O^+)}{c(HB_1^+)},$$

$$K_B = \frac{c(HB_2) \cdot c(OH^-)}{c(B_2^-)}$$

einsetzt. Beispielsweise beträgt der pH-Wert einer 0,01 M NH_4CN-Lösung 9,323 [$pK_S = 9{,}25$; $pK_B = 4{,}60$; $C(HB_1^+) = C(NH_4^+) = 0{,}01$; $C(B_2^-) = C(CN^-) = 0{,}01$], der einer $3 \cdot 10^{-3}$ M $(H_3NOH)OAc$-Lösung 5,362 [$pK_S = 5{,}97$; $pK_B = 9{,}25$; $C(HB_1^+) = C(H_3NOH^+) = 3 \cdot 10^{-3}$; $C(B_2^-) = C(OAc^-) = 3 \cdot 10^{-3}$]. Weitere Beispiele sind in Tab. 3.3 zu finden.

3.5.2 pH-Wert eines Gemischs einer *n*-wertigen Säure und einer *m*-wertigen Base

Die vorstehenden Überlegungen lassen sich leicht auf Gemische ausdehnen, die zwei- und mehrwertige Säuren und Basen enthalten. Dazu muß man bedenken, daß in der Protonen-Bedingung (3.70) die Summanden $c(A^-)$ und $-c(HB^+)$ diejenigen Protonen berücksichtigen, die von HA geliefert und von B verbraucht werden. Für eine zweiwertige Säure H_2A müßte also beispielsweise $c(A^-)$ durch

$$c(HA^-) + 2c(A^{2-})$$

Tab. 3.3. pH-Werte einiger Gemische von Säuren und Basen.

Säure H_nA	Base B	pH-Wert (τ) nach Gl. (4.42)	pH-Wert [$C(H_nA)$; $C(B)$] nach Gl. (3.72) bzw. Gl. (3.77)		
NH_4^+	CN^-	8,16 (1)	9,325 [0,1; 0,1]	9,323 [0,01; 0,01]	9,307 [10^{-3}; 10^{-3}]
HOAc	CO_3^{2-}	6,24 (1/2)	5,806 [0,2; 0,1]	5,806 [0,02; 0,01]	5,808 [$2 \cdot 10^{-3}$; 10^{-3}]
NH_4^+	PO_4^{3-}	6,23 (1/3)	8,960 [0,3; 0,1]	8,959 [0,03; 0,01]	8,954 [$3 \cdot 10^{-3}$; 10^{-3}]
$(CHOH)_2(COOH)_2$ [a]	NH_3	6,64 (2)	6,554 [0,1; 0,2]	6,555 [0,01; 0,02]	6,567 [10^{-3}; $2 \cdot 10^{-3}$]
$H_2N_2O_3$	$(COO)_2^{2-}$	4,44 (1)	3,859 [0,1; 0,1]	3,913 [0,01; 0,01]	4,167 [10^{-3}; 10^{-3}]
$CH_2(COOH)_2$	PO_4^{3-}	4,68 (2/3)	5,060 [0,3; 0,2]	5,060 [0,03; 0,02]	5,065 [$3 \cdot 10^{-3}$; $2 \cdot 10^{-3}$]
H_3PO_4	OAc^-	6,46 (3)	5,047 [0,1; 0,3]	5,048 [0,01; 0,03]	5,053 [10^{-3}; $3 \cdot 10^{-3}$]
$C_6O_7H_8$ [b]	$N_2O_3^{2-}$	4,95 (3/2)	4,773 [0,2; 0,3]	4,774 [0,02; 0,03]	4,784 [$2 \cdot 10^{-3}$; $3 \cdot 10^{-3}$]
H_3PO_4	PO_4^{3-}	4,57 (1)	7,200 [0,1; 0,1]	7,200 [0,01; 0,01]	7,200 [10^{-3}; 10^{-3}]

[a] Weinsäure [b] Citronensäure ($pK_{S1} = 3{,}13$; $pK_{S2} = 4{,}76$; $pK_{S3} = 6{,}40$)

ersetzt werden, und bei einer dreiwertigen Base B müßte anstelle von $-c(HB^+)$ in Gl. (3.70)

$$-[c(HB^+) + 2c(H_2B^{2+}) + 3c(H_3B^{3+})]$$

stehen.

Gegeben sei allgemein ein System, bestehend aus einer n-wertigen Säure H_nA und einer m-wertigen Base B mit den Säure-Base-Gleichgewichten

$$H_{n-i+1}A^{(i-1)-} + H_2O \rightleftharpoons H_{n-i}A^{i-} + H_3O^+, \tag{3.73}$$

$$H_{i-1}B^{(i-1)+} + H_2O \rightleftharpoons H_iB^{i+} + OH^- \tag{3.74}$$

mit $i = 1, 2, \ldots, n$ bzw. $i = 1, 2, \ldots, m$. (H_nA und B werden hier als neutrale Teilchen angenommen. Dies beeinflußt jedoch nicht die allgemeine Anwendbarkeit der Endformeln, da die Ladungen der Teilchen für die nachfolgenden Berechnungen ohne Bedeutung sind.) Dann lautet die Protonen-Bedingung für dieses H_nA und B enthaltende System:

$$c(H_3O^+) = c(OH^-) + \sum_{i=1}^{n} i \cdot c(H_{n-i}A^{i-}) - \sum_{i=1}^{m} i \cdot c(H_iB^{i+})\,. \tag{3.75}$$

Mit der Beziehung (5.32) für die Gleichgewichts-Konzentrationen $c(H_{n-i}A^{i-})$ ($i = 1, 2, \ldots, n$) und der entsprechenden für $c(H_iB^{i+})$ ($i = 1, 2, \ldots, m$),

$$c(H_iB^{i+}) = \frac{c^i(H_3O^+) \cdot C(B) \cdot K_W^{m-i} \cdot \prod_{j=1}^{i} K_{Bj}}{\sum_{i=0}^{m} \left[c^{m-i}(H_3O^+) \cdot K_W^i \cdot \prod_{j=1}^{m-i} K_{Bj} \right]^{*)}}\,, \tag{3.76}$$

geht Gl. (3.75) über in

$$c(H_3O^+) = c(OH^-) + \frac{C(H_nA) \cdot \sum_{i=1}^{n} \left[c^{n-i}(H_3O^+) \cdot i \cdot \prod_{j=1}^{i} K_{Sj} \right]}{\sum_{i=0}^{n} \left[c^{n-i}(H_3O^+) \cdot \prod_{j=1}^{i} K_{Sj} \right]^{*)}} - \frac{C(B) \cdot \sum_{i=1}^{m} \left[c^i(H_3O^+) \cdot i \cdot K_W^{m-i} \cdot \prod_{j=1}^{i} K_{Bj} \right]}{\sum_{i=0}^{m} \left[c^{m-i}(H_3O^+) \cdot K_W^i \cdot \prod_{j=1}^{m-i} K_{Bj} \right]^{*)}}\,. \tag{3.77}$$

---

* Definitionsgemäß gilt: $\prod_{j=1}^{0} K_{Bj} = \prod_{j=1}^{0} K_{Sj} = 1$.

Daraus läßt sich $c(H_3O^+)$ und damit auch der pH-Wert ermitteln.

Beispielsweise beträgt der pH-Wert für eine 0,01 M $(NH_4)_3PO_4$-Lösung 8,959 [in Gl. (3.77) sind $n = 1$, $m = 3$, $C(H_3A) = 0{,}03$ und $C(B) = 0{,}01$ zu setzen]. Im Vergleich dazu besitzt eine 0,01 M Na_3PO_4-Lösung einen pH-Wert von 11,877 [berechnet mit Gl. (3.35)].

3.5.3 pH-Wert eines Gemischs zweier einwertiger Säuren und zweier einwertiger Basen

Gegeben seien zwei Säuren, HA und HX, und zwei Basen, B und Y, mit den zugehörigen Gleichgewichten

$$HA + H_2O \rightleftharpoons A^- + H_3O^+ , \tag{3.78}$$

$$HX + H_2O \rightleftharpoons X^- + H_3O^+ , \tag{3.79}$$

$$B + H_2O \rightleftharpoons HB^+ + OH^- , \tag{3.80}$$

$$Y + H_2O \rightleftharpoons HY^+ + OH^- \tag{3.81}$$

und den Säure- bzw. Basekonstanten

$$K_{SA} = \frac{c(H_3O^+) \cdot c(A^-)}{c(HA)} , \tag{3.82}$$

$$K_{SX} = \frac{c(H_3O^+) \cdot c(X^-)}{c(HX)} , \tag{3.83}$$

$$K_B = \frac{c(HB^+) \cdot c(OH^-)}{c(B)} , \tag{3.84}$$

$$K_Y = \frac{c(HY^+) \cdot c(OH^-)}{c(Y)} . \tag{3.85}$$

Für eine Lösung, die alle vier Teilchen und deren korrespondierende Basen bzw. Säuren enthält, lautet das Ladungs-Gleichgewicht

$$c(H_3O^+) + c(HB^+) + c(HY^+) = c(OH^-) + c(A^-) + c(X^-) . \tag{3.86}$$

Die Gleichungen (3.82) bis (3.85) zusammen mit den Bedingungen für die Gesamt-Konzentrationen

$$C(HA) = c(HA) + c(A^-) , \tag{3.87}$$

$$C(HX) = c(HX) + c(X^-) , \tag{3.88}$$

$$C(B) = c(B) + c(HB^+) , \tag{3.89}$$

$$C(\mathrm{Y}) = c(\mathrm{Y}) + c(\mathrm{HY}^+) \tag{3.90}$$

liefern, in Gl. (3.86) eingesetzt:

$$\begin{aligned} c(\mathrm{H_3O^+}) &+ \frac{C(\mathrm{B}) \cdot K_\mathrm{B}}{c(\mathrm{OH^-}) + K_\mathrm{B}} + \frac{C(\mathrm{Y}) \cdot K_\mathrm{Y}}{c(\mathrm{OH^-}) + K_\mathrm{Y}} = \\ &= c(\mathrm{OH^-}) + \frac{C(\mathrm{HA}) \cdot K_\mathrm{SA}}{c(\mathrm{H_3O^+}) + K_\mathrm{SA}} + \frac{C(\mathrm{HX}) \cdot K_\mathrm{SX}}{c(\mathrm{H_3O^+}) + K_\mathrm{SX}} . \end{aligned} \tag{3.91}$$

Mit $c(\mathrm{OH^-}) = K_\mathrm{W}/c(\mathrm{H_3O^+})$ gelangt man nach geeignetem Umformen zu einer Gleichung sechsten Grades in $c(\mathrm{H_3O^+})$,

$$\begin{aligned} & c^6(\mathrm{H_3O^+}) \cdot K_\mathrm{B}K_\mathrm{Y} + \\ & + c^5(\mathrm{H_3O^+}) \cdot \{K_\mathrm{B}K_\mathrm{Y} \cdot [K_\mathrm{SA} + K_\mathrm{SX} + C(\mathrm{B}) + C(\mathrm{Y})] + K_\mathrm{W} \cdot (K_\mathrm{B} + K_\mathrm{Y})\} + \\ & + c^4(\mathrm{H_3O^+}) \cdot \langle K_\mathrm{W} \cdot [(K_\mathrm{SA} + K_\mathrm{SX}) \cdot (K_\mathrm{B} + K_\mathrm{Y}) + C(\mathrm{B}) \cdot K_\mathrm{B} + C(\mathrm{Y}) \cdot K_\mathrm{Y}] + \\ & \qquad + K_\mathrm{B}K_\mathrm{Y} \cdot \{(K_\mathrm{SA} + K_\mathrm{SX}) \cdot [C(\mathrm{B}) + C(\mathrm{Y})] - C(\mathrm{HA}) \cdot K_\mathrm{SA} - \\ & \qquad - C(\mathrm{HX}) \cdot K_\mathrm{SX} - K_\mathrm{W}\} + K_\mathrm{SA}K_\mathrm{SX}K_\mathrm{B}K_\mathrm{Y} + K_\mathrm{W}^2\rangle + \\ & + c^3(\mathrm{H_3O^+}) \cdot \langle K_\mathrm{W} \cdot \{(K_\mathrm{SA} + K_\mathrm{SX}) \cdot (K_\mathrm{W} - K_\mathrm{B}K_\mathrm{Y}) + (K_\mathrm{SA} + K_\mathrm{SX}) \cdot \\ & \qquad \cdot [C(\mathrm{B}) \cdot K_\mathrm{B} + C(\mathrm{Y}) \cdot K_\mathrm{Y}] + (K_\mathrm{B} + K_\mathrm{Y}) \cdot (K_\mathrm{SA}K_\mathrm{SX} - K_\mathrm{W}) - \\ & \qquad - (K_\mathrm{B} + K_\mathrm{Y}) \cdot [C(\mathrm{HA}) \cdot K_\mathrm{SA} + C(\mathrm{HX}) \cdot K_\mathrm{SX}]\} - \\ & \qquad - K_\mathrm{SA}K_\mathrm{SX}K_\mathrm{B}K_\mathrm{Y} \cdot [C(\mathrm{HA}) + C(\mathrm{HX}) - C(\mathrm{B}) - C(\mathrm{Y})]\rangle + \\ & + c^2(\mathrm{H_3O^+}) \cdot \langle K_\mathrm{SA}K_\mathrm{SX}K_\mathrm{W} \cdot \{C(\mathrm{B}) \cdot K_\mathrm{B} + C(\mathrm{Y}) \cdot K_\mathrm{Y} - K_\mathrm{B}K_\mathrm{Y} + K_\mathrm{W} - \\ & \qquad - [C(\mathrm{HA}) + C(\mathrm{HX})] \cdot (K_\mathrm{B} + K_\mathrm{Y})\} - K_\mathrm{W}^3 - K_\mathrm{W}^2 \cdot \\ & \qquad \cdot [(K_\mathrm{SA} + K_\mathrm{SX}) \cdot (K_\mathrm{B} + K_\mathrm{Y}) + C(\mathrm{HA}) \cdot K_\mathrm{SA} + C(\mathrm{HX}) \cdot K_\mathrm{SX}]\rangle - \\ & - c(\mathrm{H_3O^+}) \cdot \{K_\mathrm{SA}K_\mathrm{SX}K_\mathrm{W}^2 \cdot [K_\mathrm{B} + K_\mathrm{Y} + C(\mathrm{HA}) + C(\mathrm{HX})] + \\ & \qquad + K_\mathrm{W}^3 \cdot (K_\mathrm{SA} + K_\mathrm{SX})\} - K_\mathrm{SA}K_\mathrm{SX}K_\mathrm{W}^3 = 0 . \end{aligned} \tag{3.92}$$

Eine Nullstelle dieser Gleichung führt zu $c(\mathrm{H_3O^+})$ und damit zum gesuchten pH-Wert. Mit dieser umfassenden Beziehung kann man beispielsweise die Titration von Gemischen zweier einwertiger Säuren mit einer beliebigen Base (→Abschn. 7.3.1) oder den Einfluß von Säuren und/oder Basen auf Puffer (→Abschn. 8.3.2) berechnen, wenn nur für die jeweiligen Konzentrationen und Säure- bzw. Basekonstanten die entsprechenden Werte eingesetzt werden.

Aufgaben

1. Berechnen Sie die exakten pH-Werte der nachstehenden Säuren bzw. Basen*). [Man überprüfe die Ergebnisse ggf. anhand der Kurventafel (Abb. 3.4).]

---

* Die $\mathrm{p}K_\mathrm{S}$-Werte zu dieser und den folgenden Aufgaben können, wenn nicht angegeben, den Tabellen 2.1, 2.4, 2.8 oder den Tabellen in Abschn. 10.1 entnommen werden.

a) $C(\text{HOAc}) = 0{,}01$ mol/l
b) $C(\text{NaOAc}) = 0{,}1$ mol/l
c) $C[\text{CH}_2(\text{COOH})_2] = 2 \cdot 10^{-2}$ mol/l
d) $C(\text{Na}_3\text{PO}_4) = 0{,}3$ mol/l
e) $C(\text{HCN}) = 10^{-6}$ mol/l

2. Welche Konzentration muß eine Sulfanilsäure-Lösung ($\text{p}K_\text{S} = 3{,}21$) haben, damit ihr pH-Wert dem einer 0,05 M *o*-Phthalsäure-Lösung entspricht?

3. Welche Basekonstante besitzt Imidazol (Molekulargewicht: 68,046), wenn 1,701 g, in 600 ml Wasser gelöst, einen pH-Wert von 4,19 ergeben?

4. Reagieren die in den nachstehend aufgeführten Reaktionen an erster Stelle genannten Ampholyte eher als Säure oder als Base?
a) $\text{HSO}_4^- + \text{HCl}$
b) $\text{HSO}_4^- + \text{HOAc}$
c) $\text{HSO}_4^- + \text{NH}_3$
d) $\text{HSO}_4^- + \text{NaOH}$
e) $\text{H}_2\text{PO}_4^- + \text{HCl}$
f) $\text{H}_2\text{PO}_4^- + \text{HOAc}$
g) $\text{H}_2\text{PO}_4^- + \text{NH}_3$
h) $\text{H}_2\text{PO}_4^- + \text{NaOH}$
i) $\text{H}_2\text{N-CH}_2\text{-COOH} + \text{HCl}$
j) $\text{H}_2\text{N-CH}_2\text{-COOH} + \text{HOAc}$
k) $\text{H}_2\text{N-CH}_2\text{-COOH} + \text{NH}_3$
l) $\text{H}_2\text{N-CH}_2\text{-COOH} + \text{NaOH}$

5. Welche pH-Werte besitzen Lösungen mit
a) $C(\text{KHSO}_4) = 0{,}01$ mol/l,
b) $C(\text{KHC}_2\text{O}_4) = 10^{-4}$ mol/l,
c) $C(\text{Na}_2\text{HPO}_4) = 6 \cdot 10^{-3}$ mol/l,
d) $C(\text{KH}_2\text{PO}_4) = 0{,}1$ mol/l,
e) $C[(\text{CH}_3)_2\text{CHCH}(\text{NH}_2)\text{COOH}] = 0{,}05$ mol/l,
f) $C[\text{CH}_3(\text{CH}_2)_3\text{CH}(\text{NH}_2)\text{COOH}] = 0{,}03$ mol/l?

6. Berechnen Sie für die folgenden Lösungen, die zwei Säuren oder Basen enthalten, die pH-Werte der einzelnen Säuren bzw. Basen und diejenigen der Gemische.
a) $C(\text{HCl}) = 10^{-3}$ mol/l; $C(\text{HBr}) = 5 \cdot 10^{-3}$ mol/l
b) $C(\text{HCl}) = 2 \cdot 10^{-4}$ mol/l; $C(\text{HOAc}) = 3 \cdot 10^{-2}$ mol/l
c) $C(\text{HCOOH}) = 10^{-2}$ mol/l; $C(\text{NH}_4\text{Cl}) = 3 \cdot 10^{-2}$ mol/l
d) $C(\text{NaOH}) = 5 \cdot 10^{-2}$ mol/l; $C(\text{NH}_3) = 10^{-3}$ mol/l
e) $C[\text{CH}_2(\text{COOH})_2] = 0{,}2$ mol/l; $C(\text{H}_3\text{PO}_4) = 10^{-3}$ mol/l

7. Berechnen Sie die pH-Werte von Lösungen, die Teilchen in den nachstehend angegebenen Konzentrationen enthalten*).

---

* Für Natronlauge werde in dieser und den folgenden Aufgaben $\text{p}K_\text{B} = -10$ gesetzt.

a) $C(NH_4Cl)$ = 0,1 mol/l; $C(NaOH)$ = 10^{-3} mol/l
b) $C(NH_4CN)$ = 0,02 mol/l
c) $C(HCl)$ = 10^{-3} mol/l; $C(PO_4^{3-})$ = 0,02 mol/l
d) $C[(NH_4)_3PO_4]$ = 0,01 mol/l

8. Wie verändern sich die pH-Werte von 0,01 M wäßrigen Lösungen von
a) HCl, b) NaOH, c) $(CH_2)_2(COOH)_2$, d) H_3PO_4,
wenn man zu 1 l dieser Lösungen 1 l der folgenden, ebenfalls 0,01 M Lösungen gibt:
a) HCl, *b)* NaOH, *c)* NH_4Cl, *d)* NaOAc?

9. Wie groß ist die pH-Wert-Differenz zweier 0,01 M einwertiger Säuren mit den pK_S-Werten
a) −2 und −3,
b) 2 und 3?

10. Wie groß ist die pH-Wert-Differenz zwischen einer 10^{-3} M NH_4CN- und einer 10^{-3} M NaCN-Lösung?

11. Wieviel g Na_2CO_3 (pK_{S1} = 6,52; pK_{S2} = 10,4) muß man 2,5 l reinem Wasser zusetzen, damit die Lösung einen pH-Wert von 7,5 annimmt?

12. Welchen pH-Wert besitzt
a) eine 0,035 M $(NH_4)_2CO_3$-Lösung,
b) eine 0,005 M $(NH_4)_2SO_4$-Lösung?

13. Eine Lösung enthalte 0,04 mol $CH_2(COOH)_2$, 0,01 mol HF und 0,05 mol NH_3. Ihr exakter pH-Wert ist zu berechnen.

14. Welchen pH-Wert nimmt eine 0,1 M wäßrige Leucin-Lösung an, wenn man 0,025 mol Salzsäure zugibt (Leucin: pK_{S1} = 2,36; pK_{S2} = 9,60)?

15. Welcher pH-Wert liegt in einem Gemisch aus 60 ml 0,05 M Nitroessigsäure, 20 ml 0,1 M Benzoesäure, 50 ml 0,04 M Natriumphenolat und 30 ml 0,08 M Natronlauge vor? (Berücksichtigung von Volumenänderungen: siehe Abschn. 7.4.)

4 Näherungsweise Berechnung von pH-Werten

Oftmals werden sogenannte „erlaubte Vereinfachungen" benutzt, um pH-Werte von Säuren und/oder Basen enthaltenden wäßrigen Lösungen schnell zu berechnen. Solche einfachen Formeln wollen stets das aufwendigere Bestimmen der Nullstellen von Polynomen dritten und höheren Grades in $c(H_3O^+)$ umgehen, die sich ergeben, wenn man exakte pH-Werte berechnen will. Daß man Näherungen mit hervorragender Genauigkeit bei einigen Fragestellungen für bestimmte Säureexponenten- und Konzentrations-Bereiche kennt, darf nicht darüber hinwegtäuschen, daß andere Formeln nur mit Einschränkungen auf vorgegebene Probleme angewandt werden können. Im folgenden sollen einige Näherungen abgeleitet und ausführlicher diskutiert werden. (Näherungs-Lösungen werden auf zwei Stellen nach dem Komma angegeben, um sie von den exakten Lösungen zu unterscheiden.)

4.1 Näherungen für einwertige Säuren

Die pH-Wert-Berechnung mehrwertiger Säuren und Basen läßt sich in vielen praktischen Fällen in recht guter Näherung auf die einwertiger zurückführen, wenn man nur die erste Protonen-Abgabe oder -Aufnahme berücksichtigt (→ Abschn. 4.2). Für einwertige Säuren oder Basen ihrerseits lassen sich ebenfalls wieder vereinfachte pH-Wert-Gleichungen angeben, die natürlich auf mehrstufige Protolyse-Reaktionen auch angewandt werden können. Aus diesem Grund soll die näherungsweise Berechnung von pH-Werten einwertiger Säuren in diesem Abschnitt besonders ausführlich behandelt werden. Die entsprechenden Formeln für einwertige Basen sind in der Lösung zu Aufg. 6 [Gleichungen (9.26) bis (9.39)] zusammengefaßt.

4.1.1 Näherungen 1 bis 5

Näherung 1

Da auch starke Säuren (→ Abschn. 3.1.3) über einen weiten Konzentrations-Bereich nahezu vollständig dissoziiert vorliegen (→ Abb. 6.1), kann man

$$c(H_3O^+) = C \qquad (4.1)$$

setzen (C Gesamt-Konzentration). So ergibt sich

$$\mathrm{pH}_1 = -\lg C\,, \tag{4.2}$$

eine erste Formel zur näherungsweisen pH-Wert-Berechnung wäßriger Säure-Lösungen. Daß diese Formel für Konzentrationen kleiner als 10^{-7} mol/l zu unsinnigen pH-Werten führt, zeigt den eingeschränkten Gültigkeits-Bereich dieser Gleichung.

Näherung 2

Berücksichtigt man in Gl. (4.1) zusätzlich die Protonen aus dem Lösungsmittel Wasser und setzt

$$c(\mathrm{H_3O^+}) = C + 10^{-7}\,, \tag{4.3}$$

so erhält man

$$\mathrm{pH}_2 = -\lg (C + 10^{-7})\,. \tag{4.4}$$

Diese Gleichung ist eine weitere Näherungsformel zur Berechnung der pH-Werte von Lösungen starker und sehr starker Säuren, die bei verdünnteren Lösungen die aus dem Wasser stammenden Protonen mitberücksichtigt.

Näherung 3

Die am häufigsten benutzte Methode, um insbesondere pH-Werte schwacher Säuren zu berechnen, verknüpft die Protonen-Konzentration in einer besonders einfachen Weise mit der Säurekonstanten K_S und der Gesamt-Konzentration C, indem folgende vereinfachende Annahmen vorausgesetzt werden: Bei der Massen-Beziehung [→ Gl. (3.3)] wird die Gesamt-Konzentration der Gleichgewichts-Konzentration an Säure gleichgesetzt,

$$C \approx c(\mathrm{HA})\,. \tag{4.5}$$

Ferner werden die bei der Eigendissoziation des Lösungsmittels Wasser entstehenden $\mathrm{OH^-}$-Ionen in der Protonen-Bedingung [→ Gl. (3.4)] nicht berücksichtigt,

$$c(\mathrm{H_3O^+}) \approx c(\mathrm{A^-})\,. \tag{4.6}$$

Mit diesen beiden Beziehungen sowie der Gleichung (3.2) erhält man als dritte Näherung

$$c(\mathrm{H_3O^+}) = \sqrt{C K_\mathrm{S}} \tag{4.7}$$

oder

$$\mathrm{pH}_3 = \frac{1}{2} \cdot (\mathrm{p}K_\mathrm{S} - \lg C)\,. \tag{4.8}$$

Näherung 4

Benutzt man die Gleichungen (3.2) und (3.5) zusammen mit der Protonen-Bedingung (3.4) und nimmt vereinfachend nur Gl. (4.5) an, so erhält man

$$c(H_3O^+) = \sqrt{CK_S + K_W} \tag{4.9}$$

oder

$$pH_4 = -\frac{1}{2}\lg(CK_S + K_W)\,, \tag{4.10}$$

zwei Beziehungen, die das Wasser als Protonen-Lieferanten mitberücksichtigen.

Näherung 5

Zur aufwendigsten Näherung gelangt man, wenn man die Gleichungen (3.2) und (3.3) und die vereinfachte Protonen-Bedingung (4.6) zusammenfaßt. Man erhält so eine quadratische Gleichung in $c(H_3O^+)$,

$$c^2(H_3O^+) + c(H_3O^+) \cdot K_S - CK_S = 0\,, \tag{4.11}$$

mit der Lösung

$$c(H_3O^+) = \frac{1}{2} \cdot \left(-K_S + \sqrt{K_S^2 + 4CK_S}\right). \tag{4.12}$$

Da gilt:

$$\sqrt{K_S^2 + 4CK_S} > K_S\,,$$

liefert die zweite mögliche Lösung von Gl. (4.11) einen negativen $c(H_3O^+)$-Wert. Aus Gl. (4.12) ergibt sich eine weitere Näherung,

$$pH_5 = \lg 2 - \lg\left(-K_S + \sqrt{K_S^2 + 4CK_S}\right), \tag{4.13}$$

die gerade für Säuren mit pK_S-Werten zwischen 0 und 6 für $10^{-5} \leq C \leq 1$ nahezu fehlerfreie pH-Werte liefert.

In den Abbildungen 4.1**a** und **b** ist für die Näherung 3 und die exakte Lösung (→Abschn. 3.1.1) schematisch dargestellt, wie die Protonen bei der vereinfachten [→Gl. (4.6)] und exakten Protonen-Bedingung [→Gl. (3.4)] entstehen.

4.1.2 Vergleich der Näherungen

In Abb. 4.2 sind die fünf bisher beschriebenen Näherungen für sechs verschiedene pK_S-Werte über einen weiten Konzentrations-Bereich graphisch wiedergegeben. Diese

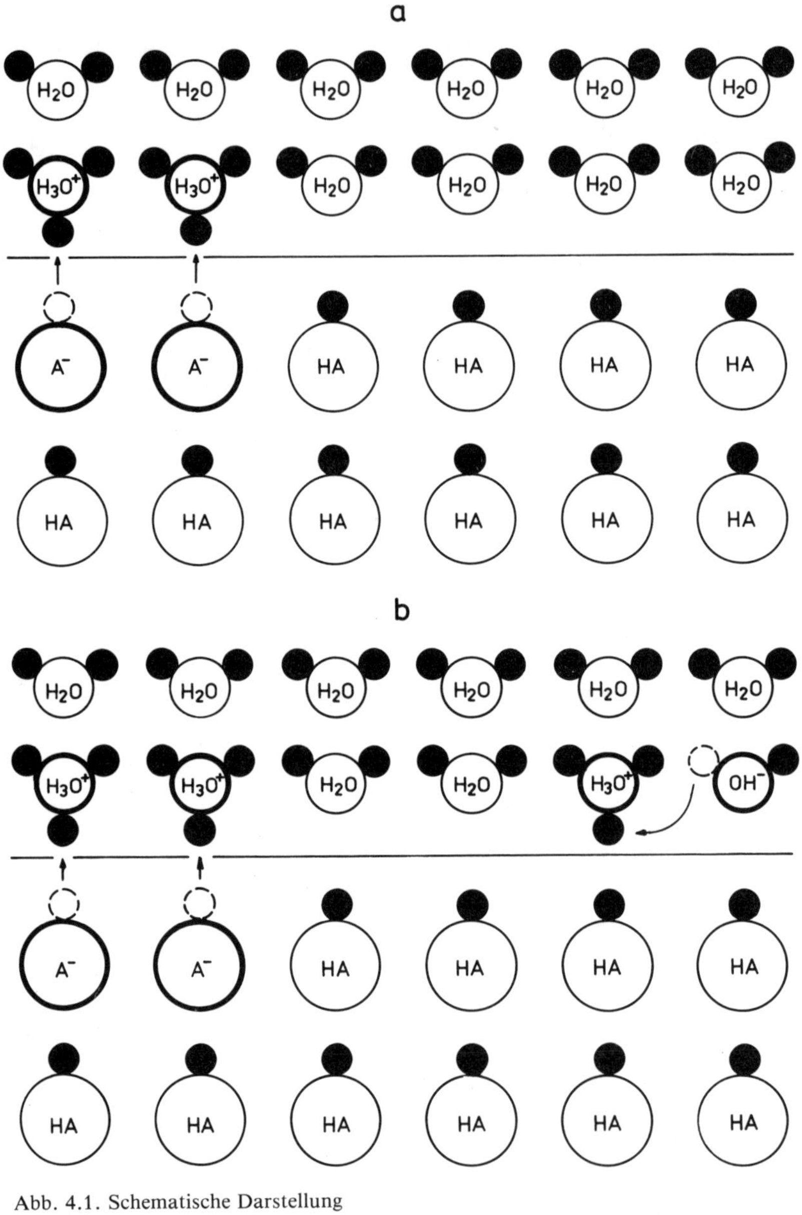

Abb. 4.1. Schematische Darstellung
a der vereinfachten Protonen-Bedingung $c(H_3O^+) = c(A^-)$,
b der exakten Protonen-Bedingung $c(H_3O^+) = c(A^-) + c(OH^-)$ für eine einwertige Säure.
[Setzt man C bzw. c gleich der Anzahl der Teilchen in diesen beiden „Systemen", so gilt
a $C(HA) = 12$, $c(HA) = 10$, $c(A^-) = 2$, $c(H_3O^+) = 2$, $c(OH^-) = 0$;
b $C(HA) = 12$, $c(HA) = 10$, $c(A^-) = 2$, $c(H_3O^+) = 3$, $c(OH^-) = 1$.]

Diagramme erlauben bereits einen recht guten qualitativen Einblick in die Gültigkeits-Bereiche dieser Näherungen.

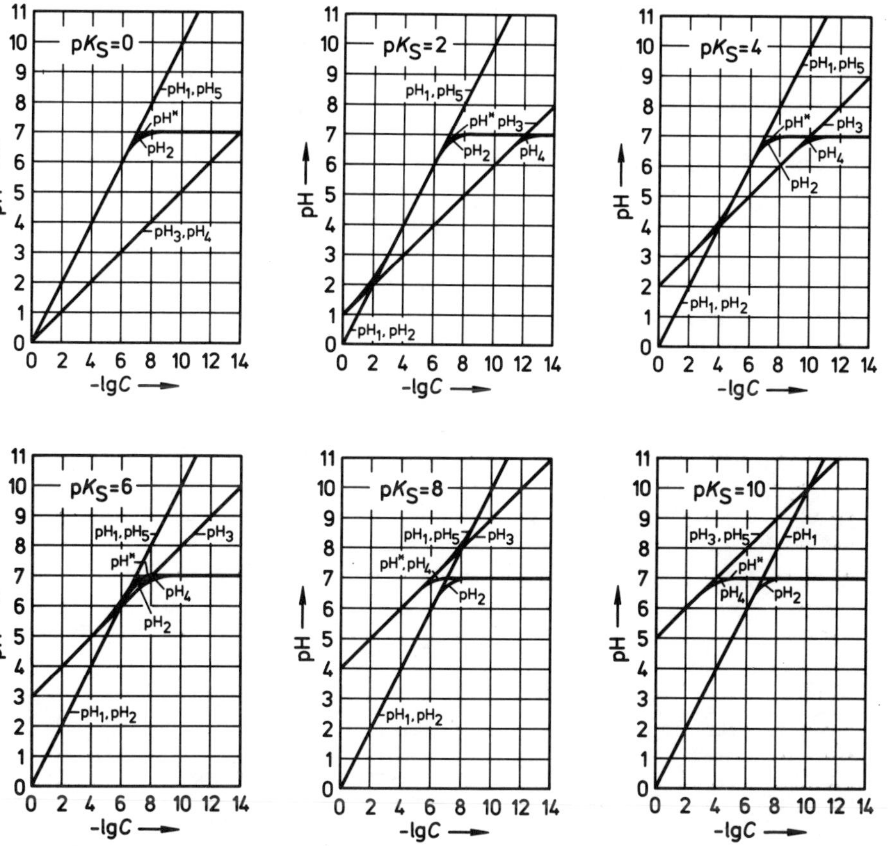

Abb. 4.2. Abhängigkeit der pH-Werte verschieden starker einwertiger Säuren von ihrer Konzentration, berechnet mit den Formeln (3.8), (4.2), (4.4), (4.8), (4.10) und (4.13); C in mol/l.

Es sei hier vermerkt, daß mit *Gültigkeits-Bereich* einer Näherung immer diejenigen pK_S- und $-\lg C$-Intervalle gemeint sind, für die die Abweichungen eines Näherungs-pH-Werts vom exakten pH-Wert pH* [der sich beispielsweise mit den Gleichungen (3.8), (3.35) oder (3.46) errechnen läßt] unterhalb einer bestimmten vorgegebenen sinnvollen Grenze liegen: beispielsweise 0,01 pH-Einheiten.

Da die Näherungen 1 und 2 vom Säureexponenten unabhängig sind, ergibt sich in allen Teilen der Abb. 4.2 der gleiche Kurvenverlauf. Diese Abbildung zeigt, daß die Näherung 1 nur für sehr starke Säuren und auch hier nur in einem eingeschränkten Konzentrations-Bereich vernünftige pH-Werte liefert (→Abschn. 3.1.3). Bei pK_S-Werten größer als 3 und Konzentrationen $C > K_S$ versagt Näherung 1 vollständig.

Bei sehr starken Säuren versagt die vierte Näherung ebenso wie die dritte. Jedoch ergeben sich gute Übereinstimmungen mit dem exakten pH-Wert bei beliebigen Konzentrationen für Säurekonstanten $< 10^{-8}$ bei Näherung 4.

Mit Hilfe von Näherung 2, die die Protonen des Lösungsmittels Wasser mitberücksichtigt, lassen sich für sehr starke Säuren auch bei großen Verdünnungen noch genaue pH-Werte errechnen. Für Lösungen schwacher Säuren dagegen sind auch hier die Fehler bei großen Konzentrationen erheblich.

Die Näherungen 3 und 5 basieren auf der Annahme, daß die Säure HA nur schwach dissoziiert ist. Nur die Näherungen 2 und 4 berücksichtigen die Eigendissoziation des Wassers. Diese Tatsache wird besonders offensichtlich, wenn man bedenkt, daß in Abb. 4.2 die durch pH = 7 gegebene Gerade für alle pK_S-C-Kurven Asymptote sein muß (→Abb. 3.2). Näherung 3 liefert für schwache Säuren bei größeren Konzentrationen pH-Werte, die mit den exakten praktisch identisch sind. Bei größeren Verdünnungen ergeben sich jedoch Protonen-Konzentrationen kleiner 10^{-7}, die natürlich sinnlos sind. Die Übereinstimmung zwischen den berechneten und exakten pH-Werten ist für schwache Säuren mit pK_S-Werten größer 10 besonders gering für Näherung 5, für die selbst bei Konzentrationen um 10^{-4} mol/l erhebliche Fehler auftreten, die mit abnehmender Säurestärke noch größer werden. Auch diese vereinfachte pH-Formel kann, genau wie die Näherungen 1 und 3, zu pH-Werten > 7 führen.

Die Abbildungen 4.3 bis 4.7 zeigen die Beträge der Differenzen zwischen den exakten pH-Werten pH*, berechnet mit Hilfe von Gl. (3.8), und den Näherungen 1 bis 5,

$$\Delta pH_i = |pH^* - pH_i| \quad (i = 1, 2, \ldots, 5) \,, \tag{4.14}$$

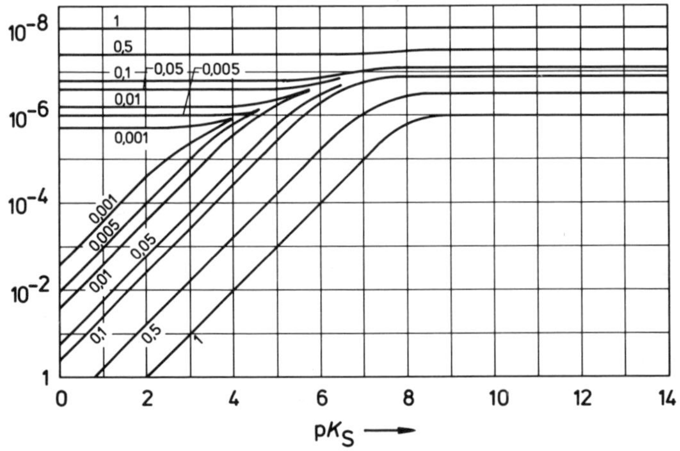

Abb. 4.3. Kurventafel zur Bestimmung der Abweichung ΔpH_1 zwischen pH* [berechnet nach Gl. (3.8)] und $pH_1^* = -\lg C$. [Die Zahlen an den jeweiligen Ablesekurven bezeichnen die Abweichungen ΔpH_1 vom exakten pH-Wert pH* (C in mol/l).]

in Abhängigkeit von der Säurekonstante K_S und der Gesamt-Konzentration an Säure, *C*. In Abb. 4.8 ist der gleiche Sachverhalt für diese fünf Näherungen räumlich veranschaulicht.

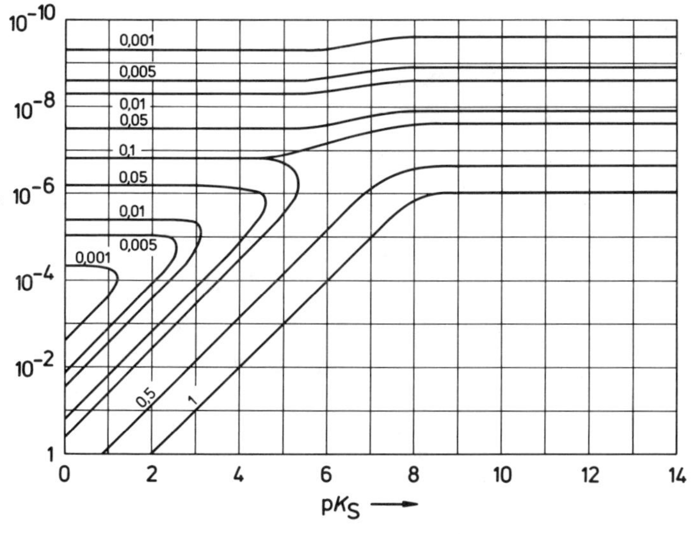

Abb. 4.4. Kurventafel zur Bestimmung der Abweichung ΔpH_2 zwischen pH* [berechnet nach Gl. (3.8)] und $pH_2 = -\lg(C + 10^{-7})$. [Die Zahlen an den jeweiligen Ablesekurven bezeichnen die Abweichungen ΔpH_2 vom exakten pH-Wert pH* (*C* in mol/l).]

In Abb. 4.9 sind für die Näherungen 1 bis 5 diejenigen pK_S-*C*-Bereiche gekennzeichnet, in denen die jeweiligen Näherungen Ergebnisse mit Abweichungen

$$\Delta pH_i \leq 0{,}01 \quad (i = 1, 2, \ldots, 5) \tag{4.15}$$

liefern. Diese Abbildung gestattet es, von einem kleinen pK_S-*C*-Bereich abgesehen, bei der Berechnung von pH-Werten einwertiger Säuren anstelle von Gl. (3.8) eine der Beziehungen (4.2), (4.4), (4.8), (4.10) oder (4.13) geeignet auszuwählen. Man wird sich stets für die einfachste Berechnungsformel entscheiden, nämlich für diejenige Näherung mit dem kleinsten Index *i* ($i = 1, 2, \ldots, 5$), die bei gegebener Aufgabenstellung noch der Bedingung (4.15) genügt. Die fünf Näherungen können auch für die Berechnung von pOH-Werten herangezogen werden, wenn man nur $c(H_3O^+)$ durch $c(OH^-)$, pH durch pOH und K_S durch K_B ersetzt.

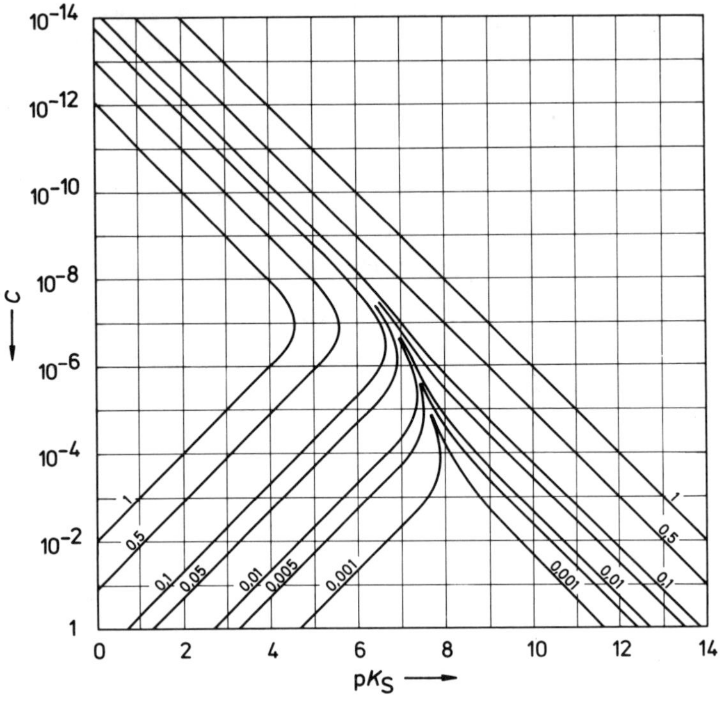

Abb. 4.5. Kurventafel zur Bestimmung der Abweichung ΔpH_3 zwischen pH* [berechnet nach Gl. (3.8)] und $pH_3 = \frac{1}{2} \cdot (pK_S - \lg C)$. [Die Zahlen an den jeweiligen Ablesekurven bezeichnen die Abweichungen ΔpH_3 vom exakten pH-Wert pH* (*C* in mol/l).]

4.1.3 Näherungen 6 und 7

Es ist erwähnenswert, daß sich aus Abb. 4.5 für die Näherung 3 ein Korrekturglied

$$\Delta pH_3 = 0{,}217\sqrt{K_S/C} \tag{4.16}$$

ableiten läßt, mit dessen Hilfe man die Formel

$$pH_6 = pH_3 + \Delta pH_3 = \frac{1}{2} \cdot (pK_S - \lg C) + 0{,}217\sqrt{K_S/C} \tag{4.17}$$

gewinnen kann. Gl. (4.16) gilt allerdings nur dann, wenn die Bedingungen

$$10^{-4} \le C \le 1 \quad \text{und} \quad 0 \le pK_S \le 7, \tag{4.18}$$

$$K_S \le C \tag{4.19}$$

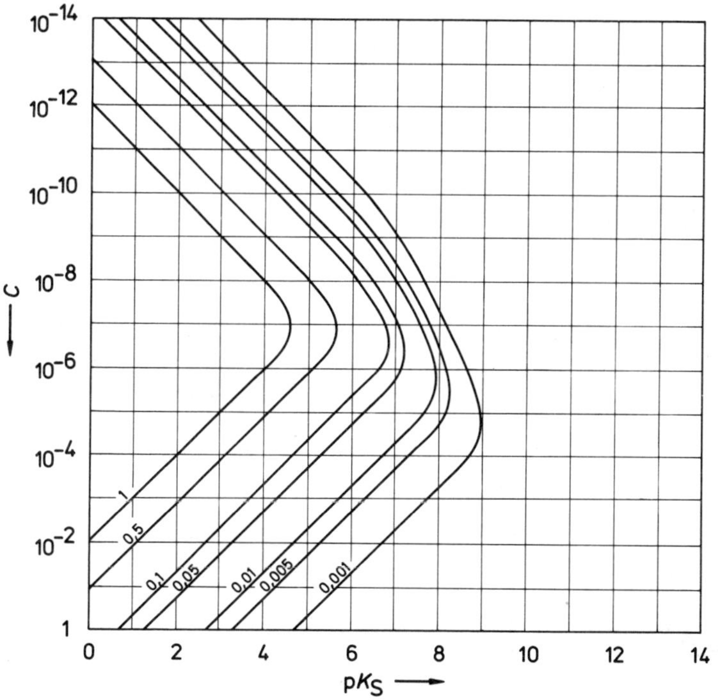

Abb. 4.6. Kurventafel zur Bestimmung der Abweichung ΔpH_4 zwischen pH* [berechnet nach Gl. (3.8)] und $pH_4 = -\frac{1}{2}\lg(CK_S + K_W)$. [Die Zahlen an den jeweiligen Ablesekurven bezeichnen die Abweichungen ΔpH_4 vom exakten pH-Wert pH* (C in mol/l).]

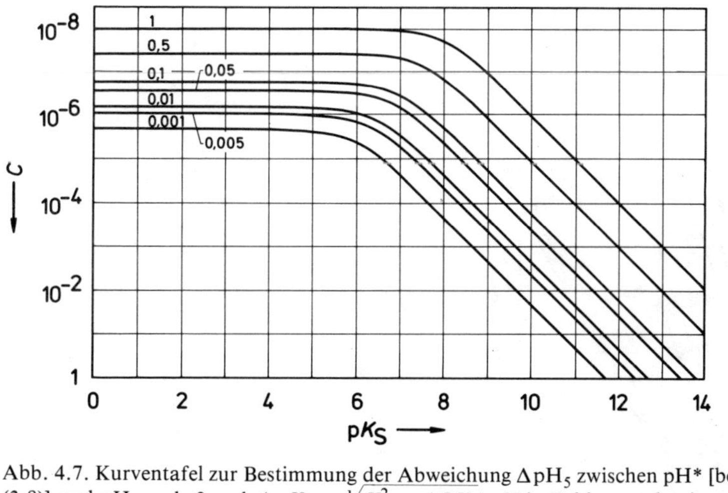

Abb. 4.7. Kurventafel zur Bestimmung der Abweichung ΔpH_5 zwischen pH* [berechnet nach Gl. (3.8)] und $pH_5 = \lg 2 - \lg(-K_S + \sqrt{K_S^2 + 4CK_S})$. [Die Zahlen an den jeweiligen Ablesekurven bezeichnen die Abweichungen ΔpH_5 vom exakten pH-Wert pH* (C in mol/l).]

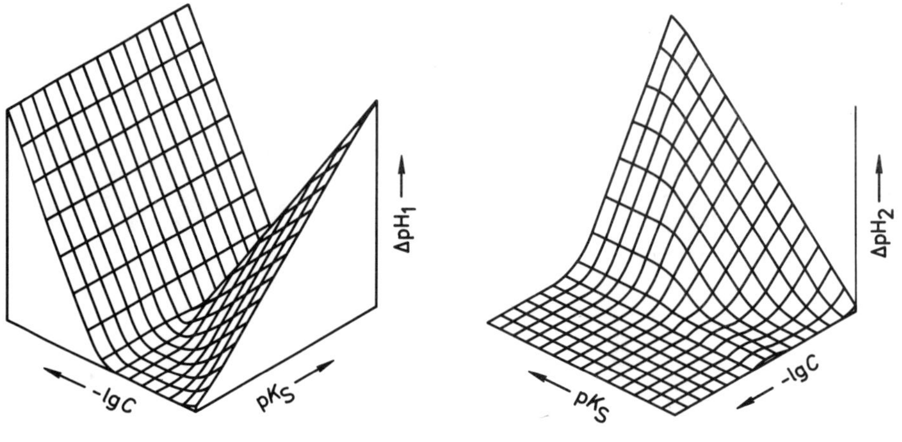

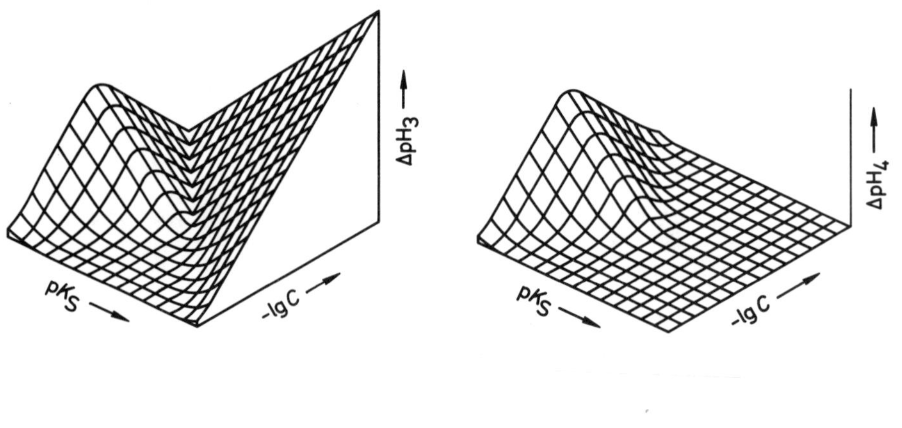

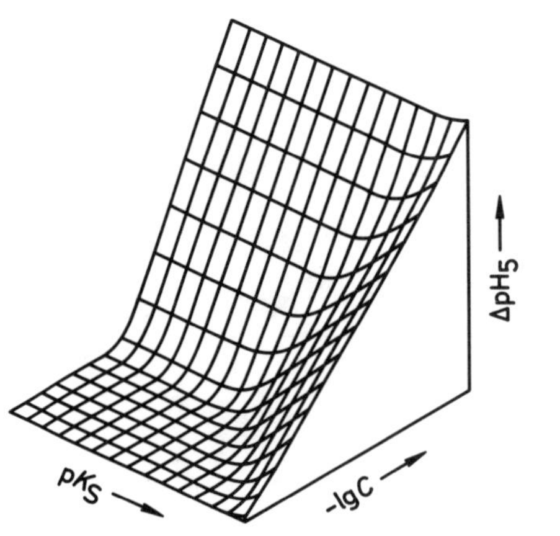

Abb. 4.8. Räumliche Darstellungen der Kurventafeln in den Abbildungen 4.3 bis 4.7. (Aus Gründen der Anschaulichkeit konnten die beiden Achsen der Projektionsebene nicht in allen fünf Teilen gleich angeordnet werden.)

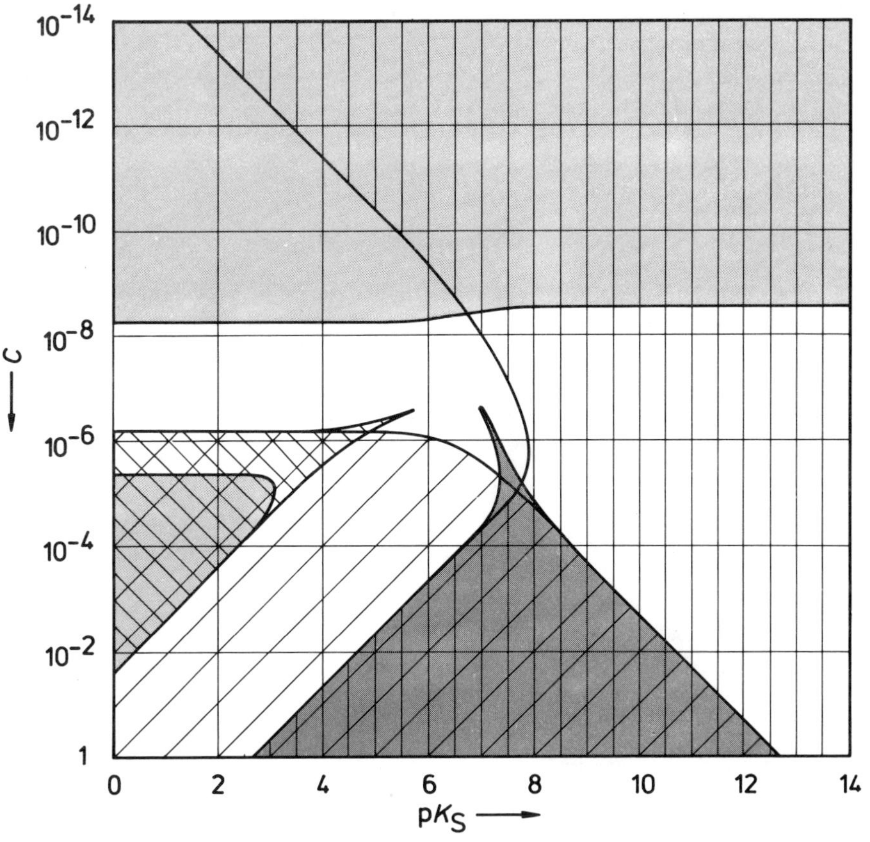

Abb. 4.9. Gültigkeits-Bereiche der Näherungen

$pH_1 = -\lg C$,

$pH_2 = -\lg(C + 10^{-7})$,

$pH_3 = \frac{1}{2} \cdot (pK_S - \lg C)$,

$pH_4 = -\frac{1}{2} \lg(CK_S + K_W)$,

$pH_5 = \lg 2 - \lg(-K_S + \sqrt{K_S^2 + 4CK_S})$,

für die

$\Delta pH_i = |pH^* - pH_i| \leq 10^{-2} \quad (i = 1, 2, \ldots, 5)$

erfüllt ist.

erfüllt sind. Viele praktische Probleme genügen diesen einschränkenden Forderungen, so daß man gerade für Säuren mit pK_S-Werten um 3 über Formel (4.17) zu vernünftigen pH-Werten gelangt.

Für pK_S-Werte oberhalb 7 kann Gl. (4.17) zu

$$pH_7 = -\frac{1}{2} \lg (K_S C + K_W) + 0{,}217 \sqrt{K_S/C} \qquad (4.20)$$

erweitert werden. Diese Beziehung erlaubt es, in den durch die Gleichungen (4.18) und (4.19) vorgegebenen Gültigkeits-Bereichen pH-Werte auf 0,03 pH-Einheiten genau zu ermitteln.

Auch für diese beiden Näherungen sind, den Abbildungen 4.3 bis 4.7 entsprechend, in logarithmischen K_S-C-Diagrammen Linien gleicher Abweichungen ΔpH_i (i = 6, 7) eingetragen (→ Abbildungen 4.10 und 4.11). Ein Nomogramm zu Gl. (4.20) ist in Abb. 4.12 wiedergegeben.

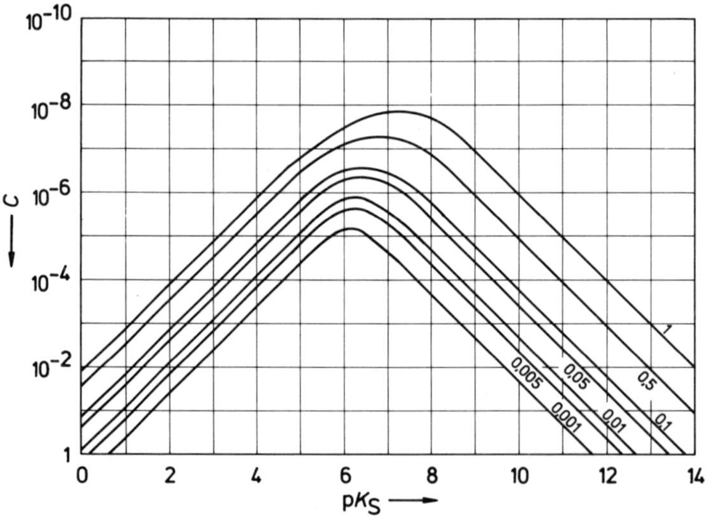

Abb. 4.10. Kurventafel zur Bestimmung der Abweichung ΔpH_6 zwischen pH* [berechnet nach Gl. (3.8)] und $pH_6 = \frac{1}{2} \cdot (pK_S - \lg C) + 0{,}217 \sqrt{K_S/C}$. [Die Zahlen an den jeweiligen Ablesekurven bezeichnen die Abweichungen ΔpH_6 vom exakten pH-Wert pH* (C in mol/l).]

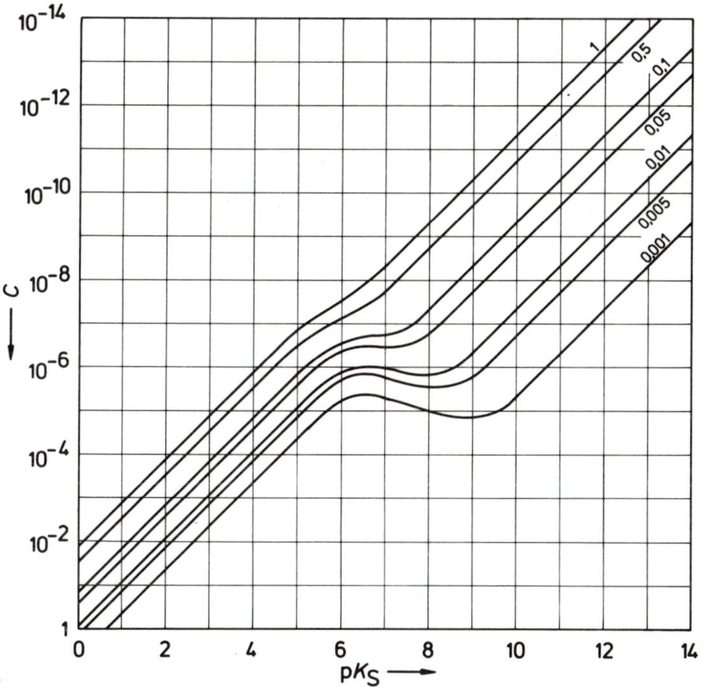

Abb. 4.11. Kurventafel zur Bestimmung der Abweichung ΔpH_7 zwischen pH* [berechnet nach Gl. (3.8)] und $pH_7 = -\frac{1}{2} \lg (CK_S + K_W) + 0{,}217 \sqrt{K_S/C}$. [Die Zahlen an den jeweiligen Ablesekurven bezeichnen die Abweichungen ΔpH_7 vom exakten pH-Wert pH* (C in mol/l).]

4.2 Näherungen für zwei- und mehrwertige Säuren

Die bisher vorgestellten Näherungen gelten nur für einwertige Säuren. Sie lassen sich jedoch auch recht gut auf zwei- und mehrwertige Säuren anwenden, wenn man nur die erste Protolyse-Stufe betrachtet.

Gegeben sei H_2A, eine zweiwertige Säure mit den beiden Säureexponenten pK_{S1} und pK_{S2}. Weiter sei

$$\Delta pH = |pH^{**} - pH^*| \tag{4.21}$$

der Absolutbetrag der Differenz zwischen dem exakten pH-Wert pH** dieser zweiwertigen Säure [berechnet nach Gl. (3.26)], und dem Wert pH*, den man mit Gl. (3.8) ermitteln kann, wenn man die zweiwertige Säure als einwertig ansieht und $K_{S1} = K_S$ setzt.

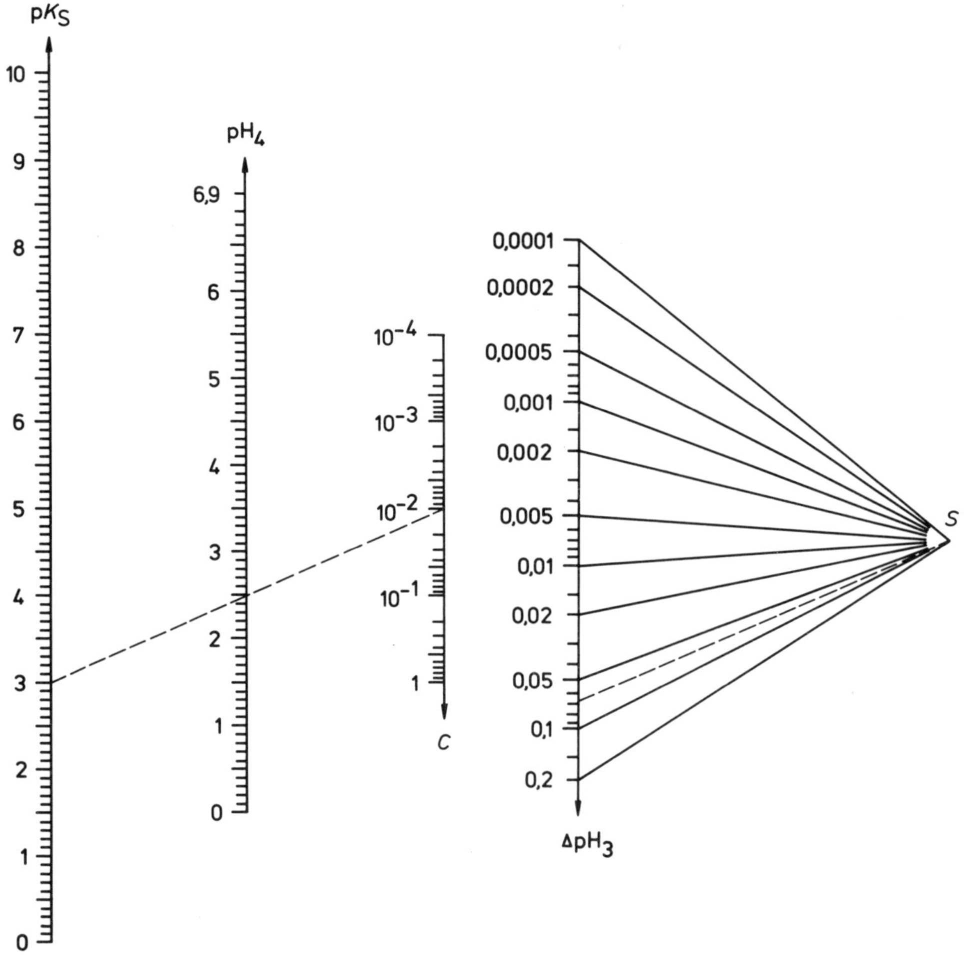

Abb. 4.12. Nomogramm zur Bestimmung von pH-Werten nach der Formel $pH_7 = pH_4 + \Delta pH_3$. (Ablesebeispiel: $pK_S = 3$, $C = 10^{-2}$, $pH_4 = 2{,}5$, $\Delta pH_3 = 0{,}069$ und $pH_7 = 2{,}569$. (Die Parallele zur Ableselinie zwischen pK_S und C durch S liefert den Korrekturwert ΔpH_3.)

In den Abbildungen 4.13 bis 4.15 ist für ausgewählte Bereiche ΔpH als Funktion von ΔpK_S, pK_{S1} bzw. C aufgetragen. In Abb. 4.13 erkennt man, daß ΔpH bei gegebener Konzentration mit wachsendem

$$\Delta pK_S = pK_{S2} - pK_{S1} \tag{4.22}$$

kleiner wird. Weiter ist zu ersehen, daß ΔpH als Funktion von ΔpK_{S1} mit abnehmender Konzentration zunimmt und einem Wert um 0,3 zustrebt. (Für $\Delta pK_S \geq -\lg C + 1$ wird $\Delta pH \leq 0{,}01$, wenn man $pK_{S1} \geq 2$ voraussetzt.)

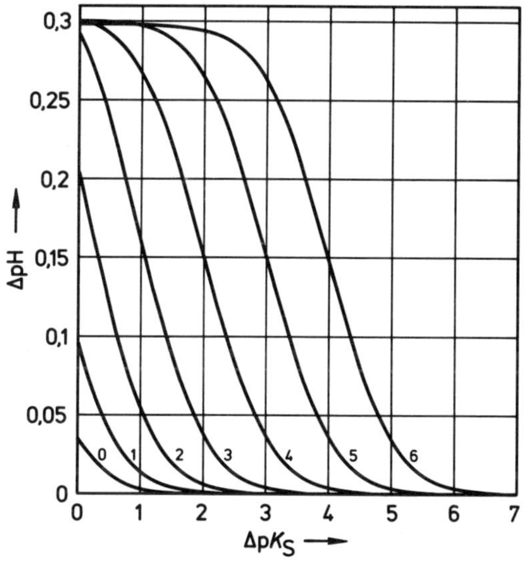

Abb. 4.13. ΔpH als Funktion von ΔpK_S. (Die Zahlen an den Kurven entsprechen $-\lg C$; $pK_{S1} = 2$.)

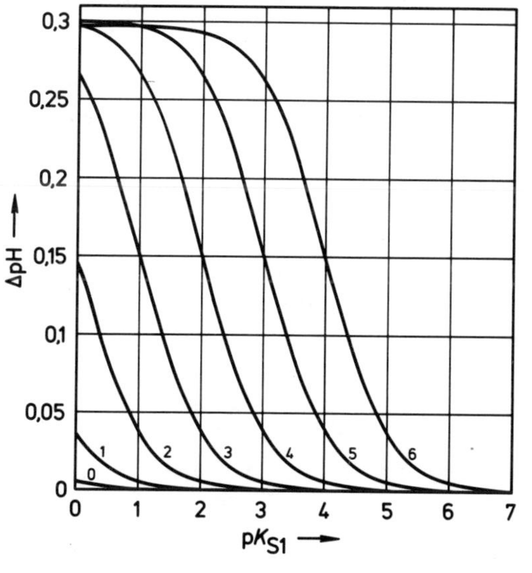

Abb. 4.14. ΔpH als Funktion von pK_{S1}. (Die Zahlen an den Kurven entsprechen $-\lg C$; $\Delta pK_S = 2$.)

Abb. 4.14 zeigt den Zusammenhang zwischen ΔpH und pK_{S1}. ΔpH wird bei vorgegebener Konzentration um so kleiner, je schwächer die Säure wird. Auch hier steigt ΔpH

mit abnehmender Konzentration auf einen Maximalwert an. (ΔpH = 0,01 wird unterschritten, wenn die Bedingungen $pK_{S1} \geq -\lg C$ und $\Delta pK_S \geq 2$ erfüllt sind.)

Aus Abb. 4.15 ist zu ersehen, wie ΔpH von der Gesamt-Konzentration an Säure, C, abhängt. Mit sinkender Konzentration und kleiner werdenden pK_{S1}-Werten nimmt ΔpH zu, um ein Maximum bei Konzentrationen zwischen 10^{-5} und 10^{-7} mol/l zu erreichen.

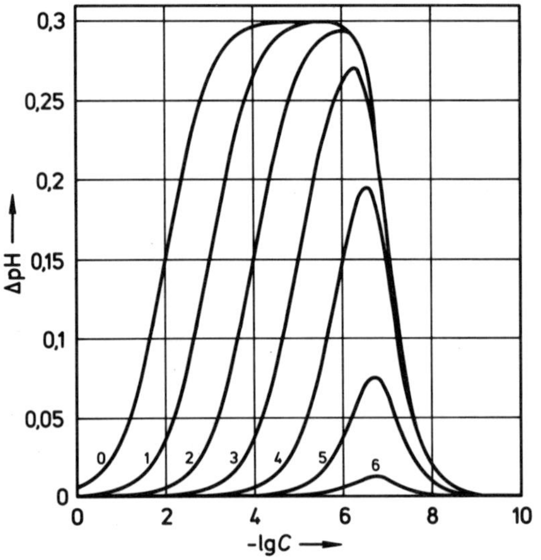

Abb. 4.15. ΔpH als Funktion von $-\lg C$. (Die pK_{S1}-Werte stehen an den jeweiligen Kurven; $\Delta pK_S = 2$.)

Der pH-Wert einer zweiwertigen Säure mit den beiden Säureexponenten pK_{S1} und pK_{S2} entspricht zunehmend dem einer einwertigen mit dem Säureexponenten $pK_S = pK_{S1}$, je größer ΔpK_S, pK_{S1} und je kleiner die Konzentrationen C sind. Insbesondere wird ΔpH für

$$pK_{S1} \geq -6, \quad \Delta pK_S \geq 0, \quad C \leq 1$$

nie größer als 0,301 pH-Einheiten. Dies bedeutet zum einen, daß man bei der Berechnung des pH-Werts einer zweiwertigen Säure unter alleiniger Berücksichtigung von pK_{S1} [→Gl. (3.8)] im ungünstigsten Fall Abweichungen von 0,301 pH-Einheiten in Kauf nehmen muß. Zum andern läßt sich der Aufwand bei der Berechnung des pH-Werts von zwei- und mehrwertigen Säuren dadurch verringern, daß man die n-wertigen Säuren ($n = 2, 3, \ldots$) wie einwertige behandelt und eine der Näherungen für einwertige Säuren [→Gleichungen (4.2), (4.4), (4.8), (4.10) oder (4.13) und ggf. (4.17) oder (4.20)] über Abb. 4.9 ausgewählt.

Beispielsweise beträgt der exakte pH-Wert einer 0,1 M H_3PO_4-Lösung 1,624. Aus Abb. 3.4 läßt sich für eine 0,1 M einwertige Säure mit dem ersten Säureexponenten der Phosphorsäure, $pK_S = pK_{S1} = 2,13$, als pH-Wert 1,6 ablesen.

4.3 Näherung für Ampholyte

Für einen Ampholyten HA^- können die beiden Gleichgewichte

$$HA^- + H_2O \rightleftharpoons H_2A + OH^-, \tag{4.23}$$

$$HA^- + H_2O \rightleftharpoons A^{2-} + H_3O^+ \tag{4.24}$$

mit

$$K_{B2} = \frac{c(H_2A) \cdot c(OH^-)}{c(HA^-)} = \frac{K_W}{K_{S1}}, \tag{4.25}$$

$$K_{S2} = \frac{c(H_3O^+) \cdot c(A^{2-})}{c(HA^-)} \tag{4.26}$$

angegeben werden*). Aus der letzten Gleichung kann man $c(HA^-)$ isolieren, in Gl. (4.25) einsetzen und zu

$$c^2(H_3O^+) = \frac{K_{S2}K_W}{K_{B2}} \cdot \frac{c(H_2A)}{c(A^{2-})} = K_{S1}K_{S2} \cdot \frac{c(H_2A)}{c(A^{2-})} \tag{4.27}$$

umformen. Bereits diese Gleichung beschreibt die Protonen-Konzentration von Ampholyten nur näherungsweise (siehe auch Tab. 4.1), was man besonders leicht daran erkennt, daß der Quotient $c(H_2A)/c(A^{2-})$ von der Ampholyt-Konzentration $C(HA^-)$ unabhängig ist. [Über Gl. (4.27) gelangt man auch zur exakten Beziehung Gl. (3.45), wenn man die Massen-Beziehung, Gl. (3.44), und die Protonen-Bedingung, Gl. (3.43), mitberücksichtigt.]

Die vereinfachende Annahme, daß $c(H_2A)$ und $c(A^{2-})$ annähernd gleich sind, führt zu

$$c(H_3O^+) = \sqrt{\frac{K_{S2}K_W}{K_{B2}}} = \sqrt{K_{S1}K_{S2}} \tag{4.28}$$

oder

$$pH = \frac{1}{2} \cdot (pK_W - pK_{B2} + pK_{S2}) = \frac{1}{2} \cdot (pK_{S1} + pK_{S2}) . \tag{4.29}$$

Beispielsweise besitzen Dihydrogenphosphat-Lösungen (beliebiger Konzentration!) einen pH-Wert von

$$pH = \frac{1}{2} \cdot (14 - 11{,}87 + 7{,}2) = \frac{1}{2} \cdot (2{,}13 + 7{,}2) = 4{,}67 .$$

---

* Für eine zweiwertige Säure gilt: $K_{Bi} = K_W/K_{S(3-i)}$ ($i = 1, 2$; siehe auch Abschn. 3.3).

Bei dieser Berechnung ist vorausgesetzt worden, daß die Säure- bzw. Base-Reaktion des Ampholyten $H_2PO_4^-$ etwa die gleiche Konzentration an korrespondierender Säure bzw. Base liefert.

Die Näherung (4.29) ist nur von beschränkter Gültigkeit: Der pH-Wert von Ampholyt-Lösungen ist auch in dieser Beziehung von $C(HA^-)$ unabhängig, und darüber hinaus müssen die beiden Reaktionen mit Wasser [→Gleichungen (4.23) und (4.24)] zu annähernd gleichen $c(H_2A^-)$ und $c(A^{2-})$-Werten führen, damit die Annahme

$$c(H_2A) = c(A^{2-})$$

überhaupt sinnvoll ist. Gl. (4.29) liefert beispielsweise für das HSO_4^--Anion vollkommen falsche Ergebnisse, nämlich

$$pH = \frac{1}{2} \cdot (14 - 17 + 1{,}92) = -0{,}54 \ .$$

Dies ist darauf zurückzuführen, daß das erste Gleichgewicht [→Gl. (4.23)] praktisch auf Seiten des Ampholyten liegt, das zweite hingegen [→Gl. (4.24)] eine so große Konzentration an SO_4^{2-}-Ionen liefert, daß $c(H_2A)/c(A^{2-}) = c(H_2SO_4)/c(SO_4^{2-})$ in Gl. (4.27) nicht gleich 1 gesetzt werden darf. [Für $C(HSO_4^-) = 0{,}01$ mol/l zum Beispiel gilt: $c(H_2SO_4)/c(SO_4^{2-}) = 3{,}507 \cdot 10^{-6}$.]

In Tab. 4.1 werden für einige ausgewählte Ampholyte die exakten Rechnungen [Formel (3.46)] mit der in diesem Abschnitt abgeleiteten Näherung verglichen.

4.4 Näherungen für Säure-Gemische

Gegeben sei ein Gemisch zweier Säuren HA und HX, von denen mindestens eine, z. B. HA, nicht sehr stark sein soll. Aus der Protonen-Bedingung dieses Systems,

$$c(H_3O^+) = c(OH^-) + c(A^-) + c(X^-) = \\ = c(OH^-) + \frac{C(HA) \cdot K_{SA}}{c(H_3O^+) + K_{SA}} + C(HX) \ , \qquad (4.30)$$

ersieht man, daß man in einigen Fällen auf das aufwendigere Lösen von Gl. (3.57) verzichten kann. Für Konzentrationen $C(HA)$ und/oder $C(HX)$ größer als 10^{-5} mol/l kann der Summand $c(OH^-)$ in Gl. (4.30), der die aus dem Wasser stammenden Protonen beschreibt, vernachlässigt werden. Wenn zusätzlich $C(HA)$ um mindestens 2 Zehnerpotenzen kleiner als $C(HX)$ ist, kann man mit sehr guter Näherung

$$c(H_3O^+) = C(HX) \qquad (4.31)$$

Tab. 4.1. pH-Werte von Ampholyten.

Ampholyt	pK_{S1}	pK_{S2}	Konzentration (in mol/l) beliebig	10^{-1}	10^{-2}	10^{-3}	10^{-4}
			pH-Wert nach Gl. (4.29)	pH-Wert nach Gl. (3.46)			
HSO_4^-	−3	1,92	−0,54	1,535	2,188	3,032	4,004
$H_2PO_4^-$	2,13	7,2	4,67	4,681	4,786	5,129	5,608
HPO_4^{2-}	7,2	12,36	9,78	9,735	9,520	9,088	8,591
HCO_3^-	6,52	10,4	8,46	8,459	8,454	8,410	8,148
H_2N-CH_2-COOH	2,35	9,78	6,07	6,074	6,144	6,421	6,793

setzen, das Gemisch also wie eine sehr starke Säure behandeln. Falls hingegen

$$C(\mathrm{HX}) \ll C(\mathrm{HA})$$

gilt, ist eine der Formeln zur Berechnung des pH-Werts schwacher Säuren eine gute Näherung. Für Base-Gemische gilt entsprechendes. Sollen darüber hinaus pH-Werte von Gemischen mit mehrwertigen Säuren abgeschätzt werden, genügt es in den meisten Fällen, nur mit der ersten Protolyse-Stufe zu rechnen.

4.5 Näherungen für Gemische aus einwertigen Säuren und Basen

Da man für mehrwertige Säuren und Basen $c(H_3O^+)$ recht genau näherungsweise ermitteln kann, indem man sie wie einwertige behandelt (→ Abschn. 4.2), sollen hier nur Näherungen für Gemische aus einwertigen Säuren und Basen betrachtet werden.

Gegeben sei eine Säure HA und eine Base B mit den Säure- bzw. Base-Gleichgewichten

$$\mathrm{HA} + \mathrm{H_2O} \rightleftharpoons \mathrm{H_3O^+} + \mathrm{A^-}, \quad (4.32)$$

$$\mathrm{B} + \mathrm{H_2O} \rightleftharpoons \mathrm{HB^+} + \mathrm{OH^-} \quad (4.33)$$

und der Säure- bzw. Basekonstanten

$$K_{SA} = \frac{c(\mathrm{H_3O^+}) \cdot c(\mathrm{A^-})}{c(\mathrm{HA})}, \quad (4.34)$$

$$K_B = \frac{c(\mathrm{HB^+}) \cdot c(\mathrm{OH^-})}{c(\mathrm{B})}. \quad (4.35)$$

Weiterhin seien die Ausgangs-Konzentrationen $C(\mathrm{HA})$ und $C(\mathrm{B})$ sowie die Gleichgewichtskonstanten K_{SA} und K_{B} bekannt. Dann gelten die Näherungen [→Gl. (4.7)]

$$c(\mathrm{H_3O^+}) = \sqrt{C(\mathrm{HA}) \cdot K_{\mathrm{SA}}}\,, \tag{4.36}$$

$$c(\mathrm{OH^-}) = \sqrt{C(\mathrm{B}) \cdot K_{\mathrm{B}}}\,. \tag{4.37}$$

Ist zusätzlich

$$C(\mathrm{HA}) = C(\mathrm{B}) \tag{4.38}$$

erfüllt, so erhält man nach einfachen Umformungen

$$c^2(\mathrm{H_3O^+}) = K_{\mathrm{W}} \cdot \sqrt{\frac{K_{\mathrm{SA}}}{K_{\mathrm{B}}}} \tag{4.39}$$

oder

$$\mathrm{pH} = \frac{1}{2}\,\mathrm{p}K_{\mathrm{W}} + \frac{1}{4} \cdot (\mathrm{p}K_{\mathrm{SA}} - \mathrm{p}K_{\mathrm{B}}) = \frac{1}{4} \cdot (\mathrm{p}K_{\mathrm{W}} + \mathrm{p}K_{\mathrm{SA}} + \mathrm{p}K_{\mathrm{SB}}) \tag{4.40}$$

(der Säureexponent der zu B korrespondierenden Säure $\mathrm{HB^+}$ wurde mit $\mathrm{p}K_{\mathrm{SB}}$ bezeichnet).

Gl. (4.40) ergibt für $\mathrm{NH_4CN}$ (es sind also $\mathrm{HA} = \mathrm{NH_4^+}$, $\mathrm{B} = \mathrm{CN^-}$, $\mathrm{p}K_{\mathrm{SA}} = 9{,}25$ und $\mathrm{p}K_{\mathrm{B}} = 4{,}60$ zu setzen):

$$\mathrm{pH} = 7 + \frac{1}{4} \cdot (9{,}25 - 4{,}60) = \frac{1}{4} \cdot (14 + 9{,}25 + 9{,}40) = 8{,}16\,.$$

Der pH-Wert nach Gl. (4.39) ist von der Konzentration der Lösung unabhängig. So errechnet sich der exakte pH-Wert einer 10^{-4} M $\mathrm{NH_4CN}$-Lösung zu 9,189 [berechnet nach Gl. (3.72)].

Für ein beliebiges Verhältnis

$$\tau = \frac{C(\mathrm{B})}{C(\mathrm{HA})} \tag{4.41}$$

läßt sich Gl. (4.40) ohne die Vereinfachung (4.38) zu

$$\mathrm{pH} = \frac{1}{4} \cdot (\mathrm{p}K_{\mathrm{W}} + \mathrm{p}K_{\mathrm{SA}} + \mathrm{p}K_{\mathrm{SB}} + \lg \tau) \tag{4.42}$$

erweitern. Einige Beispiele sind in Tab. 3.3 zusammengefaßt.

Aufgaben

1. Berechnen Sie für die nachstehenden Säuren und Basen die jeweiligen pH-Werte mit geeigneten Näherungen. (Die Ergebnisse sind ggf. mit Hilfe von Abb. 3.4 zu überprüfen.)
   a) $2 \cdot 10^{-2}$ M HCl
   b) 10^{-6} M HCl
   c) 0,2 M $CH_3(CH_2)_2COOH$
   d) $3{,}5 \cdot 10^{-2}$ M NaCN
   e) 10^{-2} M HCOOH
   f) 10^{-3} M CCl_3COONa

2. Berechnen Sie die pH-Werte der folgenden Lösungen mit geeigneten Näherungs-Formeln und schätzen Sie die Fehler graphisch ab.
   a) 10^{-3} M HCOOH
   b) $2{,}25 \cdot 10^{-3}$ M NH_4Cl
   c) $8 \cdot 10^{-2}$ M C_6H_5COONa
   d) 10^{-4} M HF
   e) $2{,}85 \cdot 10^{-3}$ M $CH_3(CH_2)_2COOH$

3. Berechnen Sie die pH-Werte der folgenden mehrwertigen Säure- bzw. Base-Lösungen mit geeigneten Näherungs-Formeln für einwertige Säuren bzw. Basen. Man vergleiche die näherungsweise ermittelten pH-Werte mit den exakten, die sich mit Hilfe der Gleichungen (3.8), (3.14), (3.26) bzw. (3.35) errechnen lassen.
   a) $5 \cdot 10^{-3}$ M $(COOH)_2$
   b) 10^{-3} M $CH_2(COOH)_2$
   c) 10^{-2} M NaH_2PO_4
   d) $2 \cdot 10^{-3}$ M $N(CH_2COOH)_3$ ($pK_{S1} = 1{,}65$; $pK_{S2} = 2{,}94$; $pK_{S3} = 10{,}33$)
   e) $3 \cdot 10^{-2}$ M $Na_2B_4O_7$
   f) $2 \cdot 10^{-2}$ M Na_2CO_3
   g) $8 \cdot 10^{-3}$ M Na_3PO_4

4. Berechnen Sie näherungsweise die pH-Werte der in Aufg. 5 aus Kap. 3 angegebenen Ampholyt-Lösungen. In welchen Beispielen ist Gl. (4.29) nicht anwendbar?

5. Berechnen Sie die pH-Werte der folgenden wäßrigen Lösungen näherungsweise.
   a) $2{,}5 \cdot 10^{-2}$ M NH_4HCOO
   b) $2 \cdot 10^{-2}$ M $(H_3NOH)CH_3COO$
   c) $5 \cdot 10^{-3}$ M $(C_4H_5N_2)CH_3(CH_2)_2COO$ (Pyrimidin: $pK_B = 1{,}30$)
   d) $8 \cdot 10^{-3}$ M $(NH_4)_2(CHOH)_2(COO)_2$
   e) 10^{-2} M $(H_3NOH)_3PO_4$

6. Formulieren Sie für die in Abschn. 4.1 beschriebenen Näherungen 1 bis 7 die entsprechenden Formeln für Basen (Konzentration C, Baseexponent pK_B).

5 pH-Diagramme und Gleichgewichts-Konzentrationen

Es gibt eine einfache Möglichkeit, qualitative Aussagen über die Existenz einer Säure und der durch Protolyse entstehenden Teilchen bei bestimmten pH-Werten zu gewinnen. Trägt man nämlich auf der pH-Skala die $n\,pK_S$-Werte ($n = 1, 2, \ldots$) einer n-wertigen Säure ein, so unterteilt man damit den gesamten pH-Bereich in $n + 1$ Existenz-Bereiche der Säure und ihrer Protolyse-Produkte. An den Stellen $pH = pK_{Si}$ ($i = 1, 2, \ldots, n$) liegen jeweils diejenigen Teilchen im Gleichgewicht miteinander vor, die links und rechts davon angegeben sind (→ Abb. 5.1). Bei zwei- und höherwertigen Säuren existieren bei jedem pH-Wert alle Teilchen, die durch Protolyse entstehen können. Jedoch sind bei $pH = pK_{Si}$ ($i = 1, 2, \ldots, n$) außer den beiden bei diesem pH-Wert im Gleichgewicht vorliegenden Molekülen oder Ionen weitere Protolyse-Produkte nur in verschwindend kleinen Konzentrationen vorhanden, wenn sich die K_{Si}-Werte um 2 oder mehr Zehnerpotenzen unterscheiden.

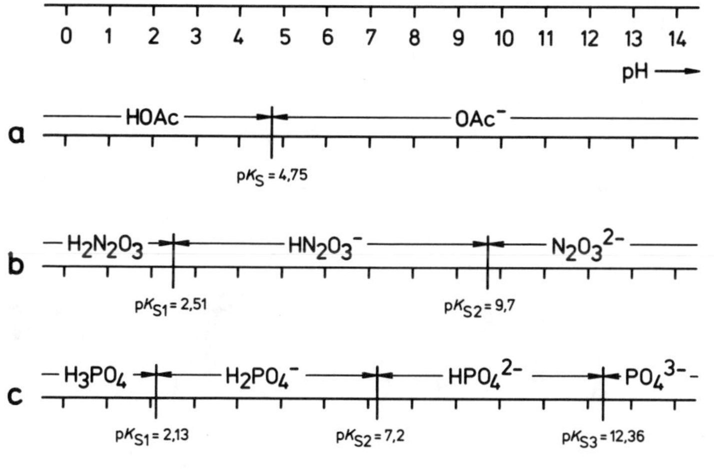

Abb. 5.1. Existenz-Bereiche von Säuren und Basen. **a** HOAc, **b** $H_2N_2O_3$, **c** H_3PO_4.

Häufig tritt jedoch in der Praxis die Frage auf, in welchen Konzentrationen Säuren und deren korrespondierende Basen bei einem vorgegebenen pH-Wert anzutreffen sind. So ist es gerade bei reaktionskinetischen Betrachtungen und bei Untersuchungen biologischer Systeme oft wichtig zu wissen, ob ein Teilchen im betrachteten pH-Bereich etwa protoniert vorliegt oder nicht. Im folgenden soll gezeigt werden, wie rechnerisch und graphisch bei gegebenen pH- und bekannten pK_S-Werten die jeweiligen Gleichgewichts-Konzentrationen an Säure und ihrer verschiedenen Protolyse-Produkte bestimmt werden können.

5.1 pH-Diagramme einwertiger Säuren

Für das Säure-Base-Gleichgewicht

$$HA + H_2O \rightleftharpoons A^- + H_3O^+ \tag{5.1}$$

gelangt man über das Massenwirkungsgesetz zu der Beziehung

$$-c(HA) \cdot K_S + c(A^-) \cdot c(H_3O^+) = 0\,. \tag{5.2}$$

Diese Gleichung und die Bedingung für die Gesamt-Konzentration,

$$C = c(HA) + c(A^-)\,, \tag{5.3}$$

sind zwei lineare Gleichungen in $c(HA)$ und $c(A^-)$. Sie erlauben es, die gesuchten Größen $c(HA)$ und $c(A^-)$ als Funktion der Protonen-Konzentration auszudrücken:

$$c(HA) = \frac{c(H_3O^+) \cdot C}{c(H_3O^+) + K_S} = \frac{C}{1 + K_S/c(H_3O^+)}\,, \tag{5.4}$$

$$c(A^-) = \frac{C K_S}{c(H_3O^+) + K_S} = \frac{C}{1 + c(H_3O^+)/K_S}\,. \tag{5.5}$$

Aus diesen beiden Bedingungen lassen sich nach Division durch C der *Säurebruch*

$$x(HA) = \frac{c(HA)}{C} = \frac{c(H_3O^+)}{c(H_3O^+) + K_S} = \frac{1}{1 + K_S/c(H_3O^+)} \tag{5.6}$$

und der *Basebruch*

$$x(A^-) = \frac{c(A^-)}{C} = \frac{K_S}{c(H_3O^+) + K_S} = \frac{1}{1 + c(H_3O^+)/K_S} \tag{5.7}$$

berechnen. Säure- und Basebruch sind dimensionslose Größen. Man erkennt, daß sie sich zu 1 addieren (→Abb. 5.2),

$$x(HA) + x(A^-) = 1\,. \tag{5.8}$$

In den Formeln für den Säure- bzw. Basebruch [→Gleichungen (5.6) und (5.7)] tritt die Gesamt-Konzentration C nicht auf. Die beiden Größen sind nur durch den Quotienten $c(H_3O^+)/K_S$ bzw. dessen Kehrwert bestimmt. Bezeichnet man

$$\delta = \lg \frac{K_S}{c(H_3O^+)} = pH - pK_S \tag{5.9}$$

(bei gegebener Säure ist also δ direkt proportional zum pH-Wert), so vereinfachen sich die Formeln (5.6) und (5.7) zu

$$x(HA) = \frac{1}{1 + 10^{\delta}}, \tag{5.10}$$

$$x(A^-) = \frac{1}{1 + 10^{-\delta}}. \tag{5.11}$$

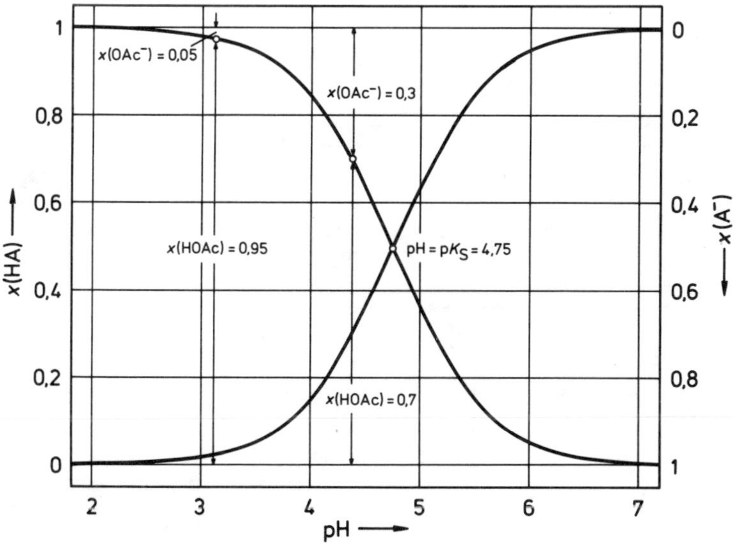

Abb. 5.2. Lineares pH-Diagramm für Essigsäure.

Es bestimmt also nur δ, der Abstand des pH-Werts vom Säureexponenten pK_S der jeweiligen einwertigen Säure, den Säure- bzw. Basebruch (→Abb. 5.3).

Die Kurvenformen, die $x(HA)$ [und damit auch $x(A^-)$] als Funktion vom pH wiedergegeben, sind für alle Säure-Base-Paare gleich. Nur die Lage dieser Kurven ist vom pK_S-Wert abhängig. Der Wendepunkt P jeder Kurve entspricht der Bedingung $\delta = 0$ oder $pH = pK_S$, denn hier sind Säure- und Basebruch gleich (→Abb. 5.3). Trägt man also $x(HA)$ bzw. $x(A^-)$ um die Stelle $\delta = 0$ als Funktion des pH-Werts auf, so erhält man für alle einwertigen Säuren Kurven gleicher Form. Für einige pK_S-Werte sind diese *linearen pH-Diagramme* (auch *einfache pH-Diagramme, x-pH-Diagramme* oder *Pufferkurven* genannt) in Abb. 5.4 wiedergegeben.

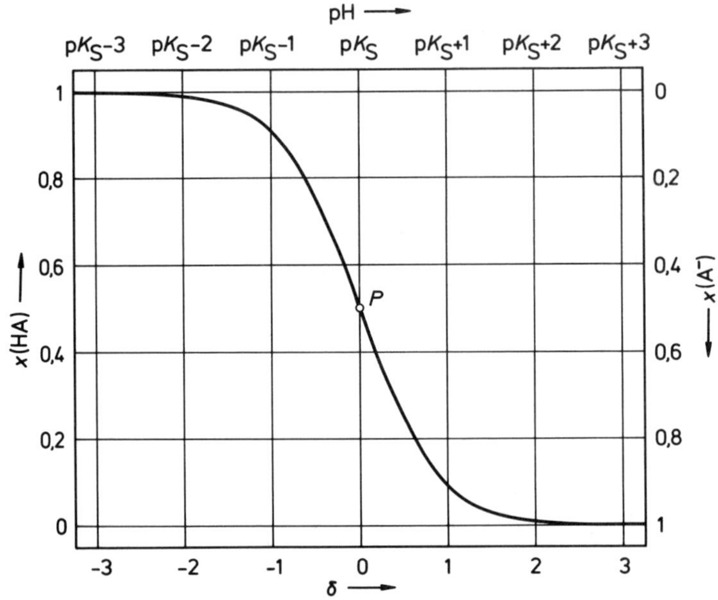

Abb. 5.3. Abhängigkeit des Säurebruchs x(HA) und des Basebruchs $x(A^-)$ von δ = pH − pK_S.

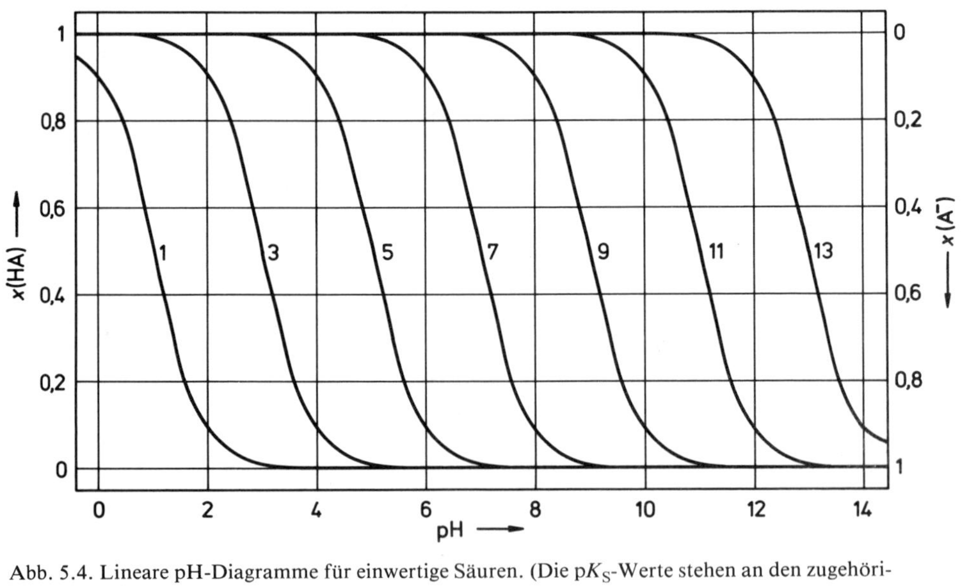

Abb. 5.4. Lineare pH-Diagramme für einwertige Säuren. (Die pK_S-Werte stehen an den zugehörigen Kurven.)

Für pH-Werte, die mehr als zwei pH-Einheiten vom pK_S-Wert einer gegebenen Säure entfernt liegen, gestatten diese pH-Diagramme, in denen also der Säure- bzw. Basebruch als Funktion des pH-Werts wiedergegeben werden, kein ausreichend genaues Ablesen mehr. Hier sagen die *logarithmischen pH-Diagramme (lg c-pH-Diagramme)*, in denen die Logarithmen der Zahlenwerte der Konzentrationen an HA und A^- gegen pH aufgetragen sind, mehr über die Konzentrations-Verhältnisse aus. Gerade in den pH-Bereichen, in denen bei linearer Auftragung die Säure- bzw. Basebrüche zu nahe bei 1 oder 0 liegen, lassen sich aus den *Säurelinien* bzw. *Baselinien* der logarithmischen pH-Diagramme die Logarithmen der Konzentrationen von Säure und korrespondierender Base bei gegebenen pH-Werten gut graphisch bestimmen (→ Abb. 5.5). Im lg *c*-pH-Diagramm beschreiben Hyperbeln die Gleichgewichts-Konzentrationen $c(\mathrm{HA})$ und $c(\mathrm{A}^-)$. Die dazugehörenden Funktionen erhält man, wenn man die Gleichungen (5.4) und (5.5) logarithmiert:

$$\lg c(\mathrm{HA}) = \lg C - \lg(1 + 10^{\mathrm{pH}-\mathrm{p}K_\mathrm{S}}) = \lg C - \lg(1 + 10^{\delta}), \qquad (5.12)$$

$$\lg c(\mathrm{A}^-) = \lg C - \lg(1 + 10^{\mathrm{p}K_\mathrm{S}-\mathrm{pH}}) = \lg C - \lg(1 + 10^{-\delta}). \qquad (5.13)$$

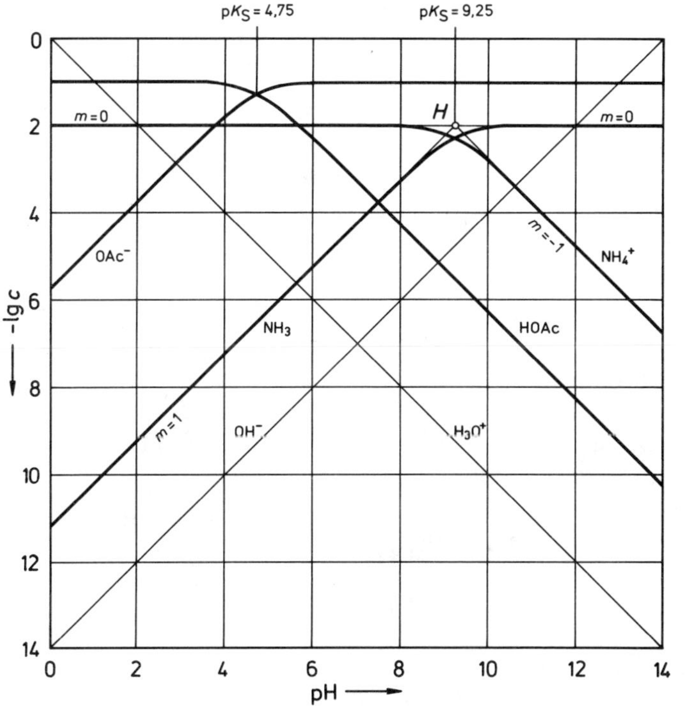

Abb. 5.5. Logarithmische pH-Diagramme für NH_4^+/NH_3 (C = 0,01 mol/l) und HOAc/OAc^- (C = 0,1 mol/l). (Die Teilchen, deren Konzentrationen aufgetragen werden, stehen an den zugehörigen Kurven.)

An der Stelle $pH = pK_S$ ($\delta = 0$) gelten die Beziehungen

$$x(HA) = x(A^-) = \frac{1}{2} \tag{5.14}$$

oder

$$\lg c(HA) = \lg c(A^-) = \lg C - \lg 2\,. \tag{5.15}$$

5.2 pH-Diagramme zwei- und mehrwertiger Säuren

5.2.1 pH-Diagramme zweiwertiger Säuren

Das Massenwirkungsgesetz für die beiden Protolyse-Gleichgewichte der zweiwertigen Säure H_2A,

$$H_2A + H_2O \rightleftharpoons HA^- + H_3O^+, \tag{5.16}$$

$$HA^- + H_2O \rightleftharpoons A^{2-} + H_3O^+, \tag{5.17}$$

führt zu den Beziehungen

$$-c(H_2A) \cdot K_{S1} + c(HA^-) \cdot c(H_3O^+) = 0\,, \tag{5.18}$$

$$-c(HA^-) \cdot K_{S2} + c(A^{2-}) \cdot c(H_3O^+) = 0\,. \tag{5.19}$$

Zusammen mit der Massen-Beziehung

$$C = c(H_2A) + c(HA^-) + c(A^{2-}) \tag{5.20}$$

kann man diese drei linearen Gleichungen (5.18) bis (5.20) für die drei Unbekannten $c(H_2A)$, $c(HA^-)$ und $c(A^{2-})$ in Matrizen-Schreibweise formulieren:

$$\begin{pmatrix} 1 & 1 & 1 \\ -K_{S1} & c(H_3O^+) & 0 \\ 0 & -K_{S2} & c(H_3O^+) \end{pmatrix} \begin{pmatrix} c(H_2A) \\ c(HA^-) \\ c(A^{2-}) \end{pmatrix} = \begin{pmatrix} C \\ 0 \\ 0 \end{pmatrix}. \tag{5.21}$$

Die Lösungen des Gleichungssystems (5.21) sind

$$c(H_2A) = \frac{c^2(H_3O^+) \cdot C}{c^2(H_3O^+) + c(H_3O^+) \cdot K_{S1} + K_{S1}K_{S2}}\,, \tag{5.22}$$

$$c(HA^-) = \frac{c(H_3O^+) \cdot CK_{S1}}{c^2(H_3O^+) + c(H_3O^+) \cdot K_{S1} + K_{S1}K_{S2}}, \tag{5.23}$$

$$c(A^{2-}) = \frac{CK_{S1}K_{S2}}{c^2(H_3O^+) + c(H_3O^+) \cdot K_{S1} + K_{S1}K_{S2}}. \tag{5.24}$$

In Abb. 5.6 ist für Maleinsäure, $C_4O_4H_4$, ein logarithmisches pH-Diagramm wiedergegeben ($pK_{S1} = 1{,}82$, $pK_{S2} = 6{,}59$). Parallelen zur $-\lg c$-Achse durch vorgegebene pH-Werte schneiden die drei $c(C_4O_4H_4)$, $c(C_4O_4H_3^-)$ und $c(C_4O_4H_2^{2-})$ darstellenden Kurven an den gesuchten Konzentrationen. So lassen sich beispielsweise bei pH = 3 und pH = 9 folgende Werte ablesen:

$-\lg c(C_4O_4H_4) = 2{,}2, \quad -\lg c(C_4O_4H_3^-) = 1{,}05, \quad -\lg c(C_4O_4H_2^{2-}) = 4{,}6;$

$-\lg c(C_4O_4H_4) = 10{,}6, \quad -\lg c(C_4O_4H_3^-) = 3{,}4, \quad -\lg c(C_4O_4H_2^{2-}) = 1{,}0.$

In Abb. 5.7 sind – ebenfalls für Maleinsäure – die Molenbrüche $x(C_4O_4H_4)$, $x(C_4O_4H_3^-)$ und $x(C_4O_4H_2^{2-})$ als Funktion des pH-Werts aufgetragen.

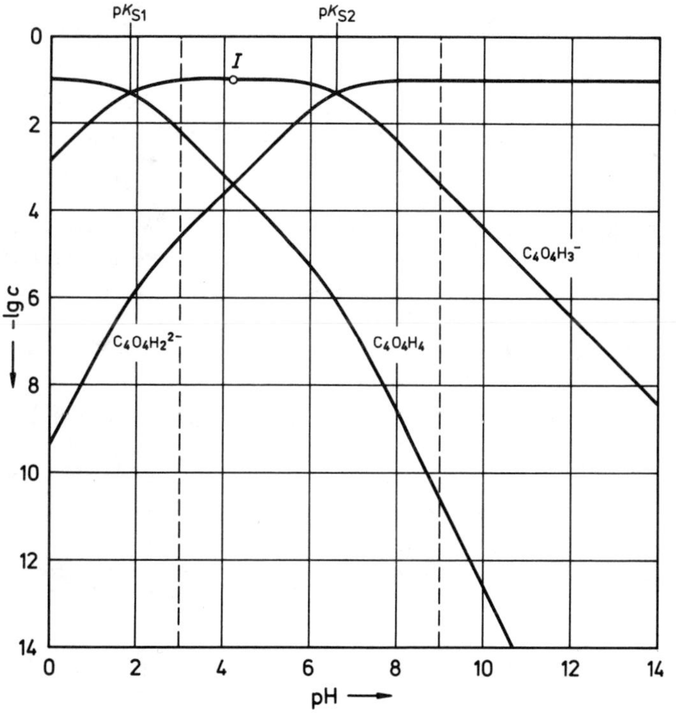

Abb. 5.6. Logarithmisches pH-Diagramm für Maleinsäure, $C_4O_4H_4$ ($C = 0{,}1$ mol/l). (Alle Kurven sind mit den sie darstellenden Teilchen bezeichnet; Ablesebeispiele siehe Text.)

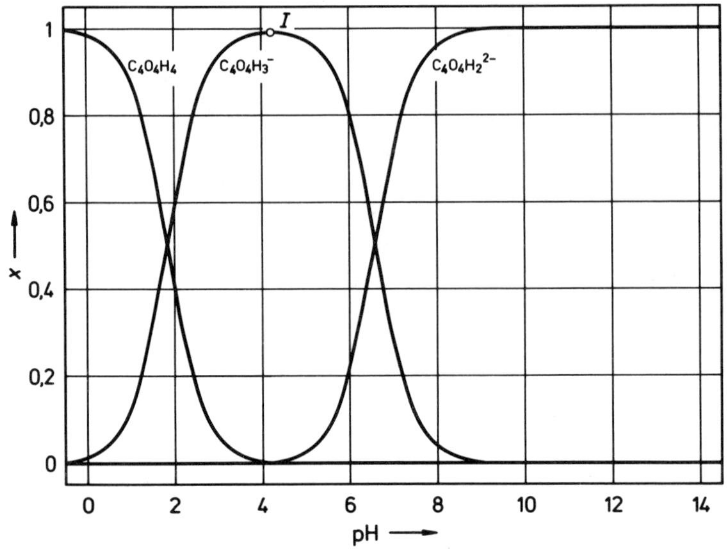

Abb. 5.7. Lineares pH-Diagramm für Maleinsäure, $C_4O_4H_4$. (Die Teilchen stehen an den entsprechenden, den Molenbruch darstellenden Kurven.)

An den Stellen $pH = pK_{Si}$ ($i = 1, 2$) kann man die exakten Gleichgewichts-Konzentrationen der drei Teilchen H_2A, HA^- und A^{2-} mit Hilfe der Gleichungen (5.22) bis (5.24) errechnen, indem man $c(H_3O^+) = K_{S1}$ bzw. $c(H_3O^+) = K_{S2}$ setzt (→Tab. 5.1).

Von Interesse ist für ein amphoteres Teilchen HA^- derjenige pH-Wert, bei dem $c(HA^-)$ am größten ist. Man nennt diesen pH-Wert den *isoelektrischen Punkt* (vgl. *I* in Abb. 5.6 und 5.7). Er verdankt seinen Namen der Eigenschaft einiger ungeladener Ampholyte, vornehmlich der Aminosäuren (→Tab. 2.4), die sich gerade bei diesem pH-Wert nahezu elektrisch neutral verhalten.

Tab. 5.1. Exakte Gleichgewichts-Konzentrationen von H_2A, HA^- und A^{2-} einer zweiwertigen Säure für $pH = pK_{Si}$ ($i = 1, 2$) und pH_{iso}.

$pH = pK_{S1}$	$pH = pK_{S2}$	pH_{iso}
$c(H_2A) = \frac{CK_{S1}}{2K_{S1} + K_{S2}}$	$c(H_2A) = \frac{CK_{S2}}{2K_{S1} + K_{S2}}$	$c(H_2A) = \frac{C}{2 + \sqrt{K_{S1}/K_{S2}}}$
$c(HA^-) = \frac{CK_{S1}}{2K_{S1} + K_{S2}}$	$c(HA^-) = \frac{CK_{S1}}{2K_{S1} + K_{S2}}$	$c(HA^-) = \frac{C}{2\sqrt{K_{S2}/K_{S1}} + 1}$
$c(A^{2-}) = \frac{CK_{S2}}{2K_{S1} + K_{S2}}$	$c(A^{2-}) = \frac{CK_{S1}}{2K_{S1} + K_{S2}}$	$c(A^{2-}) = \frac{C}{2 + \sqrt{K_{S1}/K_{S2}}}$

Bildet man über Gl. (5.23) die erste Ableitung von $c(HA^-)$ nach pH und setzt diesen Ausdruck Null,

$$\frac{dc(HA^-)}{dpH} = (\ln 10) \cdot \frac{c(H_3O^+) \cdot [c^2(H_3O^+) \cdot CK_{S1} - CK_{S1}^2 K_{S2}]}{[c^2(H_3O^+) + c(H_3O^+) \cdot K_{S1} + K_{S1}K_{S2}]^2} = 0 , \quad (5.25)$$

so errechnet sich

$$c(H_3O^+) = \sqrt{K_{S1}K_{S2}} \quad (5.26)$$

und damit der isoelektrische Punkt

$$pH_{iso} = \frac{1}{2} \cdot (pK_{S1} + pK_{S2}) . \quad (5.27)$$

pH_{iso} ist eine stoffspezifische Größe und von der Konzentration der Lösungen unabhängig. Für pH_{iso} sind $c(H_2A)$ und $c(A^{2-})$ gleich, wie man beispielsweise aus Abb. 5.6 ersehen kann. Die drei Gleichgewichts-Konzentrationen $c(H_{n-i}A^{i-})$ ($i = 0, 1, 2$) bei diesem pH-Wert sind in Tab. 5.1 angegeben.

5.2.2 pH-Diagramme *n*-wertiger Säuren

Für eine *n*-wertige Säure mit den *n* Gleichgewichten

$$H_{n-i+1}A^{(i-1)-} + H_2O \rightleftharpoons H_{n-i}A^{i-} + H_3O^+ \quad (i = 1, 2, \ldots, n) , \quad (5.28)$$

der Gesamt-Konzentration

$$C = \sum_{i=0}^{n} c(H_{n-i}A^{i-}) \quad (5.29)$$

und den dazugehörenden Säurekonstanten

$$K_{Si} = \frac{c(H_3O^+) \cdot c(H_{n-i}A^{i-})}{c(H_{n-i+1}A^{(i-1)-})} \quad (i = 1, 2, \ldots, n) \quad (5.30)$$

kann man aus dem Gleichungssystem von $n + 1$ linearen Gleichungen

$$\begin{pmatrix} 1 & 1 & 1 & \cdots & 1 & 1 \\ -K_{S1} & c(H_3O^+) & 0 & \cdots & 0 & 0 \\ 0 & -K_{S2} & c(H_3O^+) & \cdots & 0 & 0 \\ 0 & 0 & -K_{S3} & \cdots & 0 & 0 \\ \cdots & \cdots & \cdots & \cdots & \cdots & \cdots \\ 0 & 0 & 0 & \cdots & c(H_3O^+) & 0 \\ 0 & 0 & 0 & \cdots & -K_{Sn} & c(H_3O^+) \end{pmatrix} \begin{pmatrix} c(H_nA) \\ c(H_{n-1}A^-) \\ c(H_{n-2}A^{2-}) \\ c(H_{n-3}A^{3-}) \\ \vdots \\ c(HA^{(n-1)-}) \\ c(A^{n-}) \end{pmatrix} = \begin{pmatrix} C \\ 0 \\ 0 \\ 0 \\ \vdots \\ 0 \\ 0 \end{pmatrix} \quad (5.31)$$

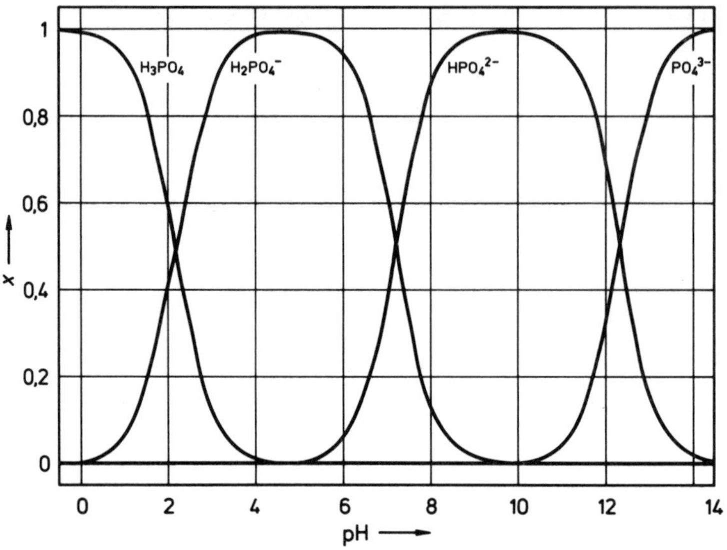

Abb. 5.8. Lineares pH-Diagramm der Phosphorsäure.

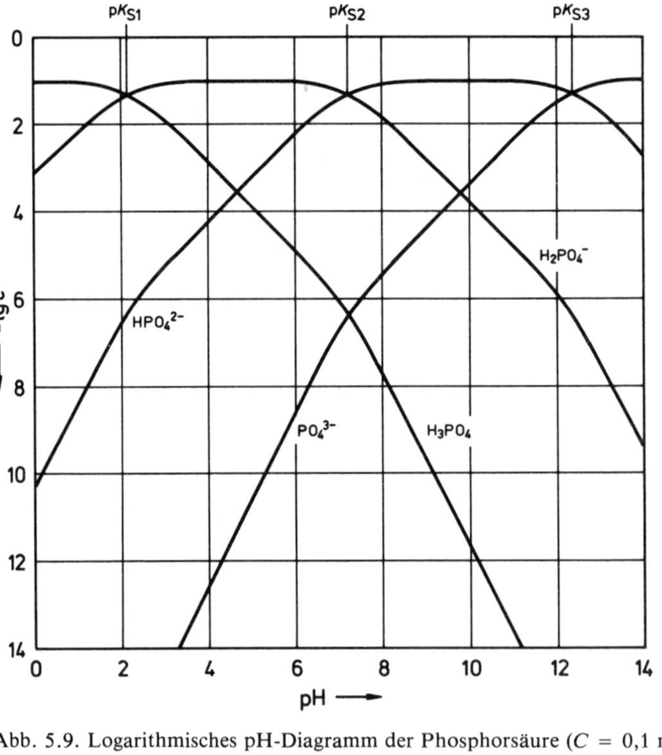

Abb. 5.9. Logarithmisches pH-Diagramm der Phosphorsäure (C = 0,1 mol/l).

die $n + 1$ Unbekannten $c(H_{n-i}A^{i-})$ ermitteln:

$$c(H_{n-i}A^{i-}) = \frac{c^{n-i}(H_3O^+) \cdot C(H_nA) \cdot \prod_{j=1}^{i} K_{Sj}}{\sum_{r=0}^{n} \left[c^{n-r}(H_3O^+) \cdot \prod_{j=1}^{r} K_{Sj} \right]^{*)}} \quad (i = 0, 1, \ldots, n) \,. \tag{5.32}$$

Mit dieser Beziehung lassen sich auch die exakten Gleichgewichts-Konzentrationen einer n-wertigen Säure und aller ihrer durch Protonen-Abgabe entstehenden Teilchen an den n Stellen $pH = pK_{Si}$ und an den $n - 1$ verschiedenen isoelektrischen Punkten solcher Säuren leicht ermitteln. (Für drei verschiedene Säuren sind solche Rechnungen in der Lösung zu Aufg. 11 ausgeführt.)

In den Abbildungen 5.8 und 5.9 sind für Phosphorsäure ($pK_{S1} = 2{,}13$, $pK_{S2} = 7{,}2$ und $pK_{S3} = 12{,}36$) das lineare und logarithmische pH-Diagramm wiedergegeben.

5.3 Näherungsweise Bestimmung von logarithmischen pH-Diagrammen und Gleichgewichts-Konzentrationen

5.3.1 Gleichgewichts-Konzentrationen einwertiger Säuren und Basen

In logarithmischen pH-Diagrammen einwertiger Säuren fallen, mehr als eine pH-Einheit von der Stelle $pH = pK_S$ entfernt, die Hyperbeln, die $\lg c(HA)$ und $\lg c(A^-)$ darstellen, mit ihren Asymptoten (Geraden mit den Steigungen 0, +1 bzw. −1) praktisch zusammen. Im pH-Wert-Bereich außerhalb

$pK_S - 1 \leq pH \leq pK_S + 1$ (oder $-1 \leq \delta \leq 1$)

können also in den Gleichungen (5.12) und (5.13) $1 + 10^{\delta}$ und $1 + 10^{-\delta}$ – je nach Vorzeichen von δ – durch 10^{δ} und $10^{-\delta}$ bzw. 1 ersetzt werden; man gelangt so zu einfachen Näherungen für $c(HA)$ und $c(A^-)$ bzw. für die Logarithmen dieser Gleichgewichts-Konzentrationen und ihrer Molenbrüche (→Tab. 5.2).

5.3.2 Gleichgewichts-Konzentrationen zweiwertiger Säuren und Basen

Aus den logarithmischen pH-Diagrammen zweiwertiger Säuren kann man ablesen (→z. B. Abb. 5.6), daß die Kurven, die die verschiedenen Gleichgewichts-Konzentrationen $c(H_2A)$, $c(HA^-)$ und $c(A^{2-})$ darstellen, in den drei Bereichen, in die die pH-Skala durch die pK_{Si}-Werte ($i = 1, 2$) unterteilt wird, praktisch Geraden sind, wenn man die Bereiche (etwa 1 pH-Einheit) um die pK_{Si}-Stellen ausnimmt.

* Definitionsgemäß gilt: $\prod_{j=1}^{0} K_{Sj} = 1$.

Tab. 5.2. Näherungsweise Berechnung der Gleichgewichts-Konzentrationen $c(HA)$ und $c(A^-)$ einer einwertigen Säure HA.

pH-Wert-Bereiche	$pH < pK_S$ $\delta < 0$ $(k = 0)$*)	$pH > pK_S$ $\delta > 0$ $(k = 1)$*)
Näherungs-Gleichungen	$c(HA) = C$ $\lg c(HA) = \lg C$ $\lg x(HA) = 0$	$c(HA) = C \cdot \frac{c(H_3O^+)}{K_S}$ $\lg c(HA) = \lg C - \delta$ $\lg x(HA) = pK_S - pH$
	$c(A^-) = C \cdot \frac{K_S}{c(H_3O^+)}$ $\lg c(A^-) = \lg C + \delta$ $\lg x(A^-) = pH - pK_S$	$c(A^-) = C$ $\lg c(A^-) = \lg C$ $\lg x(A^-) = 0$

* Definition von k siehe Abschn. 5.3.3.

Für die drei Bereiche

$$pH < pK_{S1},\ pK_{S1} < pH < pK_{S2},\ pH > pK_{S2}$$

kann man für den Nenner der Quotienten der Gleichungen (5.22) bis (5.24),

$$N = c^2(H_3O^+) + c(H_3O^+) \cdot K_{S1} + K_{S1}K_{S2}, \tag{5.33}$$

die in der ersten Zeile von Tab. 5.3 aufgeführten Vereinfachungen benutzen – jeder der drei Summanden von Gl. (5.33) ist eine gute Näherung für je einen der drei Teilbereiche. Benutzt man, entsprechend der Definition (5.9), zur Vereinfachung

$$\delta_i = pH - pK_{Si} \quad (i = 1, 2), \tag{5.34}$$

so erhält man die in Tab. 5.3 angegebenen Näherungen für die $c(H_{n-i}A^{i-})$-Werte $(i = 0, 1, 2)$.

5.3.3 Gleichgewichts-Konzentrationen *n*-wertiger Säuren und Basen

Für Säuren beliebiger Wertigkeit n lassen sich ähnliche Näherungen ableiten, wie sie in den Tabellen 5.2 und 5.3 aufgeführt sind, wenn man in Gl. (5.32) für die $n + 1$ Existenz-Bereiche, in die die pH-Skala durch die n pK_{Si}-Werte unterteilt ist, geeignete Näherungen für den im Nenner stehenden Summanden

$$N = \sum_{i=0}^{n} \left[c^{n-i}(H_3O^+) \cdot \prod_{j=1}^{i} K_{Sj} \right] \tag{5.35}$$

einsetzt. Im folgenden bedeute

$$\delta_i = pH - pK_{Si} \quad (i = 1, 2, \ldots, n) . \tag{5.36}$$

Tab. 5.3. Näherungsweise Berechnung der Gleichgewichts-Konzentrationen $c(H_2A)$, $c(HA^-)$ und $c(A^{2-})$ einer zweiwertigen Säure H_2A.

pH-Wert-Bereiche	$pH < pK_{S1}$ $\delta_1 < 0$ $(k = 0)$*)	$pK_{S1} < pH < pK_{S2}$ $\delta_1 > 0,\ \delta_2 < 0$ $(k = 1)$*)	$pH > pK_{S2}$ $\delta_2 > 0$ $(k = 2)$*)
Näherungs-Gleichungen	$N = c^2(H_3O^+)$	$N = c(H_3O^+) \cdot K_{S1}$	$N = K_{S1} K_{S1}$
	$c(H_2A) = C$ $\lg c(H_2A) = \lg C$ $\lg x(H_2A) = 0$	$c(H_2A) = C \cdot \frac{c(H_3O^+)}{K_{S1}}$ $\lg c(H_2A) = \lg C - \delta_1$ $\lg x(H_2A) = pK_{S1} - pH$	$c(H_2A) = C \cdot \frac{c^2(H_3O^+)}{K_{S1} K_{S2}}$ $\lg c(H_2A) = \lg C - \delta_1 - \delta_2$ $\lg x(H_2A) = pK_{S1} + pK_{S2} - 2pH$
	$c(HA^-) = C \cdot \frac{K_{S1}}{c(H_3O^+)}$ $\lg c(HA^-) = \lg C + \delta_1$ $\lg x(HA^-) = pH - pK_{S1}$	$c(HA^-) = C$ $\lg c(HA^-) = \lg C$ $\lg x(HA^-) = 0$	$c(HA^-) = C \cdot \frac{c(H_3O^+)}{K_{S2}}$ $\lg c(HA^-) = \lg C - \delta_2$ $\lg x(HA^-) = pK_{S2} - pH$
	$c(A^{2-}) = C \cdot \frac{K_{S1} K_{S2}}{c^2(H_3O^+)}$ $\lg c(A^{2-}) = \lg C + \delta_1 + \delta_2$ $\lg x(A^{2-}) = 2pH - pK_{S1} - pK_{S2}$	$c(A^{2-}) = C \cdot \frac{K_{S2}}{c(H_3O^+)}$ $\lg c(A^{2-}) = \lg C + \delta_2$ $\lg x(A^{2-}) = pH - pK_{S2}$	$c(A^{2-}) = C$ $\lg c(A^{2-}) = \lg C$ $\lg x(A^{2-}) = 0$

* Definition von k siehe Abschn. 5.3.3.

Tab. 5.4. Näherungsweise Berechnung der Gleichgewichts-Konzentrationen $c(H_{n-i}A^{i-})$ ($i = 0, 1, \ldots, n$) einer n-wertigen Säure H_nA im pH-Wert-Bereich $pK_{Sk} < pH < pK_{S(k+1)}$.

$k \geq i$	$i > k$
$c(H_{n-i}A^{i-}) = C \cdot \dfrac{c^{k-i}(H_3O^+)}{\prod_{j=i+1}^{k} K_{Sj}}$	$c(H_{n-i}A^{i-}) = C \cdot \dfrac{\prod_{j=k+1}^{i} K_{Sj}}{c^{i-k}(H_3O^+)}$
$\lg c(H_{n-i}A^{i-}) = \lg C - \sum_{j=i+1}^{k} \delta_j$ *)	$\lg c(H_{n-i}A^{i-}) = \lg C + \sum_{j=k+1}^{i} \delta_j$
$\lg x(H_{n-i}A^{i-}) = \sum_{j=i+1}^{k} pK_{Sj} - (k - i) \cdot pH$	$\lg x(H_{n-i}A^{i-}) = (i - k) \cdot pH - \sum_{j=k+1}^{i} pK_{Sj}$

* Definitionsgemäß gilt: $\sum_{j=k+1}^{k} \delta_j = 0$ für alle k.

Tab. 5.5. Näherungsweise Berechnung der Gleichgewichts-Konzentrationen $c(H_{n-i}A^{i-})$

pH-Wert-Bereiche		$pH < pK_{S1}$ $\delta_1 < 0$ $(k = 0)$	$pK_{S1} < pH < pK_{S2}$ $\delta_1 > 0,\ \delta_2 < 0$ $(k = 1)$
Näherungs-Gleichungen	$i = 0$	$c(H_3A) = C$ $\lg c(H_3A) = \lg C$ $\lg x(H_3A) = 0$	$c(H_3A) = C \cdot \dfrac{c(H_3O^+)}{K_{S1}}$ $\lg c(H_3A) = \lg C - \delta_1$ $\lg x(H_3A) = pK_{S1} - pH$
	$i = 1$	$c(H_2A^-) = C \cdot \dfrac{K_{S1}}{c(H_3O^+)}$ $\lg c(H_2A^-) = \lg C + \delta_1$ $\lg x(H_2A^-) = pH - pK_{S1}$	$c(H_2A^-) = C$ $\lg c(H_2A^-) = \lg C$ $\lg x(H_2A^-) = 0$
	$i = 2$	$c(HA^{2-}) = C \cdot \dfrac{K_{S1}K_{S2}}{c^2(H_3O^+)}$ $\lg c(HA^{2-}) = \lg C + \delta_1 + \delta_2$ $\lg x(HA^{2-}) = 2pH - pK_{S1} - pK_{S2}$	$c(HA^{2-}) = C \cdot \dfrac{K_{S2}}{c(H_3O^+)}$ $\lg c(HA^{2-}) = \lg C + \delta_2$ $\lg x(HA^{2-}) = pH - pK_{S2}$
	$i = 3$	$c(A^{3-}) = C \cdot \dfrac{K_{S1}K_{S2}K_{S3}}{c^3(H_3O^+)}$ $\lg c(A^{3-}) = \lg C + \delta_1 + \delta_2 + \delta_3$ $\lg x(A^{3-}) = 3pH - pK_{S1} - pK_{S2} - pK_{S3}$	$c(A^{3-}) = C \cdot \dfrac{K_{S2}K_{S3}}{c^2(H_3O^+)}$ $\lg c(A^{3-}) = \lg C + \delta_2 + \delta_3$ $\lg x(A^{3-}) = 2pH - pK_{S2} - pK_{S3}$

Der Index k kennzeichne den pH-Wert-Bereich zwischen dem k-ten und dem $(k + 1)$-ten pK-Wert der Säure:

$$pK_{Sk} < pH < pK_{S(k+1)} \quad (k = 1, 2, \ldots, n - 1); \tag{5.37}$$

insbesondere soll $k = 0$ den Bereich

$$pH < pK_{S1}$$

und $k = n$ den Bereich

$$pH > pK_{Sn}$$

bezeichnen.

Man kann sich davon überzeugen, daß im k-ten Bereich

$$N = c^{n-k}(H_3O^+) \cdot \prod_{j=1}^{k} K_{Sj} \tag{5.38}$$

($i = 0, 1, 2, 3$) einer dreiwertigen Säure H_3A der Gesamt-Konzentration C.

$pK_{S2} < pH < pK_{S3}$ $\delta_2 > 0,\ \delta_3 < 0$ $(k = 2)$	$pH > pK_{S3}$ $\delta_3 > 0$ $(k = 3)$
$c(H_3A) = C \cdot \frac{c^2(H_3O^+)}{K_{S1}K_{S2}}$ $\lg c(H_3A) = \lg C - \delta_1 - \delta_2$ $\lg x(H_3A) = pK_{S1} + pK_{S2} - 2\,pH$	$c(H_3A) = C \cdot \frac{c^3(H_3O^+)}{K_{S1}K_{S2}K_{S3}}$ $\lg c(H_3A) = \lg C - \delta_1 - \delta_2 - \delta_3$ $\lg x(H_3A) = pK_{S1} + pK_{S2} + pK_{S3} - 3\,pH$
$c(H_2A^-) = C \cdot \frac{c(H_3O^+)}{K_{S2}}$ $\lg c(H_2A^-) = \lg C - \delta_2$ $\lg x(H_2A^-) = pK_{S2} - pH$	$c(H_2A^-) = C \cdot \frac{c^2(H_3O^+)}{K_{S2}K_{S3}}$ $\lg c(H_2A^-) = \lg C - \delta_2 - \delta_3$ $\lg x(H_2A^-) = pK_{S2} + pK_{S3} - 2\,pH$
$c(HA^{2-}) = C$ $\lg c(HA^{2-}) = \lg C$ $\lg x(HA^{2-}) = 0$	$c(HA^{2-}) = C \cdot \frac{c(H_3O^+)}{K_{S3}}$ $\lg c(HA^{2-}) = \lg C - \delta_3$ $\lg x(HA^{2-}) = pK_{S3} - pH$
$c(A^{3-}) = C \cdot \frac{K_{S3}}{c(H_3O^+)}$ $\lg c(A^{3-}) = \lg C + \delta_3$ $\lg x(A^{3-}) = pH - pK_{S3}$	$c(A^{3-}) = C$ $\lg c(A^{3-}) = \lg C$ $\lg x(A^{3-}) = 0$

als Näherung für N aus Gl. (5.35) angesetzt werden kann. Damit erhält man die in Tab. 5.4 zusammengefaßten Näherungen für die $n + 1$ Gleichgewichts-Konzentrationen $c(H_{n-i}A^{i-})$ $(i = 0, 1, \ldots, n)$.

Für eine dreiwertige Säure H_3A sind die mit den allgemeinen Gleichungen in Tab. 5.4 errechneten Gleichgewichts-Konzentrationen und ihre Logarithmen in Tab. 5.5 zusammengefaßt.

5.3.4 Näherungsweise Bestimmung von logarithmischen pH-Diagrammen

Einwertige Säuren

Die Steigungen m der Geraden in logarithmischen pH-Diagrammen einwertiger Säuren beliebiger Konzentrationen C betragen 0, +1 oder −1, wie man beispielsweise aus Abb. 5.5 ersehen kann. Mit Hilfe eines Punktes (H in Abb. 5.5; 0,01 M NH_3-Lösung) lassen sich die beiden $-\lg c(HA)$ und $-\lg c(A^-)$ darstellenden Kurven mehr als 1 pH-Einheit von der Stelle $pH = pK_S$ entfernt gut skizzieren.

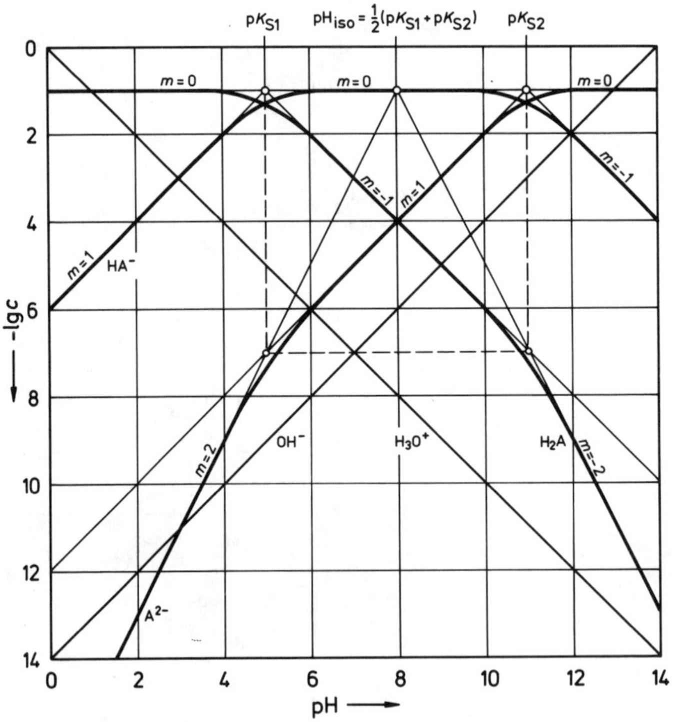

Abb. 5.10. Schematische Anleitung zum Erstellen eines logarithmischen pH-Diagramms einer zweiwertigen Säure H_2A mit den Säureexponenten $pK_{S1} = 5$ und $pK_{S2} = 11$ (hier $C = 0{,}1$ mol/l).

Zweiwertige Säuren

In Abb. 5.10 ist für eine zweiwertige Säure gezeigt, wie man mit einigen Geraden (bei einer zweiwertigen Säure kommen als Steigungen nur die Zahlenwerte 0, 1, −1, 2 und −2 in Frage) die $-\lg c(H_{n-i}A^{i-})$ (i = 0, 1, 2) darstellenden Kurven festlegen kann. [Bei größeren Ansprüchen an die Genauigkeit sollte man die um die pK_{Si}-Werte (i = 1, 2) liegenden Kurvenpunkte rechnerisch mit Hilfe der Formeln (5.22) bis (5.24) ermitteln.]

n-wertige Säuren

Man kann die Eigenschaft der logarithmischen c-Kurven, weitgehend Geradenstücke der Steigungen 0, ±1, ±2, ..., ±n zu sein, ausnutzen, um die $-\lg c$-Kurven beliebiger Teilchen auch mehr als zweiwertiger Säuren zu skizzieren. Dies ist in Abb. 5.11 für eine vierwertige Säure H_4A mit den pK_{Si}-Werten 1,5, 3,5, 7 und 11 gezeigt. Am Beispiel der Teilchen I = H_3A^- und I = A^{4-} kann man erkennen, wie man mit Hilfe der pK-Werte und der Steigungen m der Näherungs-Geraden die $-\lg c$(I)-Kurven mit wenigen Hilfspunkten konstruieren kann. Man muß nur beachten, daß eine Gerade mit der Steigung m = 0 das Teilchen $H_{n-i}A^{i-}$ im pH-Wert-Bereich $pK_{Si} < pH < pK_{S(i+1)}$ (i = 1, 2, ..., n − 1) näherungsweise darstellt und daß in den Bereichen links bzw. rechts davon sich die Steigungen der Geradenäste in jedem neuen Abschnitt um 1 erniedrigen bzw. erhöhen.

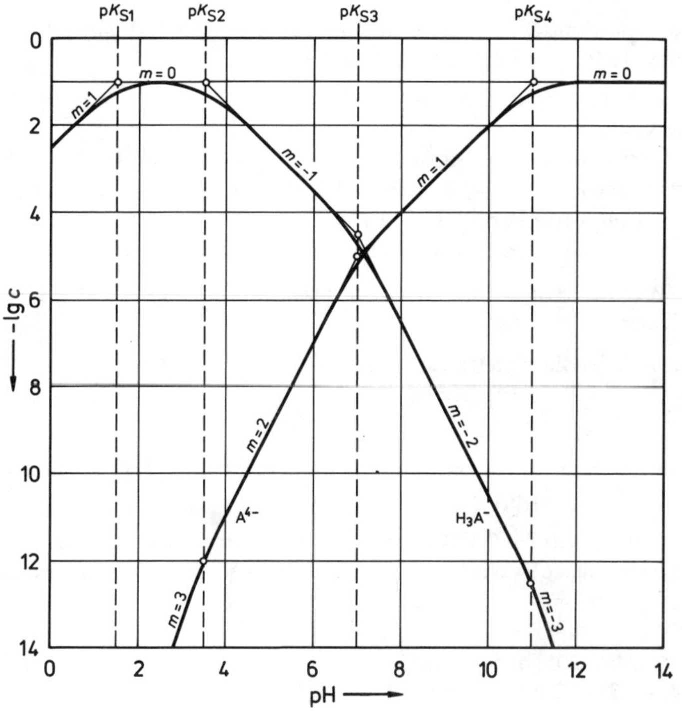

Abb. 5.11. Logarithmisches pH-Diagramm einer 0,1 M vierwertigen Säure H_4A (pK_{S1} = 1,5; pK_{S2} = 3,5; pK_{S3} = 7; pK_{S4} = 11) mit den $-\lg c(H_3A^-)$ und $-\lg c(A^{4-})$ darstellenden Kurven.

Aufgaben

1. Bestimmen Sie graphisch (→ Abb. 5.1), in welchem pH-Bereich in wäßriger Lösung mit der Existenz von
a) NH_4HCOO, b) $(H_3NOH)HSO_4$, c) NH_4HCO_3, d) $C_5H_6N^+CF_3COO^-$ ($pK_B = 8{,}81$ für Pyridin), e) $(NH_4)_2S$, f) $(NH_4)_3PO_4$ zu rechnen ist.

2. In welchem Verhältnis liegen die Gleichgewichts-Konzentrationen $c(HOAc)$ und $c(OAc^-)$ einer Essigsäure-Lösung bei den pH-Werten a) 2,75, b) 3,75, c) 4,75 und d) 7,75 vor?

3. Bei welchem pH-Wert liegen Propionsäure und Propionat-Anion im Verhältnis a) 1 : 1, b) 1 : 2 bzw. c) 1 : 10 vor?

4. Wieviel % $^+H_3NCH_2COOH$ und H_2NCH_2COOH liegen bei a) pH = 3,5 und b) pH = 6 in einer $2{,}5 \cdot 10^{-3}$ M Glycin-Lösung vor?

5. Welche phosphorhaltigen Teilchen liegen in welchen Mengen in 0,06 M Phosphat-Lösungen bei a) pH = 11,5, b) pH = 8 und c) pH = 4 vor?

6. Geben Sie das lineare und das logarithmische pH-Diagramm für eine 10^{-2} M Citronensäure ($pK_{S1} = 3{,}13$; $pK_{S2} = 4{,}76$; $pK_{S3} = 6{,}40$) und ihre Protolyse-Produkte an.

7. Erstellen Sie die logarithmischen pH-Diagramme für a) 0,02 M HF, b) 0,05 M $(COOH)_2$ und c) 0,01 M H_3PO_4 und deren Protolyse-Produkte.

8. Leucin, $(CH_3)_2CHCH_2CH(NH_2)COOH$, besitzt die beiden pK_S-Werte $pK_{S1} = 2{,}36$, $pK_{S2} = 9{,}60$.
a) Welchen pH-Wert weist eine 0,1 M Leucin-Lösung am isoelektrischen Punkt auf?
b) In welchen Mengen liegen bei pH = 3 in einer 0,1 M Lösung Leucin und dessen protonierte bzw. deprotonierte Form vor?
c) Das lineare pH-Diagramm von Leucin ist zu erstellen.

9. In welchem pH-Wert-Bereich ist die $HN_2O_3^-$-Konzentration einer 0,1 M α-Oxihyponitrit-Lösung kleiner als 10^{-3} mol/l?

10. Erstellen Sie für Äthylendiamintetraessigsäure

$$\begin{matrix} HOOC-CH_2 \\ HOOC-CH_2 \end{matrix}\!\!>\!N-CH_2-CH_2-N\!<\!\!\begin{matrix} CH_2-COOH \\ CH_2-COOH \end{matrix}$$

(Abkürzung: H_4A) das lineare und logarithmische pH-Diagramm ($C = 0{,}1$ mol/l. $pK_{S1} = 2{,}0$; $pK_{S2} = 2{,}76$; $pK_{S3} = 6{,}16$; $pK_{S4} = 10{,}26$).

11. Ermitteln Sie für die folgenden 0,1 M Säuren und deren Protolyse-Produkte für die in Klammern angegebenen pH-Werte die Gleichgewichts-Konzentrationen exakt und näherungsweise.
a) HOAc (2; 4,75; 8)
b) $C_2H_2(COOH)_2$ (1; 1,24; 3,205; 4; 5,17; 10)
c) H_3PO_4 (1; 2,13; 4; 4,665; 7,20; 9,78; 10,5; 12,36; 13,5)

6 Protolysegrad

6.1 Protolysegrad einwertiger Säuren

Die Stärke eines Elektrolyten läßt sich mit dem *Dissoziationsgrad* α ausdrücken, dem Verhältnis der Anzahl der dissoziierten Teilchen zur Anzahl der Teilchen vor der Dissoziation. α kann nach dieser Definition nur Werte zwischen 0 und 1 annehmen. Für $\alpha = 0$ liegt ein Teilchen, das Molekül oder Ion sein kann, undissoziiert vor. $\alpha = 1$ bedeutet vollständige Dissoziation der Ausgangsverbindung in mehrere neutrale oder geladene Teilchen.

Betrachtet man insbesondere die Protolyse einer einwertigen Säure HA (die auch Kationen- oder Anionensäure sein kann),

$$HA + H_2O \rightleftharpoons A^- + H_3O^+, \tag{6.1}$$

so entspricht $c(A^-)$ der Anzahl der dissoziierten Moleküle. Die Anzahl der Moleküle HA vor der Dissoziation ist gleich der Gesamt-Konzentration C im Dissoziations-Gleichgewicht. Damit ergibt sich als Dissoziationsgrad α, der bei Säuren *Protolysegrad* genannt wird:

$$\alpha = \frac{c(A^-)}{C} = \frac{c(A^-)}{c(HA) + c(A^-)}\,. \tag{6.2}$$

α ist also gleich dem Basebruch [→ Gl. (5.7)] und genügt demzufolge den Bedingungen (5.11) bzw. (5.7),

$$\alpha = x(A^-) = \frac{1}{1 + 10^{-\delta}} = \frac{1}{1 + c(H_3O^+)/K_S}\,. \tag{6.3}$$

Aus dieser Beziehung läßt sich durch Umformen

$$pH = pK_S + \lg \frac{\alpha}{1 - \alpha} \tag{6.4}$$

gewinnen. Hieraus ist ersichtlich, daß α für eine bestimmte Säure ausschließlich vom pH-Wert der Lösung abhängt. Dieser wiederum ist für eine wäßrige Säure-Lösung bei bekanntem pK_S-Wert eine Funktion der Konzentration (→ Abb. 6.1). Die Gleichungen (6.3) oder (6.4) sind exakte Beziehungen zur Bestimmung des Protolysegrades, die aber für die praktische Berechnung von α-Werten etwas umständlich sind, da zuerst der pH-Wert einer vorgegebenen Lösung errechnet und dann α über Gl. (6.3) bestimmt werden muß.

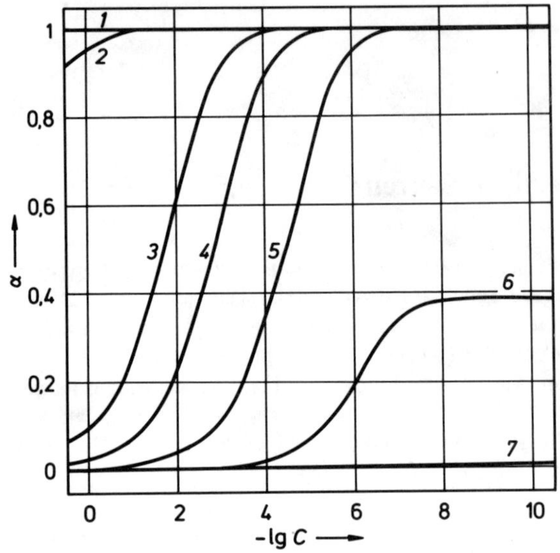

Abb. 6.1. Abhängigkeit des Protolysegrades α von der Konzentration verschieden starker Säuren.
1 HCl, *2* HNO_3, *3* $HClO_2$, *4* HF, *5* HOAc, *6* HClO, *7* HCN.

Die exakte Bestimmung des Dissoziationsgrades aus C und K_S ist über eine Gleichung dritten Grades in α möglich. Mit Hilfe von Gl. (3.5) ergibt sich für die Protonen-Bedingung [→Gl. (3.4)]

$$c(H_3O^+) = \frac{K_W}{c(H_3O^+)} + c(A^-) \,. \tag{6.5}$$

Drückt man die Protonen-Konzentration durch den sich aus Gl. (3.2) ergebenden Ausdruck aus, so erhält man nach Umformen

$$c^2(HA) \cdot K_S^2 = c^2(A^-) \cdot K_W + c^2(A^-) \cdot c(HA) \cdot K_S \,. \tag{6.6}$$

Substituiert man in dieser Beziehung die Gleichgewichts-Konzentration an undissoziierter Säure durch die Massen-Beziehung [→Gl. (3.3)],

$$c(HA) = C - c(A^-) \,, \tag{6.7}$$

und die Konzentration der A^--Ionen mit Hilfe von Gl. (6.2),

$$c(A^-) = \alpha \cdot C \,, \tag{6.8}$$

so ergibt sich schließlich eine Gleichung dritten Grades in α:

$$\alpha^3 \cdot CK_S + \alpha^2 \cdot (K_S^2 - CK_S - K_W) - \alpha \cdot 2K_S^2 + K_S^2 = 0 \,. \tag{6.9}$$

Die Säurekonstante errechnet sich aus dieser Beziehung zu

$$K_S = \frac{\alpha}{2(1-\alpha)} \cdot (\alpha \cdot C + \sqrt{\alpha^2 \cdot C^2 + 4K_W}) \,. \tag{6.10}$$

Im folgenden sollen die exakten α-, K_S- bzw. pK_S-Werte, also die über Gl. (6.9) bzw. (6.10) ermittelten, mit α^*, K_S^* und pK_S^* bezeichnet werden.

Eine Nullstelle der kubischen Gleichung (6.9) erlaubt bei gegebenen K_S- und C-Werten die Bestimmung von α^*. Für diesen Zusammenhang ist in Abb. 6.2 für Konzentrationen $C \leq 1$ mol/l eine Kurventafel dargestellt. Hieraus läßt sich der exakte Dissoziationsgrad α^* einer einwertigen Säure aus ihrem Säureexponenten über den Schnittpunkt mit der gewählten Konzentrationskurve auf der Abszisse ablesen.

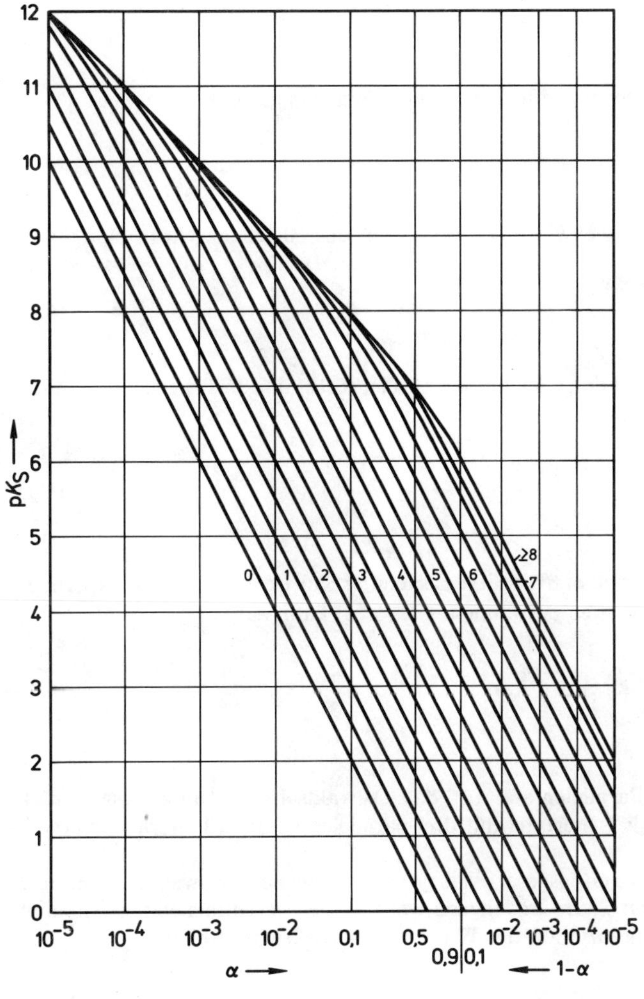

Abb. 6.2. Kurventafel zur graphischen Ermittlung des exakten α-Wertes einwertiger Säuren [berechnet nach Gl. (6.9)]. (Die Zahlen an den Kurven entsprechen $-\lg C$.)

6.2 Ostwaldsches Verdünnungsgesetz

Die Base-Konzentration der wäßrigen Lösung einer einwertigen Säure läßt sich gemäß Gl. (6.2) in der Form

$$c(A^-) = \alpha \cdot C \tag{6.11}$$

ausdrücken. Damit beträgt der Anteil der undissoziierten Moleküle

$$c(HA) = C - \alpha \cdot C = C \cdot (1 - \alpha)\,. \tag{6.12}$$

Unter Vernachlässigung der Eigendissoziation des Wassers gilt näherungsweise

$$c(H_3O^+) \approx c(A^-)\,. \tag{6.13}$$

Durch Anwendung des Massenwirkungsgesetzes auf das Gleichgewicht (6.1),

$$K_S = \frac{c(H_3O^+) \cdot c(A^-)}{c(HA)}, \tag{6.14}$$

und seine Verknüpfung mit den Gleichungen (6.11), (6.12) und (6.13) gelangt man zum *Ostwaldschen Verdünnungsgesetz* *)

$$K_S^{(0)} = C \cdot \frac{\alpha^2}{1 - \alpha}\,. \tag{6.15}$$

Für schwache Säuren kann man über diese Beziehung Säurekonstanten aus experimentell ermittelten Protolysegraden bestimmen. Gl. (6.15) kann zu

$$\alpha^{(0)} = \frac{1}{2C} \cdot \left(-K_S + \sqrt{K_S^2 + 4CK_S}\right) \tag{6.16}$$

umgeschrieben werden.

Abb. 6.3 zeigt eine Parallelentafel für das Ostwaldsche Verdünnungsgesetz. In Abb. 6.4 ist Gl. (6.15) als Leitertafel mit drei parallelen geraden Leitern wiedergegeben.

Das Ostwaldsche Verdünnungsgesetz versagt sowohl bei sehr schwachen Säuren als auch bei sehr verdünnten Säure-Lösungen, weil bei der vereinfachenden Annahme [→Gl. (6.13)] die Eigendissoziation des Wassers unberücksichtigt bleibt.

---

* Die nach dem Ostwaldschen Verdünnungsgesetz berechneten Werte tragen die Kennzeichnung $^{(0)}$.

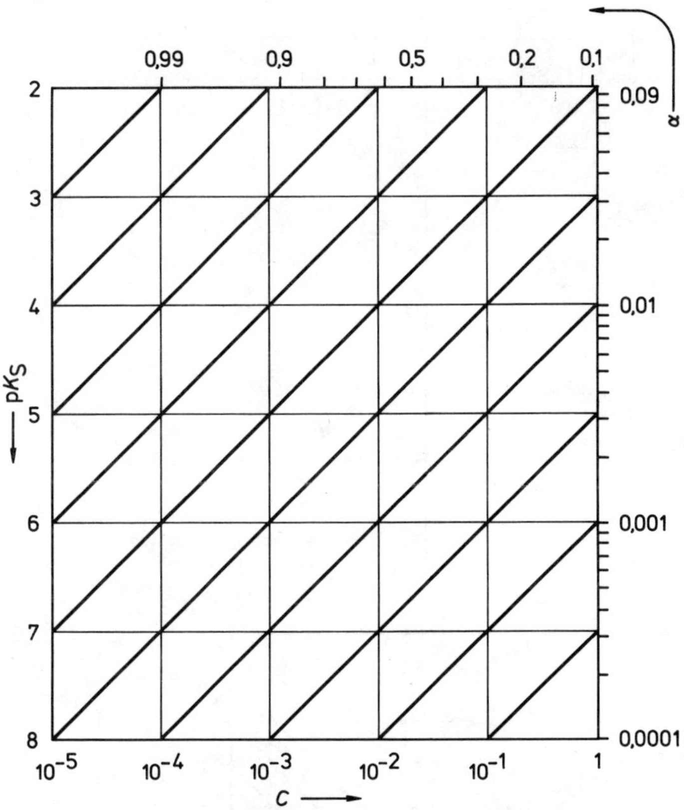

Abb. 6.3. Parallelentafel für das Ostwaldsche Verdünnungsgesetz.

In der Praxis bestimmt man die Säurekonstanten aus experimentell ermittelten Protolysegraden mit Hilfe des Ostwaldschen Verdünnungsgesetzes. Diese Vorgehensweise kann jedoch für den Bereich $\alpha \cdot C > 10^{-7}$ nur noch bedingt angewandt werden, weil die so ermittelten pK_S-Werte von den tatsächlichen mehr oder weniger stark abweichen. Diese Abweichungen, ΔpK_S, die sich bei Anwendung des Ostwaldschen Verdünnungsgesetzes [→Gl. (6.15)] auf die Berechnung der Dissoziationskonstanten ergeben und sich nach der Gleichung

$$\Delta pK_S = pK_S^* - pK_S^{(0)} \tag{6.17}$$

bestimmen lassen, sind in Abb. 6.5 gegen den Logarithmus der Konzentration in dem Intervall

$$10^{-6} \leq \alpha \leq 0{,}9$$

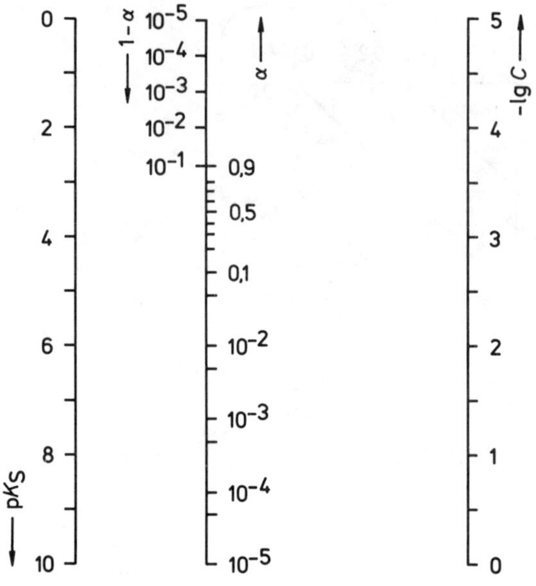

Abb. 6.4. Leitertafel mit drei parallelen geraden Leitern für das Ostwaldsche Verdünnungsgesetz.

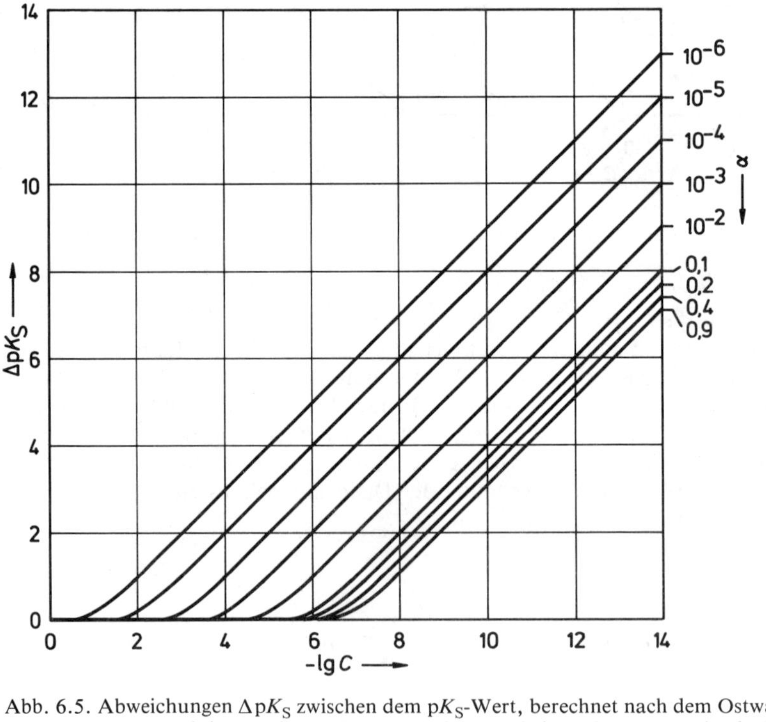

Abb. 6.5. Abweichungen ΔpK_S zwischen dem pK_S-Wert, berechnet nach dem Ostwaldschen Verdünnungsgesetz, und dem exakten pK_S-Wert [Gl. (6.9)] bei gegebenen α und $-\lg C$.

aufgetragen. Die Kurven für $\alpha > 0{,}9$ fallen mit derjenigen für $\alpha = 0{,}9$ zusammen. Offensichtlich ist die Größe der Abweichung sowohl von der Konzentration der Lösung als auch vom Dissoziationsgrad α abhängig.

Aus der Parallelenschar in Abb. 6.5 kann man unmittelbar eine Beziehung für ΔpK_S ableiten:

$$\Delta pK_S = \lg C + \lg \alpha + 7 \,. \tag{6.18}$$

ΔpK_S stellt also gemäß Gl. (6.18) einen Korrekturfaktor dar, mit dessen Hilfe es in dem oben schon erwähnten Gültigkeits-Bereich

$$\alpha \cdot C \leq 10^{-7} \tag{6.19}$$

möglich ist, zusammen mit dem Ostwaldschen Verdünnungsgesetz eine empirische Gleichung zur Berechnung der Säureexponenten aufzustellen:

$$pK_S^{(1)} = pK_S^{(0)} + \Delta pK_S = 7 - \lg \frac{\alpha}{1 - \alpha} \,. \tag{6.20}$$

Diese Formel läßt sich umstellen zu

$$\alpha^{(1)} = \frac{K_S}{K_S + 10^{-7}} \,. \tag{6.21}$$

6.3 Weitere Näherungs-Formeln für den Protolysegrad einwertiger Säuren

Neben dem Ostwaldschen Verdünnungsgesetz und der daraus abgeleiteten Näherung [→ Gl. (6.20)] lassen sich weitere Näherungs-Beziehungen zwischen dem Protolysegrad und der Säurekonstanten ableiten.

Unter der Annahme einer geringfügigen Dissoziation der Säure HA läßt sich die Massen-Beziehung [Gl. (3.3)] vereinfachen zu

$$C \approx c(\mathrm{HA}) \,. \tag{6.22}$$

Zusammen mit den Beziehungen (6.2), (6.5) und (6.14) erhält man

$$\alpha^{(2)} = \sqrt{\frac{K_S^2}{CK_S + K_W}} \tag{6.23}$$

oder für die Dissoziationskonstante

$$K_S^{(2)} = \frac{\alpha}{2} \cdot (\alpha \cdot C + \sqrt{\alpha^2 \cdot C^2 + 4K_W}) . \qquad (6.24)$$

Eine weitere Näherungsmethode berücksichtigt die Annahmen (6.13) und (6.22): Der Dissoziationsgrad ergibt sich dann mit den Gleichungen (6.2) und (6.14) zu

$$\alpha^{(3)} = \sqrt{\frac{K_S}{C}} . \qquad (6.25)$$

Daraus errechnet sich die Säurekonstante

$$K_S^{(3)} = \alpha^2 \cdot C . \qquad (6.26)$$

Die Abbildungen 6.6 bis 6.9 zeigen Kurventafeln für das Ostwaldsche Verdünnungsgesetz sowie für die drei Näherungen, aus denen die relativen Abweichungen

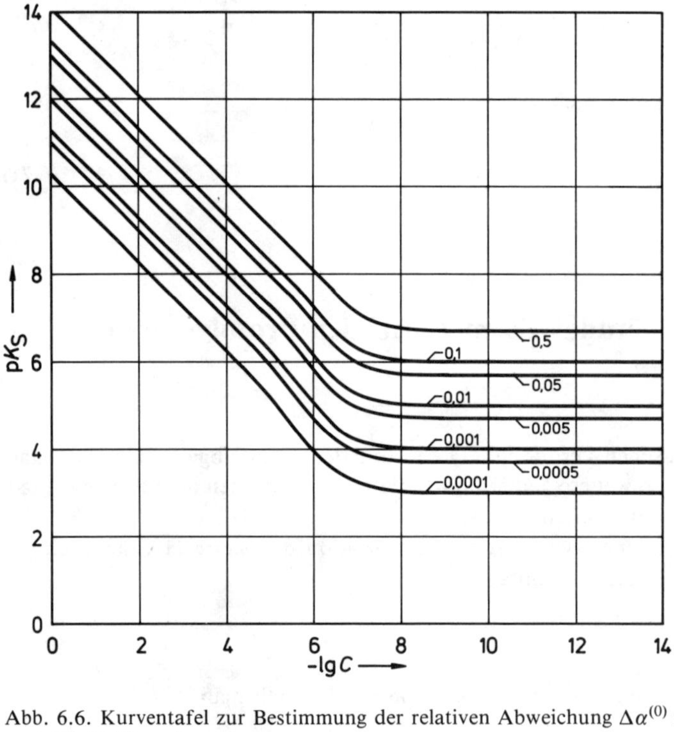

Abb. 6.6. Kurventafel zur Bestimmung der relativen Abweichung $\Delta\alpha^{(0)}$ zwischen α^* [berechnet nach Gl. (6.9)] und

$$\alpha^{(0)} = \frac{1}{2C} \cdot (-K_S + \sqrt{K_S^2 + 4CK_S}) .$$

(Die Zahlen an den jeweiligen Ablesekurven bezeichnen die relativen Abweichungen $\Delta\alpha^{(0)}$ vom exakten Dissoziationsgrad α^*.)

$$\Delta\alpha^{(i)} = \left|\frac{\alpha^* - \alpha^{(i)}}{\alpha^*}\right| \quad (i = 0, 1, 2, 3) \tag{6.27}$$

vom exakten Dissoziationsgrad α^* abgelesen werden können.

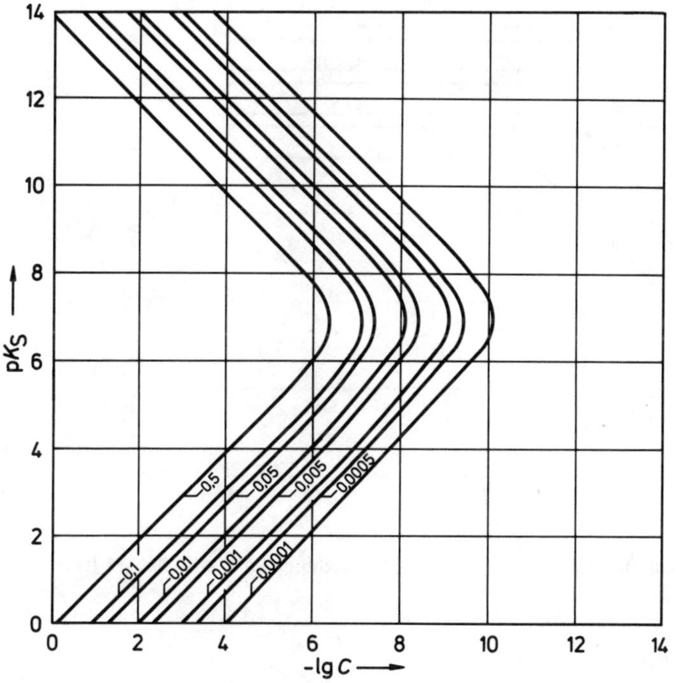

Abb. 6.7. Kurventafel zur Bestimmung der relativen Abweichung $\Delta\alpha^{(1)}$ zwischen α^* [berechnet nach Gl. (6.9)] und

$$\alpha^{(1)} = \frac{K_S}{K_S + 10^{-7}} .$$

(Die Zahlen an den jeweiligen Ablesekurven bezeichnen die relativen Abweichungen $\Delta\alpha^{(1)}$ vom exakten Dissoziationsgrad α^*.)

6.4 Protolysegrad *n*-wertiger Säuren

Für eine n-wertige Säure H_nA ist der Protolysegrad

$$\alpha = \frac{c(H_{n-1}A^-) + c(H_{n-2}A^{2-}) + \cdots + c(A^{n-})}{C} = \frac{\sum_{i=1}^{n} c(H_{n-i}A^{i-})}{\sum_{i=0}^{n} c(H_{n-i}A^{i-})} \tag{6.28}$$

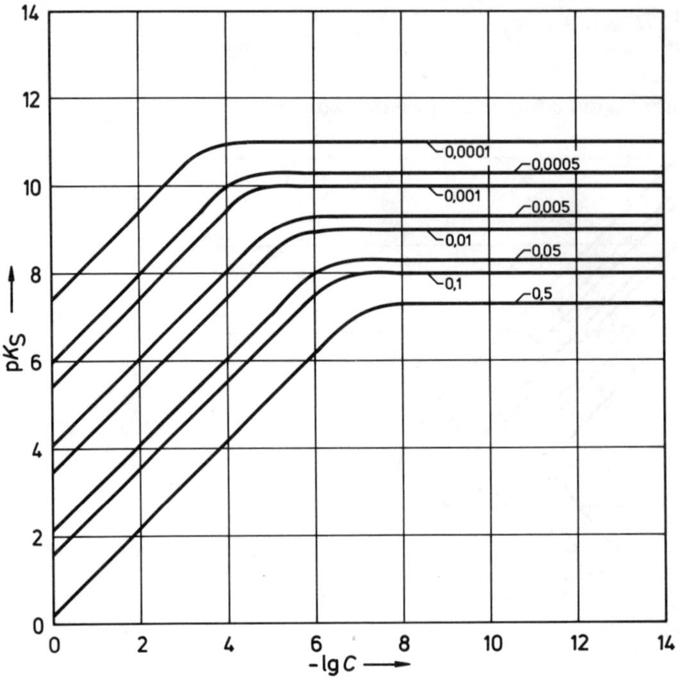

Abb. 6.8. Kurventafel zur Bestimmung der relativen Abweichung $\Delta\alpha^{(2)}$ zwischen α^* [berechnet nach Gl. (6.9)] und

$$\alpha^{(2)} = \sqrt{\frac{K_S^2}{CK_S + K_W}}\,.$$

(Die Zahlen an den jeweiligen Ablesekurven bezeichnen die relativen Abweichungen $\Delta\alpha^{(2)}$ vom exakten Dissoziationsgrad α^*.)

oder

$$\alpha = \sum_{i=1}^{n} x(H_{n-i}A^{i-})\,. \tag{6.29}$$

Da bei zwei- und mehrwertigen Säuren in fast allen Fällen praktisch nur der erste Protolyse-Schritt das Ausmaß der Protolyse bestimmt, läßt sich α für nahezu alle n-wertigen Neutralsäuren ($n = 2, 3, \ldots$) gut durch

$$\alpha = \frac{c(H_{n-1}A^-)}{C} = x(H_{n-1}A^-) \tag{6.30}$$

approximieren, so daß alle zuvor für einwertige Säuren abgeleiteten Näherungen entsprechend Verwendung finden können.

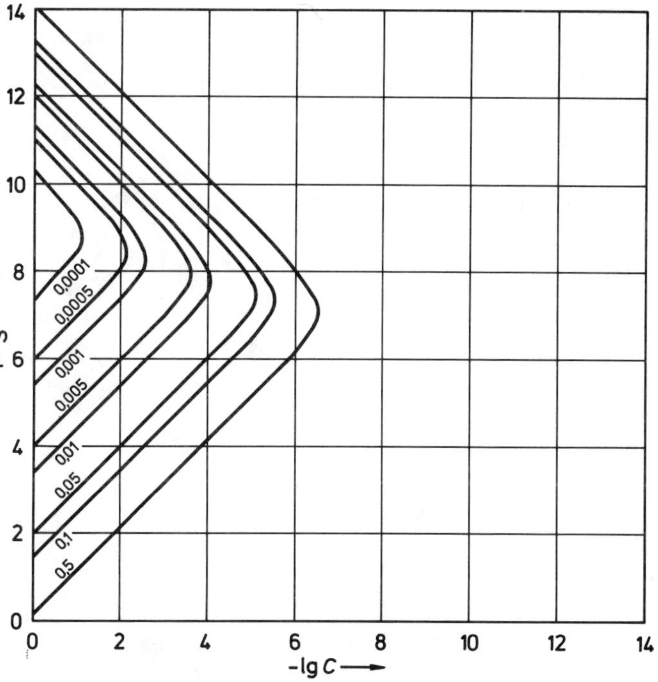

Abb. 6.9. Kurventafel zur Bestimmung der relativen Abweichung $\Delta\alpha^{(3)}$ zwischen α^* [berechnet nach Gl. (6.9)] und

$$\alpha^{(3)} = \sqrt{\frac{K_S}{C}}\,.$$

(Die Zahlen an den jeweiligen Ablesekurven bezeichnen die relativen Abweichungen $\Delta\alpha^{(3)}$ vom exakten Dissoziationsgrad α^*.)

Es soll hier auf die Ableitung von Formeln zur Berechnung von α für n-wertige Säuren verzichtet werden. Auch soll die Berechnung von α-Werten zur Dissoziation geladener Teilchen, insbesondere der Protolyse-Produkte $H_{n-i}A^{i-}$ ($i = 0, 1, \ldots, n - 1$) einer n-wertigen Säure H_nA, nicht weiter ausgeführt werden.

Es sei noch angemerkt, daß der exakte α-Wert einer H_nA enthaltenden Lösung jedoch bestimmt werden kann, indem man den pH-Wert der Säure-Lösung aus Gl. (3.35) errechnet, hieraus über Gl. (5.32) die Summanden $c(H_{n-i}A^{i-})$ bestimmt und in Gl. (6.28) einsetzt. Für einige Phosphorsäure-Konzentrationen sind die Ergebnisse dieser Rechnung in Tab. 6.1 zusammengestellt. Offensichtlich ist der Protolysegrad α dem ersten Basebruch $x(H_2PO_4^-)$ der Phosphorsäure nahezu gleich.

Der erste Basebruch ist also erwartungsgemäß sehr viel größer als der zweite oder dritte. Gl. (6.30) stellt demzufolge eine gute Näherung für α dar.

Tab. 6.1. Protolysegrade verschieden konzentrierter H_3PO_4-Lösungen.

C	$c(H_3O^+)$ [→Gl. (3.35) für n = 3]	pH	$x(H_2PO_4^-)$ [→Gl. (5.32) für n = 3]	$x(HPO_4^{2-})$	$x(PO_4^{3-})$	α [→Gl. (6.28)]
10^{-1}	$2{,}377 \cdot 10^{-2}$	1,624	0,238	$6{,}310 \cdot 10^{-7}$	$1{,}159 \cdot 10^{-17}$	0,238
10^{-2}	$5{,}662 \cdot 10^{-3}$	2,247	0,567	$6{,}309 \cdot 10^{-6}$	$4{,}860 \cdot 10^{-16}$	0,567
10^{-3}	$8{,}933 \cdot 10^{-4}$	3,049	0,893	$6{,}309 \cdot 10^{-5}$	$3{,}085 \cdot 10^{-14}$	0,893
10^{-4}	$9{,}886 \cdot 10^{-5}$	4,005	0,986	$6{,}302 \cdot 10^{-4}$	$2{,}786 \cdot 10^{-12}$	0,987
10^{-5}	$1{,}005 \cdot 10^{-5}$	4,998	0,992	$6{,}231 \cdot 10^{-3}$	$2{,}706 \cdot 10^{-10}$	0,999

Aufgaben

1. Berechnen Sie die exakten Protolysegrade für eine
a) 0,2 M Phenol-Lösung (pK_S = 9,95),
b) 0,03 M Bernsteinsäure-Lösung (pK_{S1} = 4,13; pK_{S2} = 5,35),
c) 0,08 M Nitrilotriessigsäure-Lösung (pK_{S1} = 1,65; pK_{S2} = 2,94; pK_{S3} = 10,33).

2. Mit Hilfe der Abbildungen 6.6 bis 6.9 ist eine geeignete Näherung auszuwählen, um den Protolysegrad einer 0,07 M *p*-Brombenzoesäure-Lösung zu berechnen.

3. Wie groß sind die relativen Fehler bei der Berechnung des Dissoziationsgrades, wenn für
a) 0,2 M $HClO_2$,
b) $4{,}5 \cdot 10^{-2}$ M C_6H_5COOH,
c) $4 \cdot 10^{-3}$ M HCN
die vier Näherungs-Verfahren [Gleichungen (6.16), (6.21), (6.23) und (6.25)] angewandt werden? Man schätze die Fehler mit Hilfe der Abbildungen 6.6 bis 6.9 ab.

4. Mit Hilfe von Abb. 6.2 ist
a) der pK_S-Wert einer 10^{-3} M Säure-Lösung mit $\alpha = 5 \cdot 10^{-3}$,
b) der Protolysegrad α einer 0,025 M *p*-Methylbenzoesäure-Lösung zu bestimmen.

7 Titrationskurven

Unter *Titration* versteht man den Vorgang der Bestimmung einer Substanz A durch allmähliches Hinzufügen einer Substanz B in bekannten Portionen, wobei derjenige Punkt erkennbar sein muß, an dem die gesamte Menge der Substanz A reagiert hat. Man kann somit die ursprüngliche Menge der Substanz A aus der bekannten bis zu diesem Punkt zugesetzten Menge der Substanz B berechnen, wenn das Reaktionsverhältnis zwischen A und B bekannt ist.

Insbesondere sind *Säure-Base-Titrationen* solche Titrationen, bei denen die Übertragung von Protonen von einem Reaktionspartner zum andern in einer Lösung erfolgt. Im wäßrigen System ist die Grundreaktion aller Säure-Base-Titrationen die *Neutralisation*

$$H_3O^+ + OH^- \rightleftharpoons 2\,H_2O\,. \tag{7.1}$$

In den nachfolgenden Betrachtungen über Titrationskurven soll in den ersten Abschnitten angenommen werden, daß während der Titration das Volumen des Systems, bestehend aus Wasser, Säuren und Basen, unverändert bleibt. Erst am Ende des Kapitels wird gezeigt, wie in alle Formeln Volumenänderungen einbezogen werden können. Die in diesem Kapitel abgeleiteten Gleichungen erlauben die Berechnung der Titrationskurven von Säuren beliebiger Wertigkeit und Stärke mit beliebigen Basen.

Es sollen hier nur Titrationskurven von Säuren mit Basen als Titrationsmittel betrachtet werden, da der umgekehrte Fall ohne Schwierigkeiten rechnerisch gelöst werden kann, wenn in den folgenden Beziehungen pH durch pOH, $c(H_3O^+)$ durch $c(OH^-)$, K_S durch K_B und Base- durch Säure-Zusatz ersetzt werden.

7.1 Titrationskurven einwertiger Säuren mit einwertigen Basen

7.1.1 Grundbegriffe

Gegeben sei eine einwertige Säure HA*) und die Säure-Reaktion

$$HA + H_2O \rightleftharpoons H_3O^+ + A^-\,. \tag{7.2}$$

---

* Setzt man anstelle der Neutralsäure HA eine einwertige Kationen- oder Anionensäure, behalten die nachstehenden Rechnungen ihre Gültigkeit, da die Ladungen der beteiligten Teilchen nicht in sie eingehen.

Diese saure Lösung mit einer Base titrieren bedeutet also, einem solchen Gleichgewicht durch Hinzufügen einer Base gemäß Gl. (7.1) unter Bildung von Wasser Protonen zu entziehen. Je nach zugegebener Menge an Hydroxid-Ionen wird sich der pH-Wert der vorgelegten sauren Lösung mehr oder weniger verändern. Wird nun die Zugabe der Base quantitativ erfaßt und der sich jeweils einstellende pH-Wert in Abhängigkeit von der Base-Zugabe verfolgt, kann man die in der sauren Lösung ursprünglich vorhandene Säuremenge bestimmen. Die graphische Darstellung der Abhängigkeit des pH-Werts von der Zugabe an Titrationsmittel nennt man *Titrationskurve (Neutralisations-Kurve)*. Mit dem pH-Wert der Lösung ändern sich während der Titration die Konzentrationen an freier Säure HA und an korrespondierender Base A^-. Da die Massen-Beziehung

$$C(\mathrm{HA}) = c(\mathrm{HA}) + c(\mathrm{A}^-) \tag{7.3}$$

auch während der Titration gelten muß, wird sich der Quotient $c(\mathrm{HA})/c(\mathrm{A}^-)$ zwar verändern, die Gesamt-Konzentration $C(\mathrm{HA})$ bleibt jedoch konstant.

Es gibt mehrere Möglichkeiten, Titrationen zu berechnen und graphisch wiederzugeben. Eine Methode besteht darin, den pH-Wert der Lösung in Abhängigkeit vom Volumen an zugegebener Base aufzutragen. Diese Darstellung hat den Nachteil, daß die Kurven, je nach Konzentrationen der vorgelegten Säuren und Titrationsmittel, verschiedene Formen annehmen können. Dies kann man durch *Normierung* der Titrationskurven umgehen. Dazu definiert man mit

$$\tau = \frac{C(\mathrm{B})}{C(\mathrm{HA})} = \frac{C(\mathrm{B})}{c(\mathrm{HA}) + c(\mathrm{A}^-)} \tag{7.4}$$

den dimensionslosen *Titrationsgrad*. $C(\mathrm{B})$ soll dabei für die Konzentration an zugegebener Base stehen, $C(\mathrm{HA})$ ist die Gesamt-Konzentration der vorgelegten Säure gemäß Gl. (7.3). Trägt man nun den pH-Wert als Funktion von τ [oder $C(\mathrm{B})$] auf, dann entspricht $\tau = C(\mathrm{B}) = 0$ immer dem Beginn der Titration, bei dem noch keine Base zugegeben wurde. Bei $\tau = 1$ liegt definitionsgemäß der *Äquivalenzpunkt* der Titrationskurve oder der *Endpunkt* der Titration vor. Der *Äquivalenzpunkt* ist also derjenige Punkt der Titrationskurve, an dem die Gesamt-Konzentration an Säure mit einer äquivalenten Menge an Base umgesetzt wurde. Für diesen 100%igen Umsatz der Säure muß dann die gleiche Gesamt-Konzentration an Base zugegeben worden sein,

$$C(\mathrm{B}) = C(\mathrm{HA}).$$

Es sei schon an dieser Stelle darauf hingewiesen, daß zwar bei einwertigen Säuren der *Äquivalenzpunkt* der Titrationskurve und der *Endpunkt* der Titration identisch sind. Für eine *n*-wertige Säure ($n > 1$) jedoch soll der Titrationskurven-Punkt mit $\tau = n$ der *Endpunkt* der Titration sein. *Äquivalenzpunkte* hingegen sind alle Punkte einer Titrationskurve mit $\tau = 1, 2, \ldots, n$. Beispielsweise sind in Abb. 7.20 für eine zweiwertige Säure die Äquivalenzpunkte $\ddot{A}_1$ und $\ddot{A}_2$ ($\tau = 1, 2$) eingezeichnet. $\ddot{A}_2$ entspricht dem Endpunkt der Titration.

Ein Vorteil der Rechnungen mit τ ist es, daß man nur die Konzentration der zu titrierenden Säure angeben muß: Die Base-Konzentration für die in diesem Abschnitt behandelte Art von Titrationskurven ist damit vorgegeben, da τ ein Konzentrations-Verhältnis ist und Verdünnung (wie vereinbart) ja nicht stattfinden soll.

Im allgemeinen ist es üblich, τ oder $C(\mathrm{B})$ auf der Abszisse und den pH-Wert auf der Ordinate eines kartesischen Koordinatensystems aufzutragen. Man sollte also versuchen, den pH-Wert oder $c(H_3O^+)$ als Funktion von τ auszudrücken. Dies ist zwar prinzipiell möglich, führt aber zu weniger übersichtlichen Ausdrücken. Vorteilhafter ist es, wenn man umgekehrt den pH-Wert bzw. $c(H_3O^+)$ variiert und τ [bzw. $C(\mathrm{B})$] als unabhängige Variable wählt. Anstelle von τ wird auch manchmal auf der Abszisse der *prozentuale Umsatz* aufgetragen; 0% bzw. 100% Umsatz entsprechen dann $\tau = 0$ bzw. $\tau = 1$ (→Abb. 7.23).

Es kann bei den in den folgenden Abschnitten abgeleiteten Gleichungen vorkommen, daß die Vorgabe von zu niedrigen pH- bzw. zu großen $c(H_3O^+)$-Werten negative Titrationsgrade ergibt. Solche (pH, τ)-Wertepaare gehören natürlich nicht zur Titrationskurve, die ja erst mit $\tau = 0$ beginnt.

7.1.2 Titration einwertiger Säuren mit sehr starken Basen

Eine einwertige Säure HA soll mit einer sehr starken einwertigen Base, z. B. NaOH, titriert werden. Die Gleichung

$$\underset{A^-}{H_3O^+} + \underset{Na^+}{OH^-} \rightleftharpoons \underset{Na^+,\,A^-}{2\,H_2O} \tag{7.5}$$

beschreibt diesen Titrier-Vorgang. Für die Konzentration $C(\mathrm{NaOH})$, die im Verlauf der Titration variiert wird, gilt

$$C(\mathrm{NaOH}) = c(\mathrm{Na^+}). \tag{7.6}$$

Die Protonen-Bedingung verlangt, daß zu jedem Zeitpunkt der Titration

$$c(H_3O^+) = c(OH^-) + c(A^-) - c(Na^+) \tag{7.7}$$

erfüllt ist. Also ergibt sich

$$\tau = \frac{C(\mathrm{NaOH})}{C(\mathrm{HA})} = \frac{c(OH^-) - c(H_3O^+)}{C(\mathrm{HA})} + \frac{c(A^-)}{C(\mathrm{HA})}\,. \tag{7.8}$$

Diese Gleichung kann mit

$$K_S = \frac{c(H_3O^+)\cdot c(A^-)}{c(\mathrm{HA})} \tag{7.9}$$

und Gl. (7.3) umgeformt werden zu

$$\tau = \frac{c(OH^-) - c(H_3O^+)}{C(HA)} + \frac{1}{1 + c(H_3O^+)/K_S} . \quad (7.10)$$

Der erste Summand,

$$q(HA) = \frac{c(OH^-) - c(H_3O^+)}{C(HA)} , \quad (7.11)$$

beschreibt das Verhalten des Lösungsmittels Wasser; er hängt nur von der vorgegebenen Konzentration $C(HA)$, nicht jedoch von K_S ab. Der zweite Summand

$$x(A^-) = \frac{1}{1 + c(H_3O^+)/K_S} \quad (7.12)$$

ist der Basebruch, wie er in linearen pH-Diagrammen aufgetragen wird [→ Gl. (5.7)]. Er gibt in Abhängigkeit vom pH-Wert der Lösung bei gegebener Säurestärke an, wieviele A^--Ionen vorliegen. In Tab. 7.1 sind für drei verschieden starke Säuren gleicher Konzentration $C(HA)$ für einige pH-Werte Zahlenwerte für $q(HA)$ und $x(A^-)$ angegeben.

Tab. 7.1. $q(HA)$ und $x(A^-)$ für Salzsäure, Essigsäure und Ammoniak (C = 0,01 mol/l).

pH	$q(HCl)$	$x(Cl^-)$	$q(HOAc)$	$x(OAc^-)$	$q(NH_4^+)$	$x(NH_3)$
0	-100	$9{,}999 \cdot 10^{-1}$	-100	$1{,}778 \cdot 10^{-5}$	-100	$5{,}623 \cdot 10^{-10}$
1	-10	1	-10	$1{,}778 \cdot 10^{-4}$	-10	$5{,}623 \cdot 10^{-9}$
2	-1	1	-1	$1{,}775 \cdot 10^{-3}$	-1	$5{,}623 \cdot 10^{-8}$
3	-10^{-1}	1	-10^{-1}	$1{,}747 \cdot 10^{-2}$	-10^{-1}	$5{,}623 \cdot 10^{-7}$
4	-10^{-2}	1	-10^{-2}	$1{,}510 \cdot 10^{-1}$	-10^{-2}	$5{,}623 \cdot 10^{-6}$
5	$-9{,}999 \cdot 10^{-4}$	1	$-9{,}999 \cdot 10^{-4}$	$6{,}401 \cdot 10^{-1}$	$-9{,}999 \cdot 10^{-4}$	$5{,}623 \cdot 10^{-5}$
6	$-9{,}900 \cdot 10^{-5}$	1	$-9{,}900 \cdot 10^{-5}$	$9{,}468 \cdot 10^{-1}$	$-9{,}900 \cdot 10^{-5}$	$5{,}620 \cdot 10^{-4}$
7	0	1	0	$9{,}944 \cdot 10^{-1}$	0	$5{,}592 \cdot 10^{-3}$
8	$9{,}900 \cdot 10^{-5}$	1	$9{,}900 \cdot 10^{-5}$	$9{,}994 \cdot 10^{-1}$	$9{,}900 \cdot 10^{-5}$	$5{,}324 \cdot 10^{-2}$
9	$9{,}999 \cdot 10^{-4}$	1	$9{,}999 \cdot 10^{-4}$	$9{,}999 \cdot 10^{-1}$	$9{,}999 \cdot 10^{-4}$	$3{,}599 \cdot 10^{-1}$
10	10^{-2}	1	10^{-2}	1	10^{-2}	$8{,}490 \cdot 10^{-1}$
11	10^{-1}	1	10^{-1}	1	10^{-1}	$9{,}825 \cdot 10^{-1}$
12	1	1	1	1	1	$9{,}982 \cdot 10^{-1}$
13	10	1	10	1	10	$9{,}998 \cdot 10^{-1}$
14	100	1	100	1	100	1

Der Titrationsgrad ist also als Summe von zwei Funktionswerten darstellbar:

$$\tau = q(HA) + x(A^-) . \quad (7.13)$$

Dies ist die Grundlage für eine Methode, Titrationskurven beliebiger einwertiger Säuren mit sehr starker Base punktweise zu konstruieren. In Abb. 7.1 **a** ist für eine Säure mit $pK_S = 4$ das lineare pH-Diagramm dargestellt. Abb. 7.1 **b** zeigt für $C(HA) = 0{,}1$ die Funktion $q(HA)$ in Abhängigkeit vom pH-Wert. In Abb. 7.1 **c** sieht man am Beispiel zweier Stellen, wie sich mit Hilfe dieser beiden Teilkurven die gesuchte Titrationskurve zusammensetzen läßt.

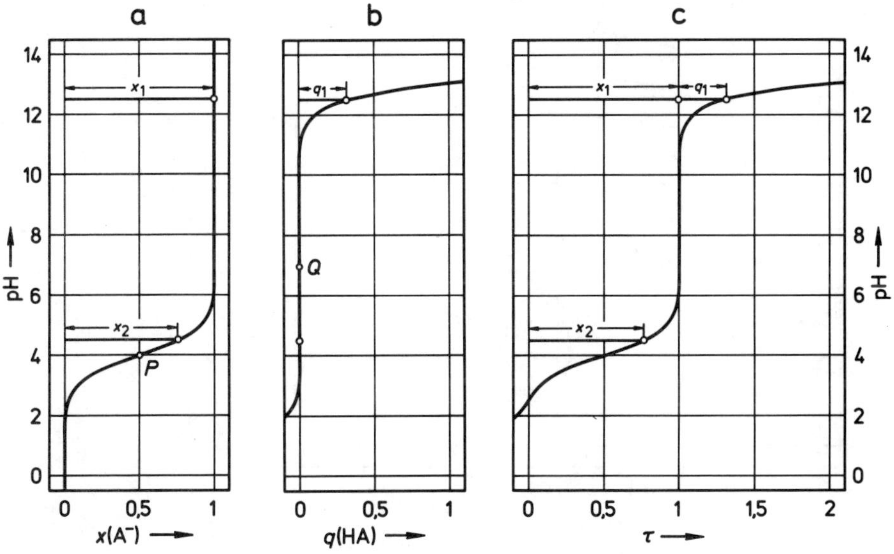

Abb. 7.1. Konstruktion einer Titrationskurve (**c**) aus

a $x(A^-) = \dfrac{K_S}{c(H_3O^+) + K_S}$ mit $K_S = 10^{-4}$ und

b $q(HA) = \dfrac{c(OH^-) - c(H_3O^+)}{C(HA)}$ mit $C(HA) = 0{,}1$.

Der von $C(HA)$ und dem pH-Wert abhängige Term (7.11) ist in Abb. 7.2 für verschiedene Konzentrationen an HA als Funktion des pH-Werts dargestellt.

Abb. 7.3 zeigt $x(A^-)$ [→Gl. (7.12)] für verschiedene pK_S-Werte als Funktion des pH-Werts.

Will man also die Titrationskurven von einwertigen Säuren mit sehr starken Basen konstruieren, braucht man zum einen nur die $x(A^-)$ darstellende Kurve für den entsprechenden pK_S-Wert beispielsweise mit Hilfe von Abb. 7.3 zu zeichnen. (Es sei daran erinnert, daß die Wendepunkte P der $x(A^-)$ darstellenden Kurven gerade an der Stelle $pH = pK_S$ liegen müssen.) Zum andern liefert die $q(HA)$ darstellende zweite Kurve für eine bestimmte Ausgangs-Konzentration $C(HA)$ den anderen Summanden von Gl. (7.13). (Q liegt immer an der Stelle $pH = 7$.) Die Summe der durch diese beiden Teilkurven gegebenen x- und q-Werte liefert schließlich den Kurvenpunkt der Titrationskurve.

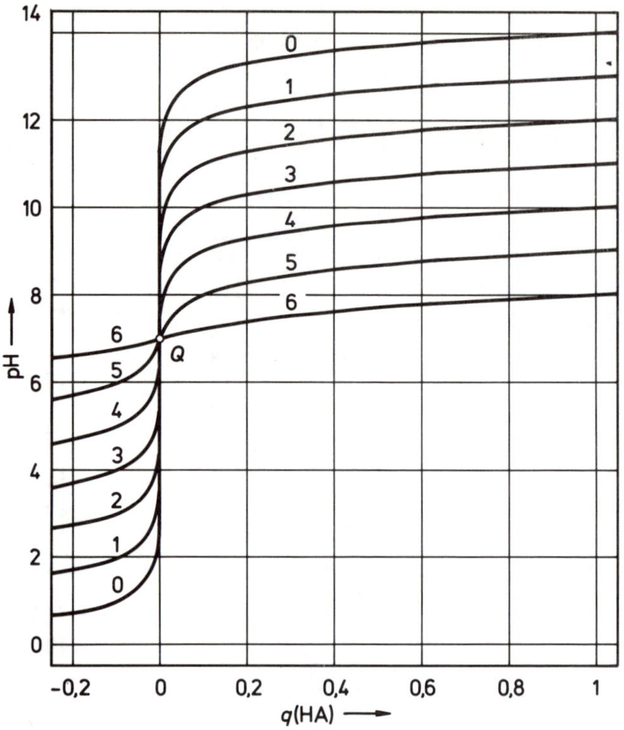

Abb. 7.2. Abhängigkeit von

$$q(\mathrm{HA}) = \frac{c(\mathrm{OH}^-) - c(\mathrm{H_3O^+})}{C(\mathrm{HA})}$$

vom pH-Wert. (Die Zahlen an den Kurven bezeichnen $-\lg C$.)

Aus Abb. 7.1 und 7.4 kann man erkennen, warum sehr starke und schwache bzw. mittelstarke Säuren verschiedenartige Titrationskurven besitzen. Daß man sehr starke Säuren anhand ihrer Titrationskurven selbst bei unterschiedlichen Säurekonstanten nicht unterscheiden kann (nivellierender Effekt des Wassers), geht aus dieser Abbildung ebenfalls hervor: Der $\mathrm{p}K_\mathrm{S}$-Wert legt die Höhe der in ihrer Form stets gleichen Kurven für $x(\mathrm{A}^-)$ fest; bei sehr starken Säuren jedoch werden die Punkte des pH-$x(\mathrm{A}^-)$-Diagramms zur Konstruktion der Titrationskurve im Bereich $\tau \geq 0$ nicht benötigt.

Als ein einfaches Hilfsmittel zur Konstruktion der Titrationskurven von Säuren mit sehr starken Basen lassen sich die logarithmischen pH-Diagramme heranziehen. Einige *charakteristische Punkte* dieser Diagramme, die Äquivalenz- und Pufferschwerpunkte (→Abschn. 8.1), die bei vielen Titrationskurven bei $\tau \approx 1$ und $\tau \approx 0{,}5$ liegen, und die

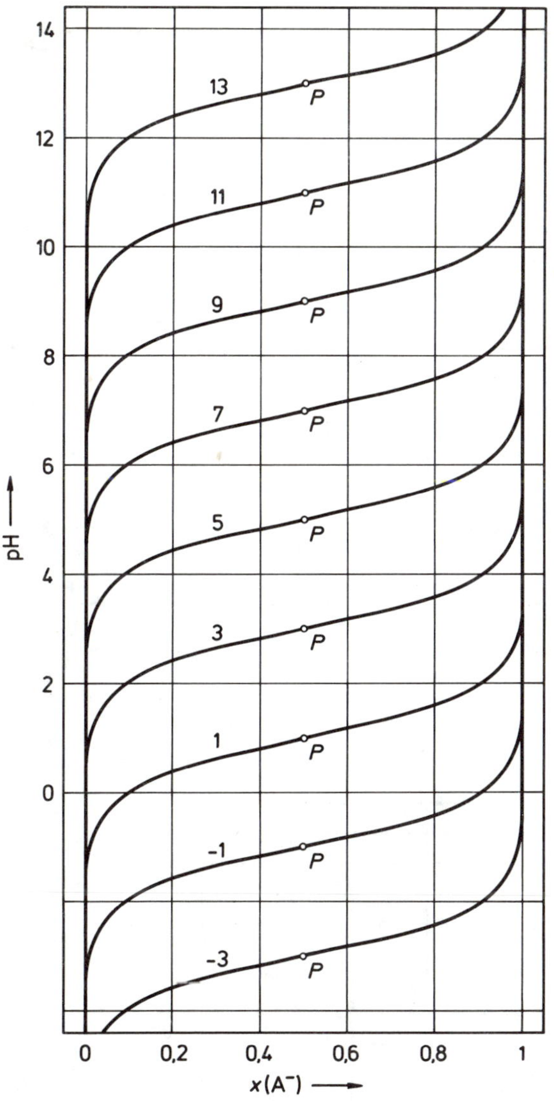

Abb. 7.3. Abhängigkeit von

$$x(A^-) = \frac{1}{1 + c(H_3O^+)/K_S}$$

vom pH-Wert. (Die pK_S-Werte stehen an den zugehörigen Kurven.)

pH-Werte für $\tau = 0$ und $\tau = 2$ sind als Schnittpunkte von Diagonalen mit den c(HA) und $c(A^-)$ darstellenden Hyperbelästen schnell zu bestimmen. In den Abbildungen 7.5 und 7.6 ist für eine sehr starke und eine schwache Säure gezeigt, wie deren Titrationskurven mit den logarithmischen pH-Diagrammen zusammenhängen und wie man die charakteristischen Punkte von Titrationskurven auf graphischem Weg aus den logarithmischen pH-Diagrammen übernehmen kann.

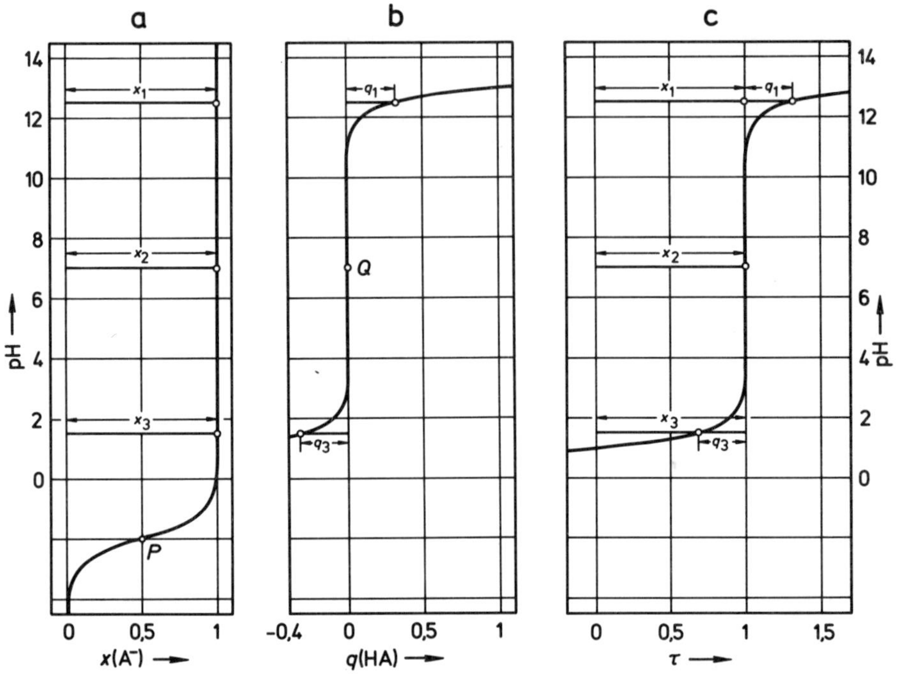

Abb. 7.4. Titrationskurve einer sehr starken einwertigen Säure mit einer sehr starken einwertigen Base, punktweise durch Addition von $x(A^-)$ und $q(HA)$ ermittelt [$C(HA) = 0{,}1$].

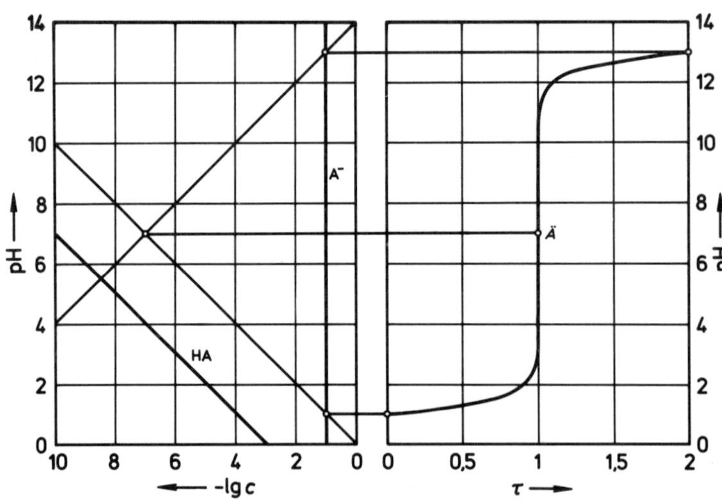

Abb. 7.5. Zusammenhang zwischen dem logarithmischen pH-Diagramm und der Titrationskurve einer sehr starken 0,1 M Säure ($pK_S = -2$) mit einer sehr starken Base.

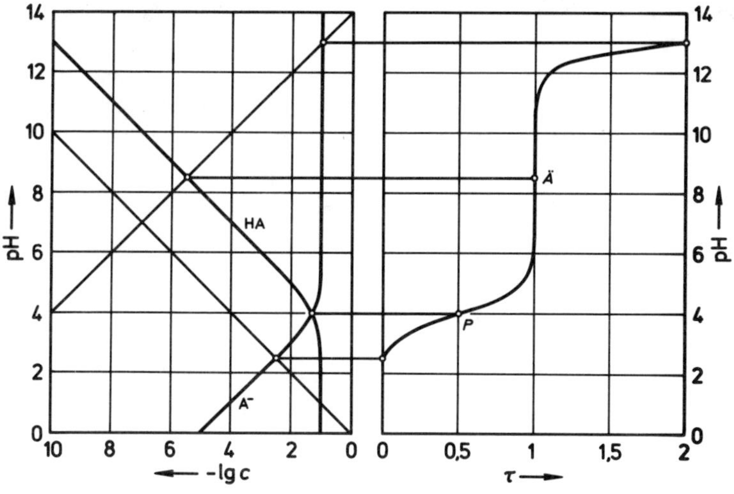

Abb. 7.6. Zusammenhang zwischen dem logarithmischen pH-Diagramm und der Titrationskurve einer schwachen 0,1 M Säure ($pK_S = 4$) mit sehr starker Base.

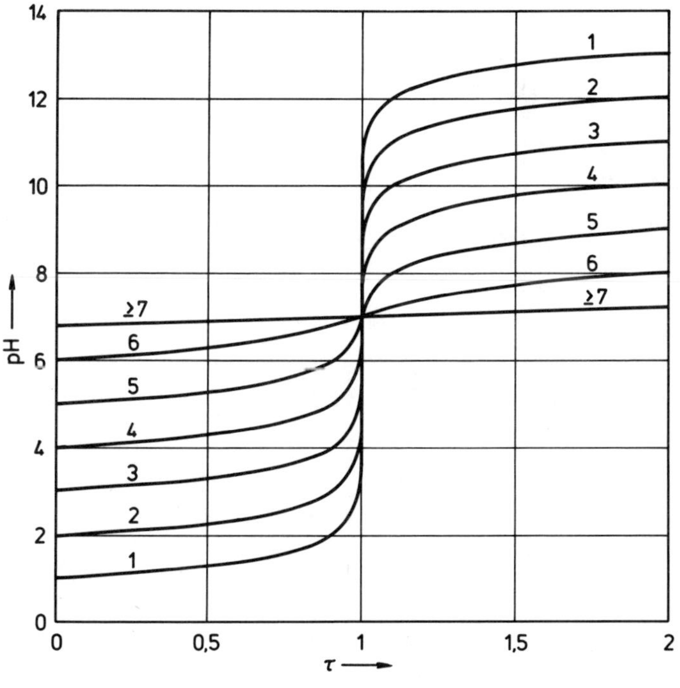

Abb. 7.7. Titrationskurven verschieden konzentrierter sehr starker Säuren mit sehr starker Base. (Die Zahlen an den Kurven entsprechen $-\lg C$.)

7.1.3 Wendepunkte von Titrationskurven einwertiger Säuren

Titrationskurven von einwertigen Säuren mit sehr starken Basen verändern ihr Aussehen in Abhängigkeit von der Ausgangs-Konzentration der zu titrierenden Säure. In den Abbildungen 7.7 bis 7.9 sind mehrere Titrationskurven verschieden starker einwertiger Säuren unterschiedlicher Konzentration wiedergegeben.

Die Titrationskurven sehr starker einwertiger Säuren mit sehr starker Base verlaufen symmetrisch zum Kurvenpunkt mit den Koordinaten $\tau = 1$ und pH $= 7$.

Bei schwachen Säuren mit Säureexponenten $pK_S \leq 7$ gibt es nur bei höheren Konzentrationen in der Nähe von $\tau = 0{,}5$ noch einen Wendepunkt. Für Konzentrationen $C \geq 10^{-6}$ liegt ein Kurvenwendepunkt offensichtlich sehr dicht bei $\tau = 1$ (→ Abb. 7.8).

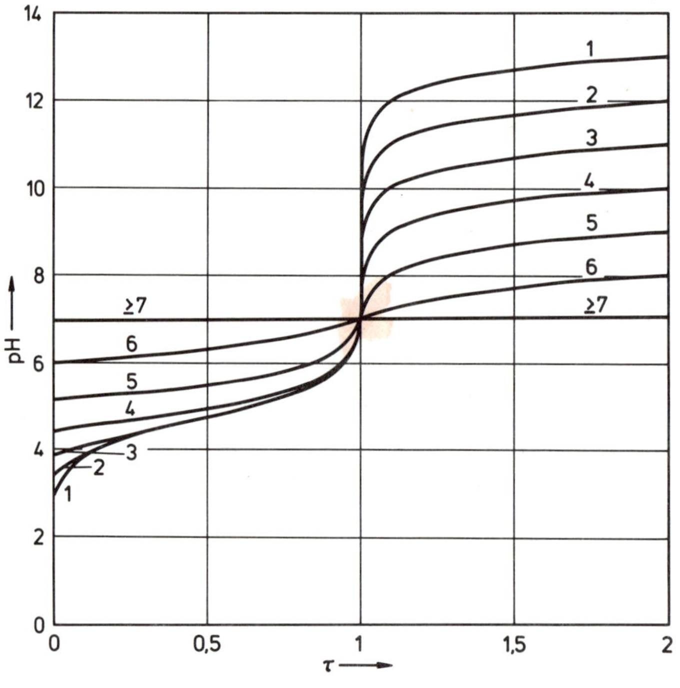

Abb. 7.8. Titrationskurven verschieden konzentrierter HOAc-Lösungen mit sehr starker Base. (Die Zahlen an den Kurven entsprechen $-\lg C$.)

Die Titrationskurven sehr schwacher Säuren mit sehr starker Base weisen nur für konzentrierte Säure-Lösungen ($C \geq 10^{-2}$) zwei Kurvenwendepunkte auf. Beim Übergang zu niedrigeren Konzentrationen sind weder um $\tau = 0{,}5$ noch um $\tau = 1$ Wendepunkte zu erkennen (→ Abb. 7.9).

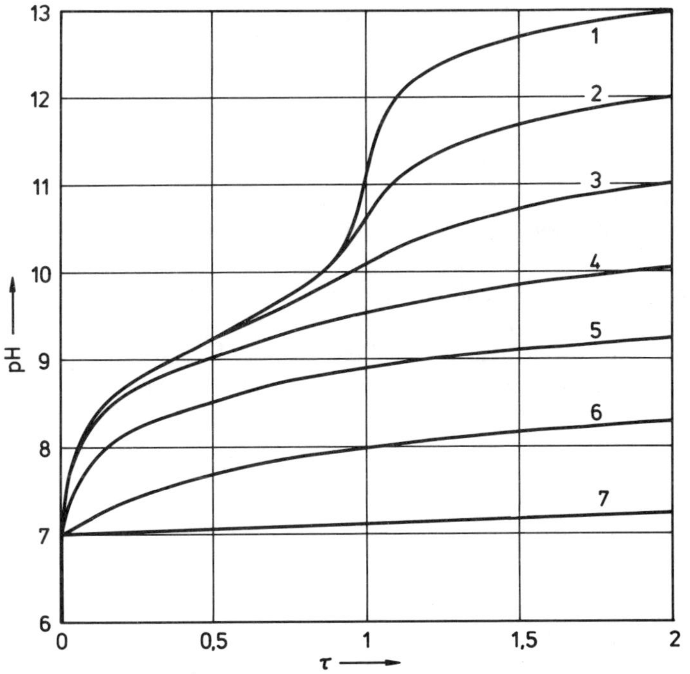

Abb. 7.9. Titrationskurven verschieden konzentrierter NH_4^+-Lösungen mit sehr starker Base. (Die Zahlen an den Kurven entsprechen $-\lg C$.)

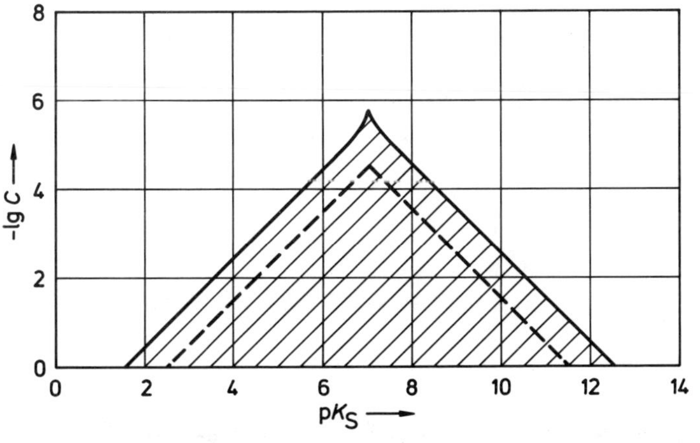

Abb. 7.10. Bedingungen für das Auftreten von Wendepunkten (Pufferschwerpunkten) bei Titrationskurven einwertiger Säuren mit sehr starker Base für τ zwischen 0,3 und 0,7 (schraffierte Fläche). Im Innern des durch – – – gekennzeichneten Dreiecks liegen Wendepunkte der Titrationskurve zwischen $\tau = 0{,}49$ und $\tau = 0{,}51$.

In Abb. 7.10 ist derjenige $-\lg C$-pK_S-Werte-Bereich schraffiert, in dem bei Titrationskurven einwertiger Säuren mit sehr starker Base für

$$0{,}3 \leq \tau \leq 0{,}7$$

Kurvenwendepunkte auftreten. Es handelt sich also um solche Punkte, bei denen die Steigungen der Titrationskurven relative Minima besitzen. Innerhalb des schraffierten Bereichs ist ein weiterer dreieckiger Bereich hervorgehoben, in dem die Kurvenwendepunkte zwischen $\tau = 0{,}49$ und $\tau = 0{,}51$ liegen.

Abb. 7.11 zeigt die Bedingungen für Säureexponenten und Konzentrationen einwertiger Säuren, unter denen nahe bei $\tau = 1$ Stellen mit maximaler Steigung auftreten, die Titrationskurven also Wendepunkte besitzen. Man erkennt, daß insbesondere für alle Säuren mit p$K_S \leq 5$ die Äquivalenzpunkte mit dem Kurvenwendepunkt an der Stelle $\tau = 1$ praktisch zusammenfallen.

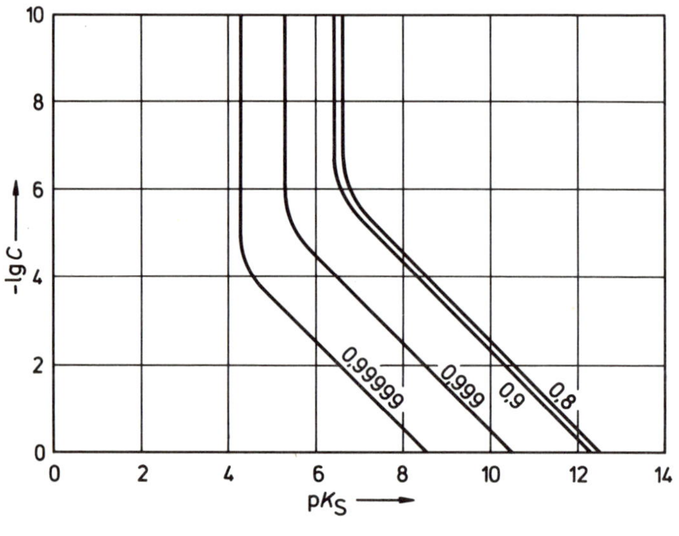

Abb. 7.11. Lage der Wendepunkte von Titrationskurven einwertiger Säuren mit sehr starker Base in der Nähe von $\tau = 1$ (Äquivalenzpunkt) bei verschiedenen pK_S- und $-\lg C$-Werten. (Die Zahlen an den Kurven bezeichnen den τ-Wert am Wendepunkt.)

7.1.4 Titration einwertiger Säuren mit beliebigen einwertigen Basen

Die im vorhergehenden Abschnitt abgeleiteten Formeln sind für die Titration einer beliebigen einwertigen Säure mit sehr starker Base gültig. Hier soll nun für das Titrationsmittel beliebige Basestärke zugelassen werden.

Es soll eine einwertige Säure HA mit der Neutralbase*) B titriert werden. Für das Base-Gleichgewicht

$$B + H_2O \rightleftharpoons HB^+ + OH^- \tag{7.14}$$

sei die Basekonstante

$$K_B = \frac{c(HB^+) \cdot c(OH^-)}{c(B)} \tag{7.15}$$

bekannt. Die Titration läßt sich durch die Gleichung

$$\underset{A^-}{H_3O^+} + \underset{HB^+}{OH^-} \rightleftharpoons \underset{HB^+,\, A^-}{2\,H_2O} \tag{7.16}$$

beschreiben. Für dieses System lautet die Protonen-Bedingung

$$c(H_3O^+) = c(OH^-) + c(A^-) - c(HB^+)\ . \tag{7.17}$$

Für sehr starke Basen, z. B. NaOH, entspricht $c(HB^+)$ den bei starken Basen identischen Werten $c(Na^+)$ bzw. $C(NaOH)$ [→Gleichungen (7.6) und (7.7)]. Aus Gl. (7.15) und der Massen-Beziehung für B,

$$C(B) = c(HB^+) + c(B) \tag{7.18}$$

errechnet sich

$$c(HB^+) = \frac{C(B) \cdot K_B}{c(OH^-) + K_B}\ . \tag{7.19}$$

Mit der zu dieser Gleichung analogen Beziehung für A^-,

$$c(A^-) = \frac{C(HA) \cdot K_S}{c(H_3O^+) + K_S}\ , \tag{7.20}$$

erhält man nach Einsetzen in die Protonen-Bedingung**):

---

* Die Annahme, B sei eine Neutralbase, stellt keine Einschränkung der allgemeinen Gültigkeit dar; denn für Anionen- bzw. Kationenbasen beliebiger Ladung ergeben sich die gleichen Endformeln, da die Ladungen der beteiligten Teilchen bei den Ableitungen keine Rolle spielen.

** Gl. (7.21) läßt sich zu einer Gleichung vierten Grades in $c(H_3O^+)$ umformen, mit deren Hilfe man den pH-Wert einer die Säure HA und die Base B enthaltenden Lösung [Konzentrationen $C(HA)$ und $C(B)$] berechnen kann [→Gl. (3.72)].

$$\frac{C(\mathrm{B}) \cdot K_\mathrm{B}}{c(\mathrm{OH^-}) + K_\mathrm{B}} = c(\mathrm{OH^-}) - c(\mathrm{H_3O^+}) + \frac{C(\mathrm{HA}) \cdot K_\mathrm{S}}{c(\mathrm{H_3O^+}) + K_\mathrm{S}} \tag{7.21}$$

oder

$$C(\mathrm{B}) = \left[1 + \frac{K_\mathrm{W}}{c(\mathrm{H_3O^+}) \cdot K_\mathrm{B}}\right] \cdot \left[\frac{K_\mathrm{W}}{c(\mathrm{H_3O^+})} - c(\mathrm{H_3O^+}) + \frac{C(\mathrm{HA}) \cdot K_\mathrm{S}}{c(\mathrm{H_3O^+}) + K_\mathrm{S}}\right]. \tag{7.22}$$

Damit ergibt sich

$$\tau = \frac{C(\mathrm{B})}{C(\mathrm{HA})} = F^* \cdot \left[\frac{K_\mathrm{W}/c(\mathrm{H_3O^+}) - c(\mathrm{H_3O^+})}{C(\mathrm{HA})} + \frac{K_\mathrm{S}}{c(\mathrm{H_3O^+}) + K_\mathrm{S}}\right] \tag{7.23}$$

oder

$$\tau = F^* \cdot [q(\mathrm{HA}) + x(\mathrm{A^-})] \tag{7.24}$$

mit

$$F^* = 1 + \frac{K_\mathrm{W}}{c(\mathrm{H_3O^+}) \cdot K_\mathrm{B}}. \tag{7.25}$$

Variation von $c(\mathrm{H_3O^+})$ liefert mit Hilfe von Gl. (7.23) die gesuchten τ-Werte und damit Punkte der Titrationskurve.

Bei Titration mit sehr starker Base, z. B. Natronlauge, kann F^* [→Gl. (7.25)], selbst für pH-Werte um 14, praktisch gleich 1 gesetzt werden (→Tab. 7.2). Damit liegt die bereits abgeleitete Gl. (7.10) vor. In Abb. 7.12 sind für die Titration von Säuren verschiedener Stärke mit sehr starker Base die Titrationskurven wiedergegeben.

Tab. 7.2. $F^* - 1$ für einige Basestärken bei verschiedenen pH-Werten.

	$\mathrm{p}K_\mathrm{B}$				
	−2	1	4	7	10
pH	$F^* - 1$				
0	10^{-16}	10^{-13}	10^{-10}	10^{-7}	10^{-4}
2	10^{-14}	10^{-11}	10^{-8}	10^{-5}	10^{-2}
4	10^{-12}	10^{-9}	10^{-6}	10^{-3}	1
6	10^{-10}	10^{-7}	10^{-4}	10^{-1}	10^{2}
8	10^{-8}	10^{-5}	10^{-2}	10	10^{4}
10	10^{-6}	10^{-3}	1	10^{3}	10^{6}
12	10^{-4}	10^{-1}	10^{2}	10^{5}	10^{8}
14	10^{-2}	10	10^{4}	10^{7}	10^{10}

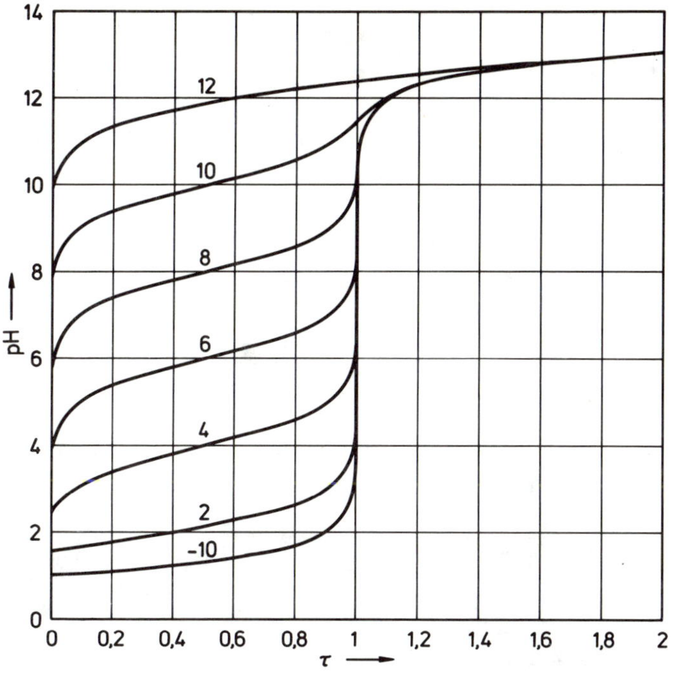

Abb. 7.12. Titrationskurven für einwertige Säuren verschiedener Stärken mit sehr starker einwertiger Base. (Die Zahlen über den Kurven entsprechen den jeweiligen pK_S-Werten; $C = 0{,}1$.)

Bei der Titration von beliebigen einwertigen Säuren mit einer schwachen einwertigen Base, z. B. mit Ammoniak, nimmt der Faktor F^* [→ Gl. (7.25) und Tab. 7.2] Werte >1 an: Die Base-Reaktion des Titrationsmittels darf nicht mehr unberücksichtigt bleiben. In Abb. 7.13 sind Titrationskurven für eine sehr starke einwertige 0,1 M Säure ($pK_S < -1{,}74$) mit einwertigen Basen verschiedener Stärke wiedergegeben.

Abb. 7.14 zeigt Titrationskurven von Essigsäure ($pK_S = 4{,}75$) mit Basen verschiedener Stärke. Die Formen der Titrationskurven unterscheiden sich je nach Stärke der zugegebenen Base erst ab $\tau \approx 0{,}9$.

Die Eigenschaften von Titrationskurven einwertiger Säuren lassen sich also mit einer einzigen Gleichung erfassen [Gl. (7.23)]. Man kann dementsprechend bei bekannter Basekonstante K_B des Titrationsmittels direkt beliebige Punkte der Titrationskurve ermitteln, indem man bei bekanntem pK_S-Wert einen pH-Wert und damit $c(H_3O^+)$ vorgibt und den dazugehörigen Titrationsgrad τ ausrechnet.

7.1.5 Titrierexponent einwertiger Säuren

Einem Vorschlag von Bjerrum zufolge nennt man den pH-Wert am letzten Äquivalenzpunkt einer Titrationskurve den *Titrierexponenten* pT.

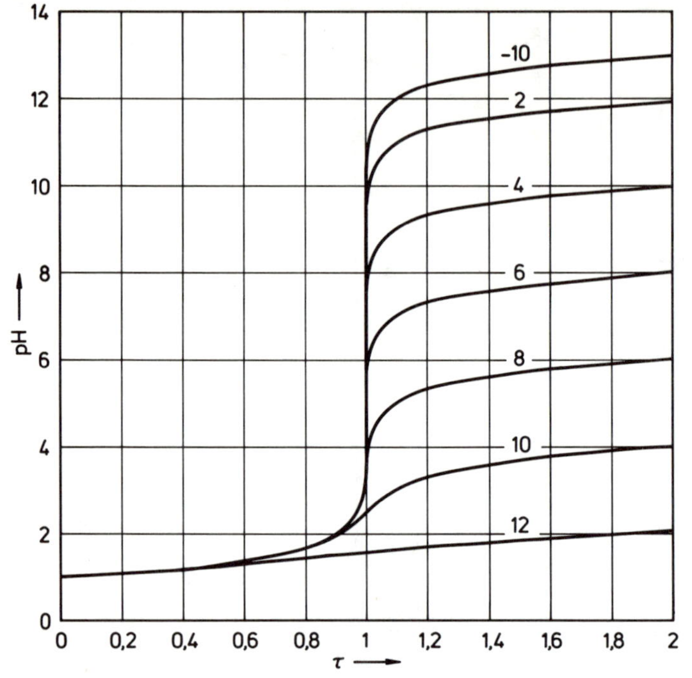

Abb. 7.13. Titrationskurven einer sehr starken einwertigen Säure mit verschieden starken einwertigen Basen. (Die Zahlen an den Kurven repräsentieren die pK_B-Werte; $\check{C} = 0{,}1$.)

Bei Titrationen einwertiger Säuren entspricht pT immer dem zu $\tau = 1$ gehörenden pH-Wert, denn genau an dieser Stelle ist der vorgelegten Säure ein Äquivalent Base zugegeben worden (100%iger Umsatz).

Wird mit sehr starken Basen titriert, so liegt bei $\tau = 1$ stets die zur titrierten Säure korrespondierende Base vor (also z. B. bei Titration von HCl oder HOAc eine Chlorid- bzw. Acetat-Lösung). Die entsprechenden pH-Werte kann man mit Gl. (3.8) oder einer der im Abschn. 4.1 abgeleiteten Näherungen berechnen. Diese gelten ja auch für Basen, wenn man nur pH durch pOH, H_3O^+ durch OH^- und K_S durch K_B ersetzt. Z. B. kann man für schwache Säuren die Beziehung

$$\mathrm{pT} = \mathrm{p}K_S - \lg 2 + \lg(-1 + \sqrt{1 + 4CK_S/K_W}) \, , \tag{7.26}$$

aus Gl. (4.13) ableiten.

Man gelangt auch auf anderem Weg zu Formeln, die eine Berechnung von pT gestatten. Gl. (7.22) mit $F^* = 1$ und der zusätzlichen Bedingung für den Äquivalenzpunkt ($\tau = 1$),

$$C(\mathrm{B}) = C(\mathrm{HA}) \, , \tag{7.27}$$

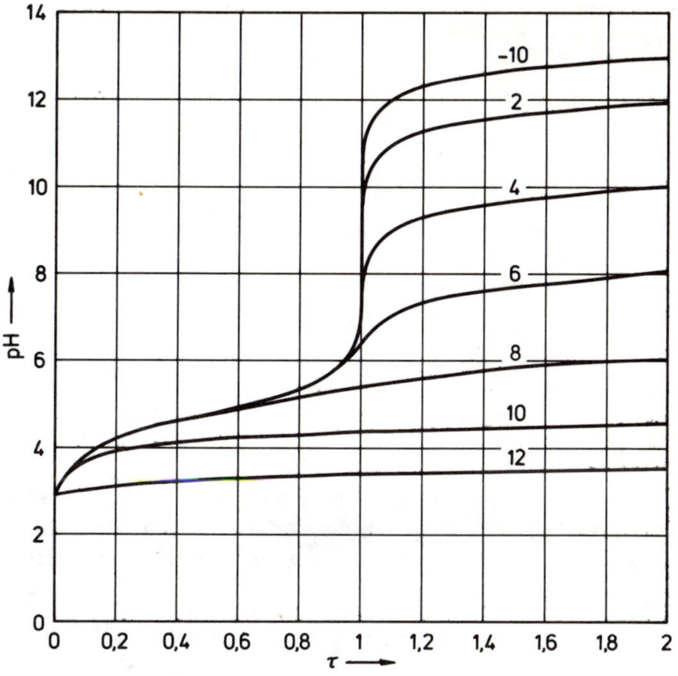

Abb. 7.14. Titration einer 0,1 M Essigsäure mit verschieden starken einwertigen Basen. (Die Zahlen über den Kurven entsprechen den jeweiligen pK_B-Werten.)

führt zu

$$C(\mathrm{HA}) = \frac{K_W}{c(\mathrm{H_3O^+})} - c(\mathrm{H_3O^+}) + \frac{C(\mathrm{HA}) \cdot K_S}{c(\mathrm{H_3O^+}) + K_S} \qquad (7.28)$$

oder

$$c^3(\mathrm{H_3O^+}) + c^2(\mathrm{H_3O^+}) \cdot [C(\mathrm{HA}) + K_S] - c(\mathrm{H_3O^+}) \cdot K_W - K_S K_W = 0\,. \qquad (7.29)$$

Dies ist die Gleichung zur Berechnung der exakten Wasserstoffionen-Konzentration am Äquivalenzpunkt der Titrationskurve einer beliebigen einwertigen Säure mit sehr starker einwertiger Base.

Die Säurekonstanten sehr starker Säuren erfüllen die beiden Bedingungen

$$K_S \gg C(\mathrm{HA}), \; K_S \gg c(\mathrm{H_3O^+})\,.$$

Formt man Gl. (7.29) um zu

$$c^2(H_3O^+) = K_W \cdot \frac{c(H_3O^+) + K_S}{c(H_3O^+) + K_S + C(HA)}, \tag{7.30}$$

so ergibt sich als gute Näherung

$$c^2(H_3O^+) = K_W \,. \tag{7.31}$$

Für sehr starke Säuren beträgt also $pT = 7$ (→Abb. 7.15, pT_1). Wenn nur

$$K_S \gg c(H_3O^+)$$

erfüllt ist, liefert

$$c^2(H_3O^+) = \frac{K_S K_W}{C(HA) + K_S} \tag{7.32}$$

auch für den pT-Wert schwacher Säuren eine gute Näherung (→Tab. 7.3). Man beachte, daß jedoch immer $pH = pT = 7$ Grenzwert der Formel (7.32) ist, gleichgültig, ob nun $C(HA)$ gegen 0 strebt oder, wie bei sehr starken Säuren, $K_S \gg C(HA)$ erfüllt ist.

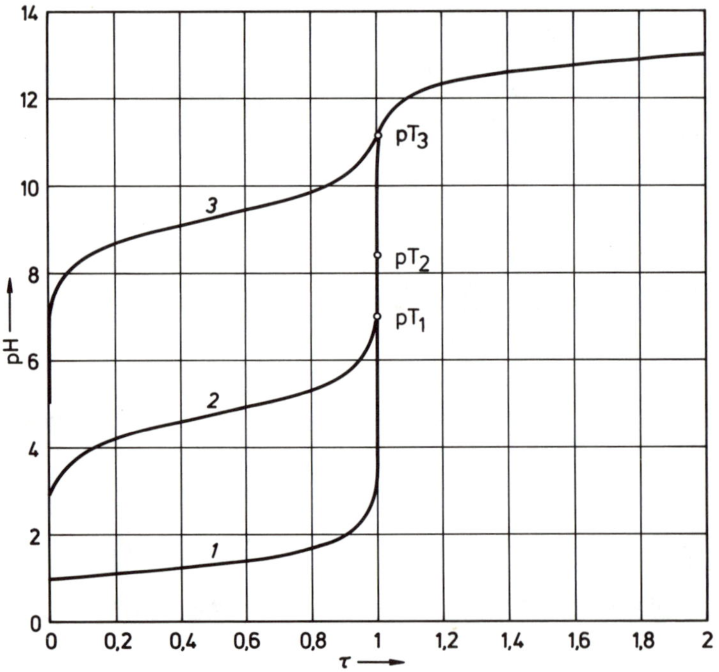

Abb. 7.15. Titrationskurven von HCl *(1)*, HOAc *(2)* und NH_4^+ *(3)* (jeweils $C = 0{,}1$) mit NaOH; pT_i ($i = 1, 2, 3$) sind die zugehörigen Titrierexponenten.

Bei der Titration von 0,01 M Salzsäure mit Natronlauge

$$\begin{array}{ccccc} H_3O^+ & + & OH^- & \rightleftharpoons & 2\,H_2O \\ Cl^- & & Na^+ & & Na^+,\ Cl^- \end{array} \qquad (7.33)$$

entspricht $\tau = 1$ einer „100%igen Neutralisation", also genau der Zugabe eines Äquivalents Natronlauge. Im Äquivalenzpunkt liegen neben den aus dem Lösungsmittel Wasser stammenden H_3O^+- und OH^--Ionen nur noch Cl^-- und Na^+-Ionen vor, insbesondere aber keine zusätzlichen von der Säure gelieferten Protonen. Der pH-Wert der Lösung kann also nur durch die anwesende sehr schwache Base Cl^- beeinflußt werden. Da das Base-Gleichgewicht

$$Cl^- + H_2O \rightleftharpoons HCl + OH^- \qquad (7.34)$$

praktisch vollständig auf Seiten der Ausgangsprodukte liegt, ist also $pT = 7$, wie dies ja bei allen Titrationen sehr starker Säuren mit sehr starken Basen der Fall ist.

Tab. 7.3. pT-Werte bei der Titration einwertiger Säuren mit sehr starker Base.

pK_S	HA	C(HA) in mol/l	pT-Werte, berechnet mit Gl. (7.29)	(7.26)	(7.32)
−6	HCl	10^{-1}	7,000	3,500	7,000
−6	HCl	10^{-2}	7,000	3,000	7,000
−6	HCl	10^{-3}	7,000	2,500	7,000
−6	HCl	10^{-4}	7,000	2,000	7,000
−6	HCl	10^{-5}	7,000	1,500	7,000
3,14	HF	10^{-1}	8,072	8,070	8,072
3,14	HF	10^{-2}	7,585	7,570	7,585
3,14	HF	10^{-3}	7,188	7,070	7,188
3,14	HF	10^{-4}	7,028	6,570	7,028
3,14	HF	10^{-5}	7,003	6,070	7,003
4,75	HOAc	10^{-1}	8,875	8,875	8,875
4,75	HOAc	10^{-2}	8,375	8,375	8,375
4,75	HOAc	10^{-3}	7,879	7,875	7,879
4,75	HOAc	10^{-4}	7,410	7,375	7,411
4,75	HOAc	10^{-5}	7,097	6,873	7,097
7,2	HClO	10^{-1}	10,100	10,100	10,100
7,2	HClO	10^{-2}	9,599	9,599	9,600
7,2	HClO	10^{-3}	9,097	9,097	9,100
7,2	HClO	10^{-4}	8,592	8,591	8,600
7,2	HClO	10^{-5}	8,074	8,073	8,101
9,25	NH_4^+	10^{-1}	11,122	11,122	11,125
9,25	NH_4^+	10^{-2}	10,616	10,616	10,625
9,25	NH_4^+	10^{-3}	10,096	10,096	10,125
9,25	NH_4^+	10^{-4}	9,534	9,534	9,625
9,25	NH_4^+	10^{-5}	8,854	8,854	9,125

Titriert man hingegen eine 0,01 M Essigsäure-Lösung mit Natronlauge, so erhält man am Äquivalenzpunkt eine Lösung, die vorwiegend neben geringeren Mengen an undissoziierter Säure (→Abschn. 5.1) die zu HOAc korrespondierende Base, OAc^-, enthält. Um den pT-Wert zu finden, muß man also den pH-Wert einer 0,01 M NaOAc-Lösung berechnen. Dazu kann man entweder mit $K_B = 10^{-9,25}$ und $C = 0{,}01$ in Gl. (3.14) $c(OH^-)$ iterativ bestimmen oder auch mit Gl. (7.29) die $c(H_3O^+)$-Konzentration am Äquivalenzpunkt ohne vereinfachende Annahme berechnen. Die exakte Lösung und die Näherungs-pT-Werte nach den Gleichungen (7.26) und (7.32) für dieses Beispiel sind auch in Tab. 7.3 angegeben.

Festzuhalten bleibt, daß der pT-Wert bei Titration mit sehr starker Base um so dichter bei pH = 7 liegt, je stärker die zu titrierende Säure HA ist, je schwächer also die bei $\tau = 1$ vorliegende Base A^- ist (→Abb. 7.15). Wird nun die Titration von HA mit einer mittelstarken oder schwachen Base B ausgeführt, liegt bei $\tau = 1$ neben A^- noch HB^+ vor. Um den pT-Wert zu erhalten, muß der pH-Wert eines Gemischs einer einwertigen Säure mit einer einwertigen Base berechnet werden (→Aufg. 11 und Abschn. 3.5.1).

7.2 Titration mehrwertiger Säuren mit einwertigen Basen

7.2.1 Titrationskurven zweiwertiger Säuren mit einwertigen Basen

Für die Säure H_2A mit den zwei Protolyse-Gleichgewichten

$$H_2A + H_2O \rightleftharpoons H_3O^+ + HA^-, \tag{7.35}$$

$$HA^- + H_2O \rightleftharpoons H_3O^+ + A^{2-} \tag{7.36}$$

seien die zugehörigen Säurekonstanten

$$K_{S1} = \frac{c(H_3O^+) \cdot c(HA^-)}{c(H_2A)}, \tag{7.37}$$

$$K_{S2} = \frac{c(H_3O^+) \cdot c(A^{2-})}{c(HA^-)} \tag{7.38}$$

gegeben. Außer der vorgelegten Konzentration an Säure,

$$C(H_2A) = c(H_2A) + c(HA^-) + c(A^{2-}), \tag{7.39}$$

ist noch die Konzentration an einwertiger Base bekannt, die während der Titration zugesetzt wird. Um die Titration mit einer Base B beliebiger Stärke berechnen zu können, muß für das Base-Gleichgewicht (7.14) der Neutralbase*) die entsprechende Basekon-

* Auch hier gilt die erste Fußnote von S. 127.

stante K_B [→Gl. (7.15)] bekannt sein. Die Protonen-Bedingung für dieses System lautet

$$c(H_3O^+) = c(OH^-) + c(HA^-) + 2c(A^{2-}) - c(HB^+) \, . \tag{7.40}$$

Nach Isolieren von $c(HB^+)$ ergibt sich mit Gl. (7.18)

$$C(B) = \left[1 + \frac{c(OH^-)}{K_B}\right] \cdot [c(OH^-) - c(H_3O^+) + c(HA^-) + 2c(A^{2-})] \tag{7.41}$$

oder

$$\tau = \frac{C(B)}{C(H_2A)} = F^* \cdot \left[\frac{K_W/c(H_3O^+) - c(H_3O^+)}{C(H_2A)} + \right. \\ \left. + \frac{c(HA^-) + 2c(A^{2-})}{c(H_2A) + c(HA^-) + c(A^{2-})}\right] \tag{7.42}$$

[Definition von F^* siehe Gl. (7.25)]. Der letzte Summand in Formel (7.42) kann mit Hilfe von

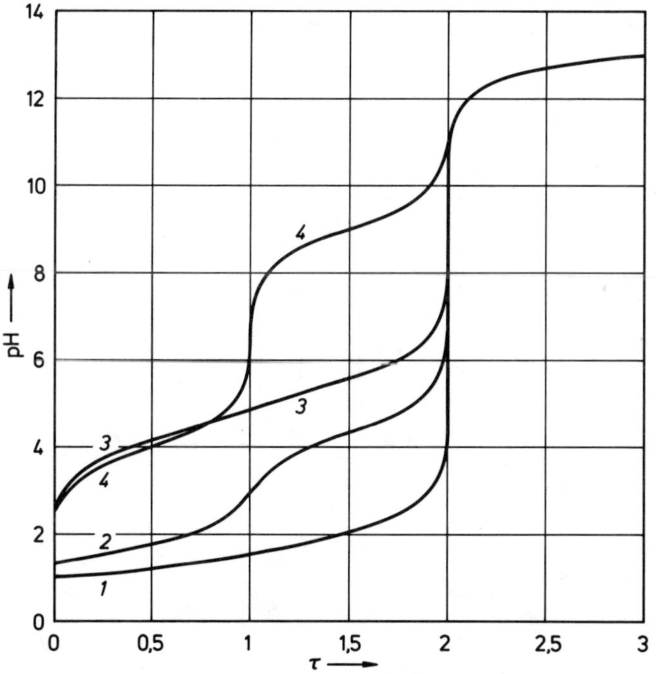

Abb. 7.16. Titrationskurven zweiwertiger Säuren H_2A mit sehr starker einwertiger Base [$C(H_2A) = 0{,}1$]. *1* H_2SO_4, *2* $(COOH)_2$, *3* $(CH_2)_2(COOH)_2$, *4* $H_2B_4O_7$.

$$\frac{c(A^{2-})}{c(HA^-)} = \frac{K_{S2}}{c(H_3O^+)} \quad \text{und} \quad \frac{c(HA^-)}{c(H_2A)} = \frac{K_{S1}}{c(H_3O^+)} \tag{7.43}$$

umgewandelt werden. Man erhält für die Titration der zweiwertigen Säure H_2A mit den beiden Säurekonstanten K_{S1} und K_{S2} mit der Base B (Basekonstante K_B) schließlich die Gleichung

$$\tau = F^* \cdot \left[\frac{K_W/c(H_3O^+) - c(H_3O^+)}{C(H_2A)} + \frac{c(H_3O^+) \cdot K_{S1} + 2K_{S1}K_{S2}}{c^2(H_3O^+) + c(H_3O^+) \cdot K_{S1} + K_{S1}K_{S2}} \right] . \tag{7.44}$$

In Abb. 7.16 sind die Titrationskurven mehrerer zweiwertiger 0,1 M Säuren mit der sehr starken Base NaOH wiedergegeben. Abb. 7.17 zeigt die Titration der gleichen zweiwertigen Säuren mit der schwachen Base Ammoniak. Man erkennt, daß für jede beliebige zweiwertige Säure die Titrationen mit sehr starker oder schwacher Base zu Kurven führen, die stets bis $\tau \approx 1{,}9$ nahezu deckungsgleich sind (→Kurven *1, 2, 3* in den Abbildungen 7.16 und 7.17), sofern der Ampholyt HA^- nicht eine sehr schwache Säure ist, wie dies beispielsweise bei $H_2B_4O_7$ (pK_{S2} = 9,0; Kurve *4* in den Abbildungen 7.16 und 7.17) der Fall ist.

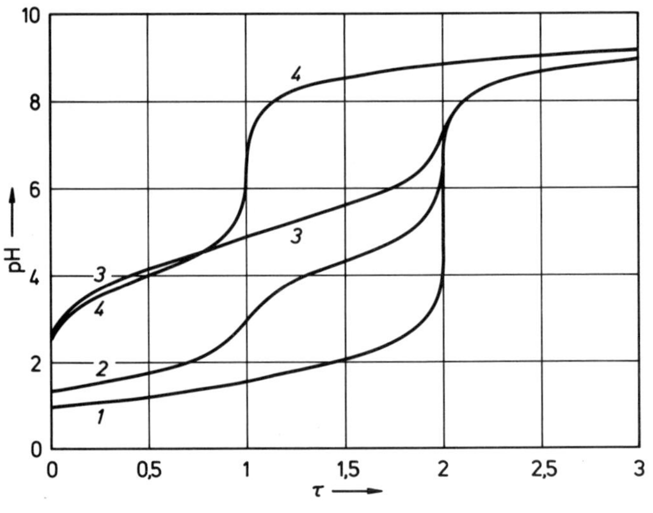

Abb. 7.17. Titration zweiwertiger Säuren [$C(H_2A)$ = 0,1] mit Ammoniak.
1 H_2SO_4, *2* $(COOH)_2$, *3* $(CH_2)_2(COOH)_2$, *4* $H_2B_4O_7$.

In Abb. 7.18 sind für die Titration von Malonsäure, $C_3O_4H_4$, bei verschiedenen Konzentrationen die Kurven der Titration mit sehr starker Base wiedergegeben. Es läßt sich aus dieser Abbildung ablesen, daß die Aussagen des Abschn. 7.1.3 für einwertige Säuren entsprechend auch für zweiwertige gelten.

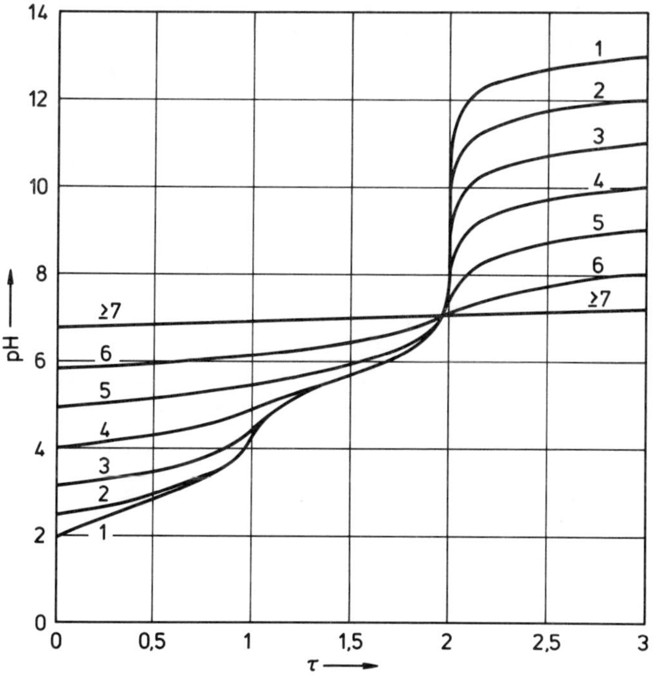

Abb. 7.18. Titrationskurven verschieden konzentrierter Malonsäure-Lösungen mit sehr starker einwertiger Base. [Die Zahlen an den Kurven entsprechen $-\lg C(H_2A)$.]

7.2.2 Titrationskurven *n*-wertiger Säuren mit einwertigen Basen

Gegeben sei wieder die Base B mit dem zugehörigen Base-Gleichgewicht (7.14), weiterhin die *n*-wertige Säure H_nA mit den *n* Gleichgewichten

$$H_{n-i+1}A^{(i-1)-} + H_2O \rightleftharpoons H_{n-i}A^{i-} + H_3O^+ \quad (i = 1, 2, \ldots, n) \tag{7.45}$$

und den zugehörigen Säurekonstanten

$$K_{Si} = \frac{c(H_3O^+) \cdot c(H_{n-i}A^{i-})}{c(H_{n-i+1}A^{(i-1)-})} \quad (i = 1, 2, \ldots, n)\,. \tag{7.46}$$

Zusammen mit der Protonen-Bedingung

$$c(H_3O^+) = c(OH^-) - c(HB^+) + \sum_{i=1}^{n} i \cdot c(H_{n-i}A^{i-}) \tag{7.47}$$

erhält man

$$\tau = F^* \cdot \left[\frac{K_W/c(H_3O^+) - c(H_3O^+)}{C(H_nA)} + \frac{\sum_{i=1}^{n} i \cdot c(H_{n-i}A^{i-})}{\sum_{i=0}^{n} c(H_{n-i}A^{i-})} \right]. \tag{7.48}$$

Diese Beziehung kann in

$$\tau = F^* \cdot \left\{ \frac{K_W/c(H_3O^+) - c(H_3O^+)}{C(H_nA)} + \frac{\sum_{i=1}^{n} \left[i \cdot c^{n-i}(H_3O^+) \cdot \prod_{j=1}^{i} K_{Sj} \right]}{\sum_{i=0}^{n} \left[c^{n-i}(H_3O^+) \cdot \prod_{j=1}^{i} K_{Sj} \right]^{*)}} \right\} \tag{7.49}$$

umgewandelt werden, wobei F^* wie in Gl. (7.25) definiert ist. Mit dieser Gleichung können Titrationskurven beliebiger n-wertiger Säuren punktweise berechnet werden, indem man $c(H_3O^+)$ variiert und die zugehörigen τ-Werte errechnet.

In Abb. 7.19 sind für Phosphorsäure [$n = 3$ in Gl. (7.49)] mehrere Titrationskurven wiedergegeben, die mit Hilfe der nachstehenden Gleichung berechnet worden sind:

$$\tau = F^* \cdot \left[\frac{K_W/c(H_3O^+) - c(H_3O^+)}{C(H_3A)} + \right.$$
$$\left. + \frac{c^2(H_3O^+) \cdot K_{S1} + c(H_3O^+) \cdot 2K_{S1}K_{S2} + 3K_{S1}K_{S2}K_{S3}}{c^3(H_3O^+) + c^2(H_3O^+) \cdot K_{S1} + c(H_3O^+) \cdot K_{S1}K_{S2} + K_{S1}K_{S2}K_{S3}} \right]. \tag{7.50}$$

Bei Titrationskurven mehrwertiger Säuren entspricht die Zahl der Äquivalenzpunkte der Anzahl der als Wasserstoffionen abspaltbaren Wasserstoffatome der Säure, also der Wertigkeit n der Säure. Die Zahl der Pufferschwerpunkte (→Abschn. 8.1) beträgt maximal ebenfalls n. Die Stellen

$$\tau = i \quad (i = 1, 2, \ldots, n)$$

sind nicht immer Wendepunkte der Titrationskurven. Das gleiche gilt für die Stellen

$$\tau = \frac{2i - 1}{2} \quad (i = 1, 2, \ldots, n).$$

Ob eine solche Stelle Kurvenwendepunkt ist oder nicht, kann Abschn. 7.1.3 entnommen werden, wobei man die Titrationskurve stückweise wie die eines Gemischs einwertiger Säuren untersucht.

---

* Definitionsgemäß gilt: $\prod_{j=1}^{0} K_{Sj} = 1$.

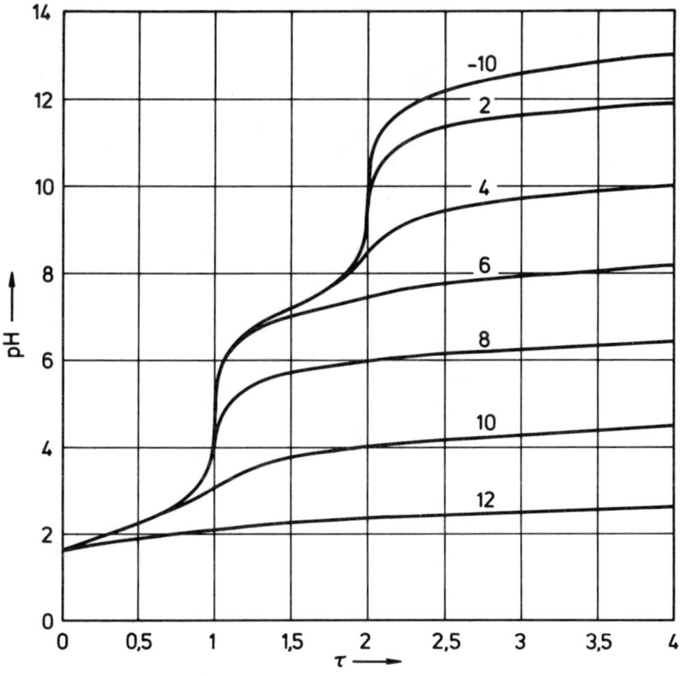

Abb. 7.19. Titrationskurven von 0,1 M Phosphorsäure mit verschieden starken einwertigen Basen. (Die Zahlen über den Kurven entsprechen den jeweiligen pK_B-Werten.)

Für Säure-Gemische und für mehrwertige Säuren können die *charakteristischen Kurvenpunkte* der Titration mit sehr starker Base mit Hilfe von logarithmischen pH-Diagrammen festgelegt werden, da eine n-wertige Säure als Gemisch n einwertiger Säuren angesehen werden kann, wenn die verschiedenen Säureexponenten nur weit genug auseinander liegen (→Abschn. 7.3). Mit Hilfe der einfach zu erstellenden logarithmischen pH-Diagramme lassen sich neben Kurvenwendepunkten auch die pH-Werte für $\tau = 0$ und für $\tau = n + 1$ graphisch ermitteln.

In den Abbildungen 7.20 und 7.21 sind für eine zwei- und dreiwertige Säure logarithmische pH-Diagramme und Titrationskurven mit ihren charakteristischen Punkten gegenübergestellt. Man erkennt, daß einige charakteristische Punkte nur angenähert erhalten werden können. Je mehr sich die Schnittpunkte der

$$-\lg c(H_{n-i}A^{i-}) \quad \text{und} \quad -\lg c(H_{n-i-1}A^{(i+1)-}) \quad (i = 0, 1, \ldots, n-1)$$

darstellenden Kurven im logarithmischen pH-Diagramm den $c(H_3O^+)$ bzw. $c(OH^-)$ darstellenden Geraden nähern oder sogar das aus diesen Geraden und der Geraden $-\lg C = 0$ gebildete Dreieck verlassen, um so weniger genau lassen sich Titrationskurven-Punkte auf diesem Weg bestimmen und um so weniger empfehlenswert ist also sogar nur ein Skizzieren von Titrationskurven auf diese Art.

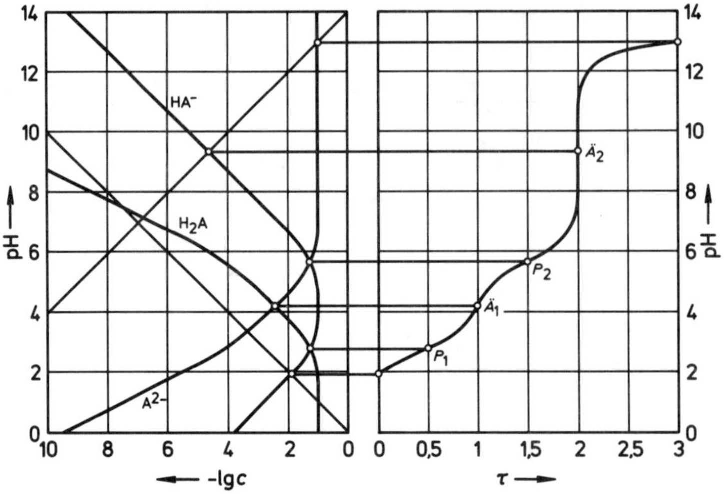

Abb. 7.20. Zusammenhang zwischen dem logarithmischen pH-Diagramm einer zweiwertigen Säure H_2A ($pK_{S1} = 2{,}79$; $pK_{S2} = 5{,}68$) und ihrer Titrationskurve ($C = 0{,}1$).

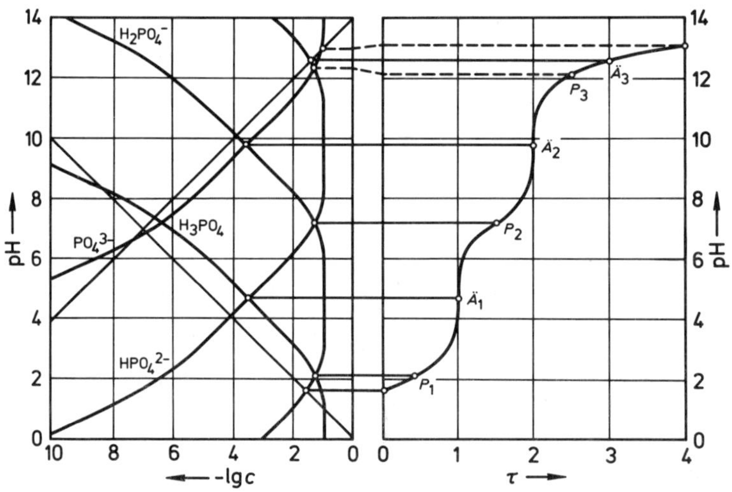

Abb. 7.21. Zusammenhang zwischen dem logarithmischen pH-Diagramm der Phosphorsäure ($C = 0{,}1$) und ihrer Titrationskurve.

Bei der Titration beliebiger Säuren mit schwachen einwertigen Basen können den logarithmischen pH-Diagrammen nur so wenige Punkte der Titrationskurven entnommen werden, daß dieses Vorgehen selbst zum groben Bestimmen charakteristischer Kurvenpunkte ungeeignet ist (→Aufg. 7).

7.2.3 Titrierexponent mehrwertiger Säuren

Bei der Titration n-wertiger Säuren ($n = 1, 2, \ldots$) mit sehr starker einwertiger Base ist der *Titrierexponent* pT gleich dem pH-Wert an der Stelle $\tau = n$, am Endpunkt der Titration. Es ist der Säure H_nA also gerade so viel an sehr starker Base zugegeben worden, daß eine A^{n-}-Lösung vorliegt ($n = 1, 2, \ldots$). Ihren pT-Wert kann man exakt mit Hilfe von Gl. (3.35) bestimmen, wenn in diesem Ausdruck H_3O^+ durch OH^- und die Säure- durch die Basekonstanten ersetzt werden. Für die einzusetzenden K_{Bi}-Werte, die man in den meisten Fällen aus den in Tabellen angegebenen Säurekonstanten errechnet, ist zu beachten, daß durch

$$K_{Bi} = \frac{K_W}{K_{S(n-i+1)}} \quad (i = 1, 2, \ldots, n) \tag{7.51}$$

bzw.

$$pK_{Bi} = 14 - pK_{S(n-i+1)} \quad (i = 1, 2, \ldots, n) \tag{7.52}$$

eine Umnumerierung der Baseexponenten, ihrer Stärke gemäß, durchgeführt werden muß.

Für eine zweiwertige Säure, beispielsweise 0,01 M $CH_2(COOH)_2$, entspricht bei Titration mit sehr starker Base die Berechnung von pT, also dem pH-Wert an der Stelle $\tau = n = 2$, der Berechnung des pH-Werts einer 0,01 M $CH_2(COO)_2^{2-}$-Lösung. Setzt man in Gl. (3.26) $K_{B1} = 10^{-8,32}$ und $K_{B2} = 10^{-11,21}$ anstelle von K_{S1} und K_{S2} und $c(H_3O^+) = c(OH^-)$, so errechnet sich $c(OH^-) = 6{,}917 \cdot 10^{-6}$ und damit $pT = 8{,}840$.

Für die Titration von Phosphorsäure mit sehr starker Base liegt bei $\tau = n = 3$ eine Phosphat-Lösung vor. Man kann ihren pT-Wert exakt mit Hilfe von Gl. (3.35) berechnen (→Aufg. 1). Näherungsweise läßt sich der pT-Wert gut mit einer Gl. (4.10) entsprechenden Beziehung bestimmen, wenn von einer 10^{-2} M Phosphorsäure ausgegangen wird: $pOH = 3{,}64$ und somit $pT = 10{,}36$ (→Aufg. 1).

Wenn die Titration von H_nA mit der m-wertigen Base B ausgeführt wird, dann liegt im Endpunkt der Titration ein Gemisch aus A^{n-} und H_mB^{m+} vor, dessen pH-Wert sich beispielsweise nach Gl. (3.77) errechnen läßt.

7.3 Titrationskurven von Säure-Gemischen mit einwertigen Basen

7.3.1 Allgemeine Ableitung

In diesem Abschnitt soll eine Beziehung abgeleitet werden, die die Berechnung der Titrationskurve eines Gemischs von zwei einwertigen Säuren HA und HX bekannter

Konzentrationen und einer beliebigen einwertigen Base B gestattet. Die beiden Säurekonstanten

$$K_{SA} = \frac{c(H_3O^+) \cdot c(A^-)}{c(HA)}, \tag{7.53}$$

$$K_{SX} = \frac{c(H_3O^+) \cdot c(X^-)}{c(HX)} \tag{7.54}$$

seien bekannt. Dieses Säure-Gemisch soll mit der Base B titriert werden, deren Base-Gleichgewicht (7.14) durch die Basekonstante K_B bestimmt wird. Die Konzentation

$$C(B) = c(HB^+) + c(B) \tag{7.55}$$

an zugegebener Base soll an jedem Punkt der Titration ebenfalls gegeben sein.

In der Lösung muß dann während der Titration die Protonen-Bedingung

$$c(H_3O^+) = c(OH^-) + c(A^-) + c(X^-) - c(HB^+) \tag{7.56}$$

gelten. Setzt man die Beziehungen, die die Gleichgewichts-Konzentrationen an A^-, X^- bzw. HB^+ in Abhängigkeit der jeweiligen Säure- bzw. Basekonstanten und Ausgangs-Konzentrationen ausdrücken [→Gleichungen (7.19), (7.20)], in Gl. (7.56) ein, so erhält man

$$\begin{aligned} c(H_3O^+) = {} & \frac{K_W}{c(H_3O^+)} + \frac{C(HA) \cdot K_{SA}}{c(H_3O^+) + K_{SA}} + \frac{C(HX) \cdot K_{SX}}{c(H_3O^+) + K_{SX}} - \\ & - \frac{c(H_3O^+) \cdot C(B) \cdot K_B}{c(H_3O^+) \cdot K_B + K_W} . \end{aligned} \tag{7.57}$$

Hieraus kann man zu einer Beziehung zwischen $C(B)$ und $c(H_3O^+)$ gelangen, zu einer Gleichung also, die die Berechnung von Titrationskurven eines Gemischs zweier einwertiger Säuren mit einer einwertigen Base beliebiger Stärke gestattet:

$$C(B) = F^* \cdot \left[\frac{K_W}{c(H_3O^+)} - c(H_3O^+) + \frac{C(HA) \cdot K_{SA}}{c(H_3O^+) + K_{SA}} + \frac{C(HX) \cdot K_{SX}}{c(H_3O^+) + K_{SX}} \right] . \tag{7.58}$$

Für die Rechnung ist es praktisch, Gl. (7.57) umzuschreiben. Dazu genügt es, diese Gleichung mit

$$c(H_3O^+) \cdot [c(H_3O^+) \cdot K_B + K_W] \cdot [c(H_3O^+) + K_{SA}] \cdot [c(H_3O^+) + K_{SX}]$$

zu multiplizieren und nach Potenzen von $c(H_3O^+)$ zu ordnen. Man gelangt so zur Gleichung fünften Grades in $c(H_3O^+)$:

$$
\begin{aligned}
& c^5(H_3O^+) \cdot K_B + c^4(H_3O^+) \cdot \{K_B \cdot [K_{SA} + K_{SX} + C(B)] + K_W\} + \\
& + c^3(H_3O^+) \cdot \{C(B) \cdot K_B \cdot (K_{SA} + K_{SX}) + K_W \cdot (K_{SA} + K_{SX} - K_B) - \\
& \qquad - K_B \cdot [C(HA) \cdot K_{SA} + C(HX) \cdot K_{SX} - K_{SA}K_{SX}]\} - \\
& - c^2(H_3O^+) \cdot \{K_{SA}K_{SX}K_B \cdot [C(HA) + C(HX)] + K_BK_W \cdot (K_{SA} + K_{SX}) + \\
& \quad + K_W \cdot [C(HA) \cdot K_{SA} + C(HX) \cdot K_{SX}] + K_W^2 - K_{SA}K_{SX} \cdot [C(B) \cdot K_B + K_W]\} - \\
& - c(H_3O^+) \cdot \{K_{SA}K_{SX}K_W \cdot [C(HA) + C(HX) + K_B] + K_W^2 \cdot (K_{SA} + K_{SX})\} - \\
& - K_{SA}K_{SX}K_W^2 = 0 \,. \qquad (7.59)
\end{aligned}
$$

In Abb. 7.22*) wurde mit Hilfe von Gl. (7.58) die Titrationskurve für ein Gemisch aus Ameisensäure und Essigsäure berechnet; in diesem Beispiel sind $C(HA) = C(HX) = 0{,}1$, $pK_{SA} = 3{,}75$, $pK_{SX} = 4{,}75$ und $pK_B = -10$ (Natronlauge, Kurve *1*) bzw. $pK_B = 4{,}75$ (Ammoniak, Kurve *2*) gesetzt worden.

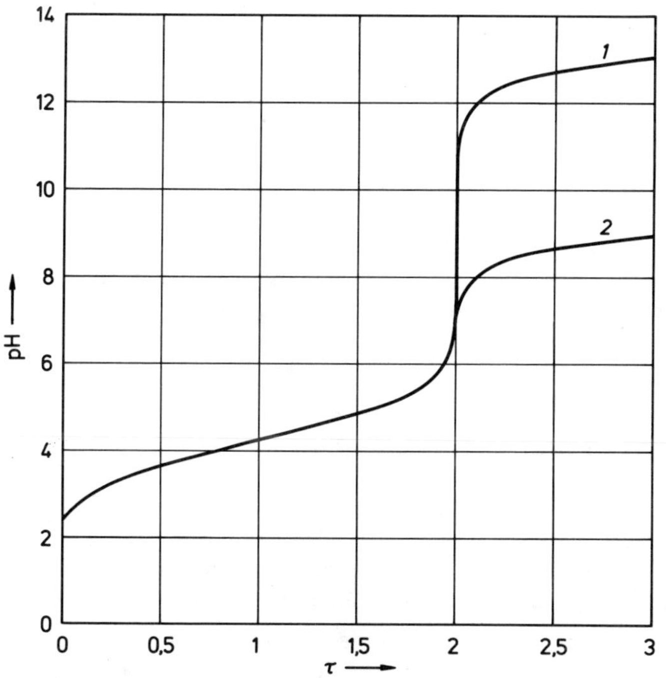

Abb. 7.22. Titration eines Gemischs aus Ameisen- und Essigsäure [$C(HCOOH) = C(HOAc) = 0{,}1$] mit *1* Natronlauge, *2* Ammoniak.

---

* Im allgemeinen ist es nicht sinnvoll, für Säuregemische einen Titrationsgrad zu definieren. Im folgenden ist jedoch für Gemische zweier gleich konzentrierter einwertiger Säuren HA und HX $\tau = C(B)/C(HA) = C(B)/C(HX)$ gesetzt worden, um diese Titrationskurven direkt mit denen zweiwertiger Säuren vergleichbar zu machen.

7.3.2 Vergleich der Titrationskurven von zweiwertigen Säuren und von Säure-Gemischen

Formt man Gl. (7.58) unter der Voraussetzung $C(\mathrm{HA}) = C(\mathrm{HX})$ um, so gelangt man zu

$$\tau = \frac{C(\mathrm{B})}{C(\mathrm{HA})} = F^* \cdot \left[\frac{K_\mathrm{W}/c(\mathrm{H_3O^+}) - c(\mathrm{H_3O^+})}{C(\mathrm{HA})} + \right. \\ \left. + \frac{c(\mathrm{H_3O^+}) \cdot (K_\mathrm{SA} + K_\mathrm{SX}) + 2K_\mathrm{SA}K_\mathrm{SX}}{c^2(\mathrm{H_3O^+}) + c(\mathrm{H_3O^+}) \cdot (K_\mathrm{SA} + K_\mathrm{SX}) + K_\mathrm{SA}K_\mathrm{SX}} \right] \tag{7.60}$$

[Definition von F^* vgl. Gl. (7.25)]. Man erkennt, daß die Titrationskurve um so mehr derjenigen einer zweiwertigen Säure entspricht [→Gl. (7.44)], je größer $|K_\mathrm{SA} - K_\mathrm{SX}|$ wird, weil nämlich dann die Säurekonstante der schwächeren Säure in den beiden Summen $K_\mathrm{SA} + K_\mathrm{SX}$ vernachlässigt werden kann. In keinem Fall überschreiten die Unterschiede zwischen den Titrationskurven einer zweiwertigen Säure und eines Säure-Gemischs unter den Voraussetzungen

$$10^{-6} \leq C \leq 1, \quad \mathrm{p}K_\mathrm{S1} \geq -3, \quad \Delta \mathrm{p}K_\mathrm{S} = \mathrm{p}K_\mathrm{S2} - \mathrm{p}K_\mathrm{S1} \geq 1 \quad \text{und} \quad 0 \leq \tau \leq 3$$

0,04 pH-Einheiten. Dies bedeutet, daß die Titrationskurven n-wertiger Säuren mit ausreichender Genauigkeit durch die Titrationskurven von Gemischen aus n gleich konzentrierten einwertigen Säuren entsprechender Stärke ersetzt werden können.

7.4 Titrationskurven und Volumenänderung

Bei den bisher beschriebenen Rechnungen ist stets vorausgesetzt worden, daß im Verlauf der Titration das Volumen konstant bleibt. Tatsächlich aber vergrößert sich das Volumen bei jeder Titration durch Zugabe des Titrationsmittels.

Es soll nun am Beispiel der Titration einer einwertigen Säure HA mit einer Base B gezeigt werden, wie sich der Einfluß der Verdünnung mit Hilfe der bereits angegebenen Formeln berücksichtigen läßt. Ein solches System enthält die Teilchen HA, $\mathrm{A^-}$, B, $\mathrm{HB^+}$, $\mathrm{H_3O^+}$ und $\mathrm{OH^-}$. Demnach lautet die Protonen-Bedingung

$$c(\mathrm{H_3O^+}) = c(\mathrm{OH^-}) + c(\mathrm{A^-}) - c(\mathrm{HB^+}) = \\ = \frac{K_\mathrm{W}}{c(\mathrm{H_3O^+})} + \frac{C(\mathrm{HA}) \cdot K_\mathrm{S}}{c(\mathrm{H_3O^+}) + K_\mathrm{S}} - \frac{C(\mathrm{B}) \cdot K_\mathrm{B}}{c(\mathrm{OH^-}) + K_\mathrm{B}} \; . \tag{7.61}$$

Dieser Ausdruck läßt sich umformen zu

$$\begin{aligned}&c^4(H_3O^+) \cdot K_B + c^3(H_3O^+) \cdot [K_S K_B + C(B) \cdot K_B + K_W] +\\&+ c^2(H_3O^+) \cdot [K_S K_W + C(B) \cdot K_S K_B - K_B K_W - C(HA) \cdot K_S K_B] -\\&- c(H_3O^+) \cdot [K_S K_B K_W + C(HA) \cdot K_S K_W + K_W^2] - K_S K_W^2 = 0 .\end{aligned} \tag{7.62}$$

In dieser Beziehung sind K_B, K_S und K_W Konstanten. Während einer Titration ändern sich nur C(HA) und C(B), da stets B zugegeben wird*).

Die Änderung von $c(H_3O^+)$ wird erstens durch die Zugabe an Base B (chemische Umsetzung) und zweitens durch die fortlaufende Volumenänderung (Verdünnung) im Verlauf der Titration verursacht.

Ersetzt man in Gl. (7.23) C(HA) durch

$$C^*(HA) = \frac{V(HA)}{V(HA) + V(B)} \cdot C(HA) \tag{7.63}$$

und C(B) durch

$$C^*(B) = \frac{V(B)}{V(HA) + V(B)} \cdot C(B) , \tag{7.64}$$

so wird damit auch die Volumenänderung während der Titration mitberücksichtigt, wenn unter V(HA) das vorgelegte Volumen an Säure und unter V(B) das aus der Bürette zugefügte Volumen an Base zu verstehen ist. Die Nullstellen der Gleichung vierten Grades in $c(H_3O^+)$,

$$\begin{aligned}&c^4(H_3O^+) \cdot K_B +\\&+ c^3(H_3O^+) \cdot \left[K_S K_B + \frac{V(B)}{V(HA) + V(B)} \cdot C(B) \cdot K_B + K_W\right] +\\&+ c^2(H_3O^+) \cdot \left[K_S K_W + \frac{V(B)}{V(HA) + V(B)} \cdot C(B) \cdot K_S K_B - K_B K_W -\right.\\&\qquad\left. - \frac{V(HA)}{V(HA) + V(B)} \cdot C(HA) \cdot K_S K_B\right] -\\&- c(H_3O^+) \cdot \left[K_S K_B K_W + \frac{V(HA)}{V(HA) + V(B)} \cdot C(HA) \cdot K_S K_W + K_W^2\right] -\\&\qquad - K_S K_W^2 = 0 ,\end{aligned} \tag{7.65}$$

führen zu Titrationskurven, in denen der pH-Wert als Funktion des Volumens an zugegebener Base, V(B), wiedergegeben wird. Definiert man

---

* Titration einer einwertigen Base mit beliebiger Säure siehe Aufg. 8.

$$\tau^* = \frac{C^*(B)}{C^*(HA)} = \frac{C(B)}{C(HA)} \cdot \frac{V(B)}{V(HA)} = \tau \cdot \frac{V(B)}{V(HA)}, \tag{7.66}$$

so erhält man zusammen mit den Lösungen von Gl. (7.65) wieder (pH, τ^*)-Wertepaare, die Punkten einer normierten Titrationskurve entsprechen. Man beachte, daß bei den Titrationskurven unter Vernachlässigung von Volumenänderungen die Konzentration der zugefügten Base in die Rechnung direkt nicht eingeht, da sie durch die vorgelegte, zu titrierende Säure über τ festgelegt ist. In Gl. (7.66) hingegen werden beliebige, fest vorgegebene Konzentrationen von HA *und* B durch die zugehörigen Volumina mitberücksichtigt.

Die beiden Titrationskurven von Essigsäure mit Natronlauge in Abb. 7.23 zeigen, wie die Verdünnung während einer Titration die Kurve ab $\tau^* > 1$ verändert, wenn sich im Verlauf der Titration das Volumen verzehnfacht.

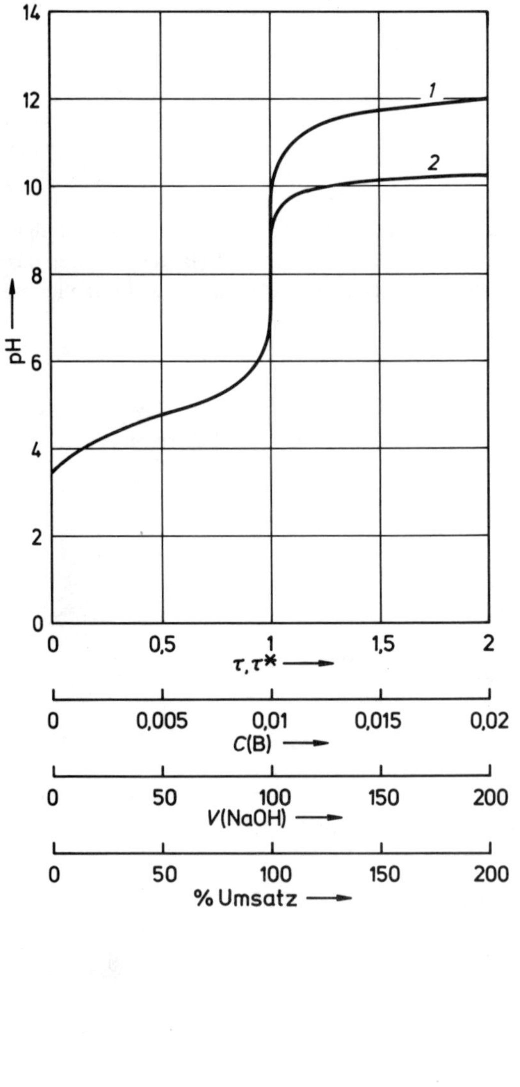

Abb. 7.23. *1* Titration von 0,01 M HOAc mit NaOH ohne Berücksichtigung der Volumenänderung. *2* Titration von 10 ml 0,01 M HOAc mit 10^{-3} M NaOH.

7.5 Näherungsweise Berechnung von Titrationskurven

7.5.1 Näherungen für einige Punkte von Titrationskurven

In den Abschnitten 7.1.2 und 7.2.2 ist schon anhand einiger Beispiele gezeigt worden, wie man mit Hilfe von logarithmischen pH-Diagrammen einige charakteristische Punkte von Titrationskurven beliebiger Säuren mit sehr starker Base bestimmen kann. Bei Titrationskurven n-wertiger Säuren H_nA ($n = 1, 2, \ldots$) mit einer beliebigen einwertigen Base liegt bei $\tau = 0$ die reine Säure-Lösung vor. Die näherungsweise Berechnung des zugehörigen pH-Werts ist in den Abschnitten 4.1 bzw. 4.2 beschrieben. An den Stellen

$$\tau = 1, 2, \ldots, n - 1 \quad (\text{für } n = 2, 3, \ldots)$$

liegen Lösungen mit amphoteren Teilchen vor, deren Näherungs-pH-Werte im Abschn. 4.3 berechnet wurden. Bei

$$\tau = \frac{1}{2}, \frac{3}{2}, \ldots, \frac{2n-1}{2} \quad (\text{für } n = 2, 3, \ldots)$$

lassen sich die pH-Werte gut approximieren, indem man, wie im Abschn. 8.1 beschrieben, für die korrespondierenden Säure-Base-Paare

$$H_{n-i+1}A^{(i-1)-}/H_{n-i}A^{i-} \quad (i = 1, 2, \ldots, n)$$

die pH-Werte in den Pufferschwerpunkten,

$$\text{pH} = \text{p}K_{Si}, \tag{7.67}$$

angibt. Der pH-Wert am letzten Äquivalenzpunkt, also an der Stelle $\tau = n$, kann ebenfalls näherungsweise errechnet werden (→Abschn. 7.1.5 und Abschn. 7.2.3). Titriert man über den Endpunkt hinaus, liegt ein Base-Gemisch vor, dessen näherungsweise pH-Berechnung im Abschn. 4.4 abgehandelt ist.

Zur Illustration mag die Aufg. 11 dienen, in der die charakteristischen Punkte mehrerer Titrationskurven auf verschiedene Weisen ermittelt werden.

7.5.2 Näherungen für einige Abschnitte von Titrationskurven einwertiger Säuren mit sehr starker Base

Setzt man in Gl. (7.22) den ersten Faktor, also F^*, gleich 1, so erhält man eine Gleichung, die die Titration einer einwertigen Säure HA (Säurekonstante K_S) mit einer sehr starken Base B (ohne Berücksichtigung der Volumenänderung) exakt beschreibt:

$$C(B) = \frac{K_W}{c(H_3O^+)} - c(H_3O^+) + \frac{C(HA) \cdot K_S}{c(H_3O^+) + K_S} . \tag{7.68}$$

In *sauren Lösungen,* in denen

$$c^2(H_3O^+) \gg K_W, \text{ also } K_W/c^2(H_3O^+) \approx 0$$

erfüllt ist, läßt sich Gl. (7.68) vereinfachen und umformen zu

$$c^2(H_3O^+) + c(H_3O^+) \cdot [C(B) + K_S] + K_S \cdot [C(B) - C(HA)] = 0 . \tag{7.69}$$

Daraus kann man

$$\mathrm{pH} = \lg 2 - \lg\left(\sqrt{[C(B) + K_S]^2 + 4 \cdot \Delta C \cdot K_S} - C(B) - K_S\right) \tag{7.70}$$

mit

$$\Delta C = C(HA) - C(B) \tag{7.71}$$

isolieren, eine explizite Gleichung für den pH-Wert. Aus Gl. (7.69) läßt sich nach Division durch $C(HA)$ der Titrationsgrad isolieren*):

$$\tau^{(2)} = \frac{-c^2(H_3O^+)/C(HA) - c(H_3O^+) \cdot K_S/C(HA) + K_S}{c(H_3O^+) + K_S} . \tag{7.72}$$

Für basische Lösungen, die der Bedingung

$$c(H_3O^+) \ll K_S$$

genügen, kann man Gl. (7.68) durch

$$C(B) = \frac{K_W}{c(H_3O^+)} - c(H_3O^+) + C(HA) \tag{7.73}$$

oder

$$\tau^{(3)} = 1 + \frac{K_W/c(H_3O^+) - c(H_3O^+)}{C(HA)} \tag{7.74}$$

ersetzen. Aus Gl. (7.73) läßt sich die Beziehung

$$\mathrm{pH} = \lg 2 - \lg\left(\Delta C + \sqrt{(\Delta C)^2 + 4 K_W}\right) \tag{7.75}$$

gewinnen, eine weitere explizite Formel in pH, um ein Teilstück von Titrationskurven zu errechnen [ΔC wie in Gl. (7.71) definiert].

---

* $\tau^{(i)}$ ($i = 2, 3, 4, 5$) bezeichnet im folgenden denjenigen Titrationsgrad, der mit der i-ten Näherung berechnet wurde.

Zu einer einfacheren Titrationskurven-Formel für den basischen Bereich gelangt man, indem man in Gl. (7.68) den zweiten Summanden $c(H_3O^+)$ Null setzt, die gesamte Gleichung mit $[K_S + c(H_3O^+)]/K_S$ multipliziert und umstellt:

$$C(B) \cdot \left[1 + \frac{c(H_3O^+)}{K_S}\right] = \frac{K_W}{c(H_3O^+)} \cdot \left[1 + \frac{c(H_3O^+)}{K_S}\right] + C(HA)\,. \tag{7.76}$$

Wegen $c(H_3O^+) \ll K_S$ muß auch

$$\frac{c(H_3O^+)}{K_S} \approx 0$$

sein. Die Beziehung

$$C(B) - C(HA) = \frac{K_W}{c(H_3O^+)} \tag{7.77}$$

ist eine einfache Näherung für Gl. (7.76). Daraus ergibt sich

$$c(H_3O^+) = \frac{K_W}{C(B) - C(HA)} \tag{7.78}$$

oder $\quad \mathrm{pH} = \mathrm{p}K_W + \lg[C(B) - C(HA)]$ (7.79)

bzw. $\quad \tau^{(4)} = 1 + \dfrac{K_W}{c(H_3O^+) \cdot C(HA)}\,.$ (7.80)

Eine andere Näherung, die manchmal für Titrationskurven angegeben wird, erhält man folgendermaßen: Der Summand $q(HA)$ in Gl. (7.10) nimmt bei schwachen Säuren, je nach Konzentration, für pH-Werte zwischen ≈ 4 und ≈ 10 im Vergleich zu $x(A^-)$ sehr kleine Werte an (→ Tab. 7.1, Abb. 7.2 und Abb. 7.3), so daß der Titrationsgrad dem Basebruch gleichgesetzt werden kann:

$$\tau^{(5)} = \frac{C(B)}{C(HA)} = x(A^-) = \frac{1}{1 + c(H_3O^+)/K_S} = \frac{K_S}{c(H_3O^+) + K_S}\,. \tag{7.81}$$

Diese Gleichung führt zu Titrationskurven, die die Titration einer schwachen Säure mit sehr starker Base im Bereich $0 < \tau \leq 1$ gut annähern. Zwischen $\tau = 0{,}1$ und $\tau = 0{,}9$ sind die so gewonnenen Näherungs-Kurven für pK-Werte > 4 mit den exakten Titrationskurven nahezu deckungsgleich.

Gl. (7.81) läßt sich in

$$\frac{1}{C(B)} = \frac{1}{C(HA) \cdot K_S} \cdot c(H_3O^+) + \frac{1}{C(HA)} \tag{7.82}$$

umformen. In dieser Gleichung wird $1/C(B)$ explizit als Funktion von $c(H_3O^+)$ wiedergegeben.

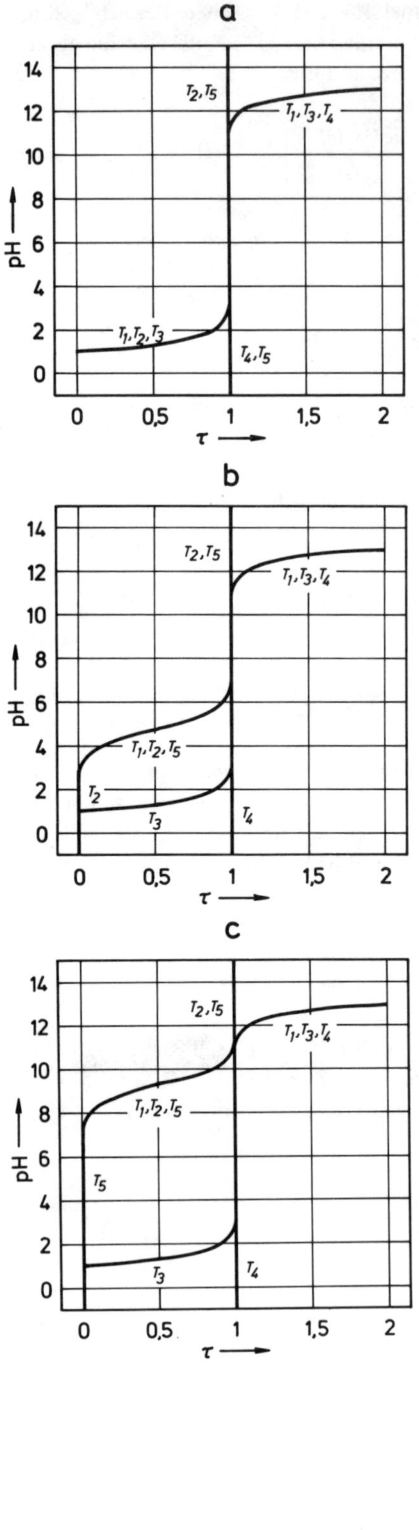

Abb. 7.24. Titrationskurven von **a** HCl, **b** HOAc, **c** NH_4^+ (in allen Fällen C = 0,1) mit sehr starker Base, berechnet mit verschiedenen Formeln.

$$T_1 : \tau = \frac{K_W/c(H_3O^+) - c(H_3O^+)}{C(HA)} + \frac{K_S}{c(H_3O^+) + K_S}$$

[Gl. (7.10); exakte Titrationskurve]

$$T_2 : \tau^{(2)} = [-c^2(H_3O^+)/C(HA) - c(H_3O^+) \cdot K_S/C(HA) + K_S]/[c(H_3O^+) + K_S]$$

[Gl. (7.72)]

$$T_3 : \tau^{(3)} = 1 + \frac{K_W/c(H_3O^+) - c(H_3O^+)}{C(HA)}$$

[Gl. (7.74)]

$$T_4 : \tau^{(4)} = 1 + \frac{K_W}{c(H_3O^+) \cdot C(HA)}$$ [Gl. (7.80)]

$$T_5 : \tau^{(5)} = \frac{K_S}{c(H_3O^+) + K_S}$$ [Gl. (7.81)]

Man kann natürlich in allen diesen Näherungs-Formeln die Verdünnung mitberücksichtigen, wenn man $C(\mathrm{HA})$ und $C(\mathrm{B})$ durch $C^*(\mathrm{HA})$ und $C^*(\mathrm{B})$ ersetzt (→Abschn. 7.4).

In Abb. 7.24 werden für mehrere Säuren die Titrationskurven, die mit den zuvor beschriebenen Näherungen ermittelt wurden, mit den exakten nach Gl. (7.10) berechneten Kurven (mit T_l bezeichnet) verglichen. Mit Hilfe dieser Abbildungen kann abgeschätzt werden, bei welcher Fragestellung welche Näherung zu sinnvollen Ergebnissen führt.

7.5.3 Näherungsweise Berechnung von Titrationskurven mehrwertiger Säuren

Mehrwertige Säuren lassen sich in sehr guter Näherung wie Gemische gleich konzentrierter einwertiger Säuren behandeln, wenn die pK-Werte der einzelnen Protolyse-Schritte mindestens 1,5 Einheiten auseinander liegen. Auf diese Gemische einwertiger Säuren wiederum kann man alle in Abschn. 7.5 aufgezeigten Näherungen sowohl für Kurvenpunkte als auch für Kurvenabschnitte anwenden und so eine Gesamt-Titrationskurve stückweise erstellen.

Aufgaben

1. Man ermittele näherungsweise und exakt die Titrierexponenten für die Titration von

a) $2 \cdot 10^{-2}$ M HCl mit NaOH,
b) $3 \cdot 10^{-3}$ M $(COOH)_2$ mit NaOH,
c) $6 \cdot 10^{-2}$ M H_2SO_4 mit NH_3,
d) $4 \cdot 10^{-2}$ M NaOH mit $C_6O_7H_8$ (pK_{S1} = 3,13; pK_{S2} = 4,76; pK_{S3} = 6,40),
e) $5 \cdot 10^{-3}$ M H_3PO_4 mit NaOH,
f) $8 \cdot 10^{-2}$ M $N(CH_2COOH)_3$ mit $NH_2(CH_2)_4NH_2$.

2. Berechnen Sie näherungsweise den Verlauf der Titration von

a) 0,025 M Benzoesäure mit sehr starker Lauge um $\tau = 1/2$,
b) 0,15 M Flußsäure mit sehr starker Lauge von $\tau > 1$ bis $\tau = 1{,}5$,
c) 0,02 M Butylamin mit sehr starker Säure von $\tau = 1/2$ bis $\tau = 1$.

3. Erstellen Sie für die Titration eines Gemischs aus

a) 0,1 M HOAc und 0,1 M HCN mit NaOH,
b) 0,1 M HCl und 0,1 M HOAc mit NH_3

die Titrationskurven.

4. 10^{-2} M Buttersäure und $5 \cdot 10^{-3}$ M Citronensäure (pK_S-Werte siehe Aufg. 1 d) sollen jeweils mit Natronlauge und Ammoniak titriert werden. Zeichnen Sie die vier Titrationskurven.

5. Erstellen Sie die Titrationskurven für die Titration einer 0,01 M Benzolhexacarbonsäure mit

a) Natronlauge,
b) Äthylendiamin.

6. Wie verlaufen die Titrationskurven eines Gemischs aus

a) 0,05 M HNO_3 und 0,05 M $(CH_3)_3CCOOH$,
b) 0,02 M HCOOH und 0,02 M $(NH_2)_2C_6H_3COOH$ (3,5-Diaminobenzoesäure; $pK_S = 5{,}30$)

mit NaOH?

7. Welche charakteristischen Punkte der Titrationskurven von

a) 0,02 M HF,
b) 0,05 M $(COOH)_2$,
c) 0,01 M H_3PO_4

mit Ammoniak lassen sich aus den logarithmischen pH-Diagrammen der jeweiligen Säure und dieser schwachen Base bestimmen?

8. Welche Gleichungen beschreiben die Titration einer beliebigen einwertigen Base mit einer beliebigen n-wertigen Säure

a) ohne Berücksichtigung der Volumenänderung,
b) mit Berücksichtigung der Volumenänderung?

9. Man erstelle die Titrationskurve von 100 ml 0,1 M Pyridin ($pK_B = 8{,}81$) mit 0,1 M Salzsäure

a) unter Vernachlässigung,
b) unter Berücksichtigung

der Volumenänderung.

10. 50 ml 0,2 M Äthylendiamin sollen mit 1 M Salzsäure

a) ohne Berücksichtigung,
b) mit Berücksichtigung

der Verdünnung titriert werden. Zeichnen Sie die Titrationskurven.

11. Berechnen Sie die Punkte an den Stellen $\tau = k$ ($k = 0, 1, \ldots, n + 1$) und $\tau = (2l - 1)/2$ ($l = 1, 2, \ldots, n$) der Titrationskurven von

a) 0,05 M HF mit NH_3,
b) 10^{-3} M $CH_3CH(NH_2)COOH$ mit CH_3COONa,
c) 0,025 M H_3PO_4 mit NaOH,
d) 0,02 M $Na_3C_6O_7H_5$-Lösung (Trinatriumsalz der Citronensäure) mit HCl

näherungsweise und exakt. Der Kurvenverlauf soll skizziert werden. (n sei die Wertigkeit der jeweiligen Säuren; pK_S-Werte der Citronensäure siehe Aufg. 1d.)

12. Erstellen Sie die Titrationskurven von Äthylendiamintetraessigsäure (pK_{Si}-Werte siehe Aufg. 10 von Kap. 5) mit Natronlauge und mit Ammoniak [$C(H_4A) = 0{,}1$].

8 Puffer

Wäßrige Lösungen, deren pH-Werte sich bei Zusatz nicht allzu großer Mengen an Säuren oder Basen oder bei Verdünnung nur unwesentlich ändern, nennt man nach einem Vorschlag von Fernbach *Puffer.* (Von Michaelis stammt die Bezeichnung *Regulatoren.*) Solche Puffer-Lösungen verdanken ihren Namen der Eigenschaft, daß sie in gewissem Ausmaß den pH-Wert von Lösungen stabilisieren können, d. h. Protonen bzw. Hydroxidionen abzufangen („abzupuffern") in der Lage sind: Bei Säure- oder Base-Zusatz bleiben die pH-Werte solcher Lösungen, das *Pufferniveau,* weitgehend unverändert.

Die Pufferung spielt in vielen biochemischen Vorgängen eine bedeutende Rolle. So ist das Wachstum von Bakterien stark vom pH-Wert des Nährbodens abhängig. Menschliches Blut besitzt einen annähernd konstanten pH-Wert zwischen 7,35 und 7,45, was auf die puffernde Wirkung der Systeme CO_2/HCO_3^-, $H_2PO_4^-/HPO_4^{2-}$ und auf das Globin des Hämoglobins zurückzuführen ist.

Auch sind einige Industrieprozesse ohne Benutzung verschiedener Puffer-Systeme nicht denkbar: Bei der Gewinnung von *N*-Phenylhydroxylamin aus Nitrobenzol durch kathodische Reduktion arbeitet man im Essigsäure-Acetat-Puffer, aus mineralsaurer Lösung erhält man Anilin, aus alkalischem Medium Hydrazobenzol. Weiterhin werden zur Minderung der Korrosion in halbgeschlossenen Kühlsystemen dem Wasser Inhibitoren in Form von Zink- bzw. Polyphosphaten je nach Härte und Chloridgehalt zugesetzt, wobei der pH-Wert zwischen 6,5 und 7 gehalten wird.

Insbesondere sind Teilgebiete der analytischen Chemie ohne Verwendung von Puffern nicht denkbar. Als Beispiel seien nur die zahlreichen komplexometrischen Bestimmungen mit Äthylendiamintetraessigsäure erwähnt, die in gepufferten Lösungen ausgeführt werden müssen.

In der Praxis werden pH-Werte vorwiegend mit *Glaselektroden* gemessen. Mit *Standard-Puffer-Lösungen* stellt man genau definierte pH-Werte ein (→ Tab. 8.1) und eicht so diese Elektroden. Mit diesen Lösungen wird die *praktische pH-Skala* festge-

Tab. 8.1. pH-Werte einiger Standard-Puffer-Lösungen.

Lösung aus	pH
0,05 mol/l $KH_3(C_2O_4)_2 \cdot 2H_2O$	1,679
$HOOC(CHOH)_2COOK$, gesättigt	3,557
0,05 mol/l $HOOCC_6H_4COOK$	4,008
0,025 mol/l KH_2PO_4 und 0,025 mol/l Na_2HPO_4	6,865
0,01 mol/l $Na_2B_4O_7$	9,180
$Ca(OH)_2$, gesättigt	12,454

legt. Es handelt sich dabei um einfach herzustellende Lösungen genau definierter Zusammensetzung, für die ein bestimmter pH-Wert festgelegt ist. pH-Werte messen heißt also in der Praxis, zwischen so definierten pH-Werten interpolieren. (Ausführlicheres dazu ist in den Arbeiten von Bates zu finden.)

8.1 Titrationskurven und Puffer-Eigenschaften

8.1.1 Einwertige Säuren

Insbesondere besitzen Lösungen, die schwache Säuren und deren korrespondierende Basen in Verhältnissen um 1:1 enthalten, ausgeprägte Puffer-Eigenschaften. Für die Protonen-Konzentration von HA und A^- enthaltenden Lösungen ergibt sich aus dem Ausdruck für die Säurekonstante [vgl. z. B. Gl. (2.9)]

$$c(H_3O^+) = K_S \cdot \frac{c(HA)}{c(A^-)} \qquad (8.1)$$

oder

$$pH = pK_S + \lg \frac{c(A^-)}{c(HA)} \qquad (8.2)$$

(Henderson-Hasselbalch-Gleichung). Zugabe von Säuren oder Basen verändert zwar den Zahlenwert des *Puffer-Verhältnisses* $c(A^-)/c(HA)$, sein Logarithmus variiert jedoch nur wenig (→Tab. 8.2).

Tab. 8.2. Einfluß des Quotienten $c(A^-)/c(HA)$ auf den pH-Wert einer HOAc-Lösung.

$\frac{c(A^-)}{c(HA)}$	10	5	2	$\frac{3}{2}$	1	$\frac{2}{3}$	$\frac{1}{2}$	$\frac{1}{5}$	$\frac{1}{10}$
pH	5,75	5,45	5,05	4,93	4,75	4,57	4,45	4,05	3,75

Die gleiche Eigenschaft korrespondierender Säure-Base-Paare läßt sich auch recht gut aus den Titrationskurven schwacher einwertiger Säuren mit sehr starker Base um $\tau = 1/2$ ersehen (hier sind die Konzentration an Säure und korrespondierender Base ungefähr gleich). Wegen der verhältnismäßig geringen Steigung von Titrationskurven um $\tau = 1/2$ verursachen geringe Zusätze an Base – dem entspricht eine Änderung von τ um $\Delta\tau$ – verhältnismäßig geringfügige Änderungen ΔpH des pH-Werts (in den Abb. 8.1**a** etwa 0,1 pH-Einheiten). Hingegen hat die gleiche Änderung $\Delta\tau$ in der Nähe des Äquivalenzpunkts (Punkt *Ä* in Abb. 8.1**b**; $\tau = 1$), also an einer Stelle der Titrationskurve mit großer Steigung, einen erheblichen pH-Sprung zur Folge (in Abb. 8.1**b** sind dies fast 5,5 pH-Einheiten). Je weniger eine Titrationskurve in einem bestimmten Punkt ansteigt, desto geringer ist also die pH-Wert-Änderung, desto größer ist die puffernde Wirkung des entsprechenden Säure-Base-Gemischs.

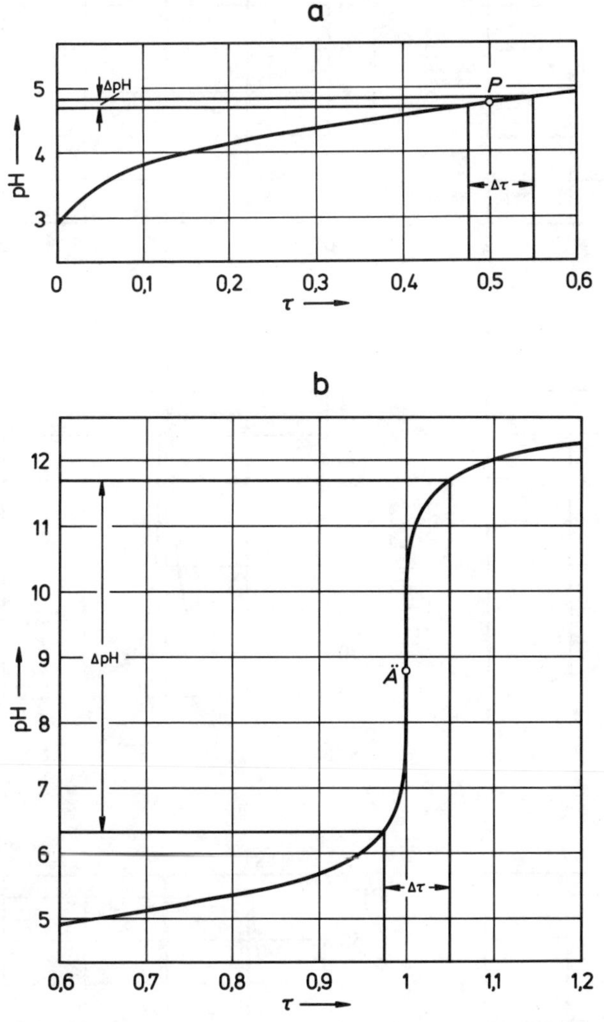

Abb. 8.1. Ausschnitte der Titrationskurve von 0,1 M Essigsäure mit sehr starker Base **a** in der Nähe des Pufferschwerpunkts *P*, **b** in der Nähe des Äquivalenzpunkts *Ä*.

In den Abbildungen 8.2 und 8.3 sind die Titrationskurven einer sehr starken (Abb. 8.2**a**) und schwachen Säure (Abb. 8.3**a**) mit einer sehr starken einwertigen Base nebeneinander wiedergegeben. In den Teilen **b** und **c** dieser Abbildungen werden

$$\frac{d\,pH}{d\tau} \quad \text{und} \quad \frac{d^2pH}{d\tau^2}$$

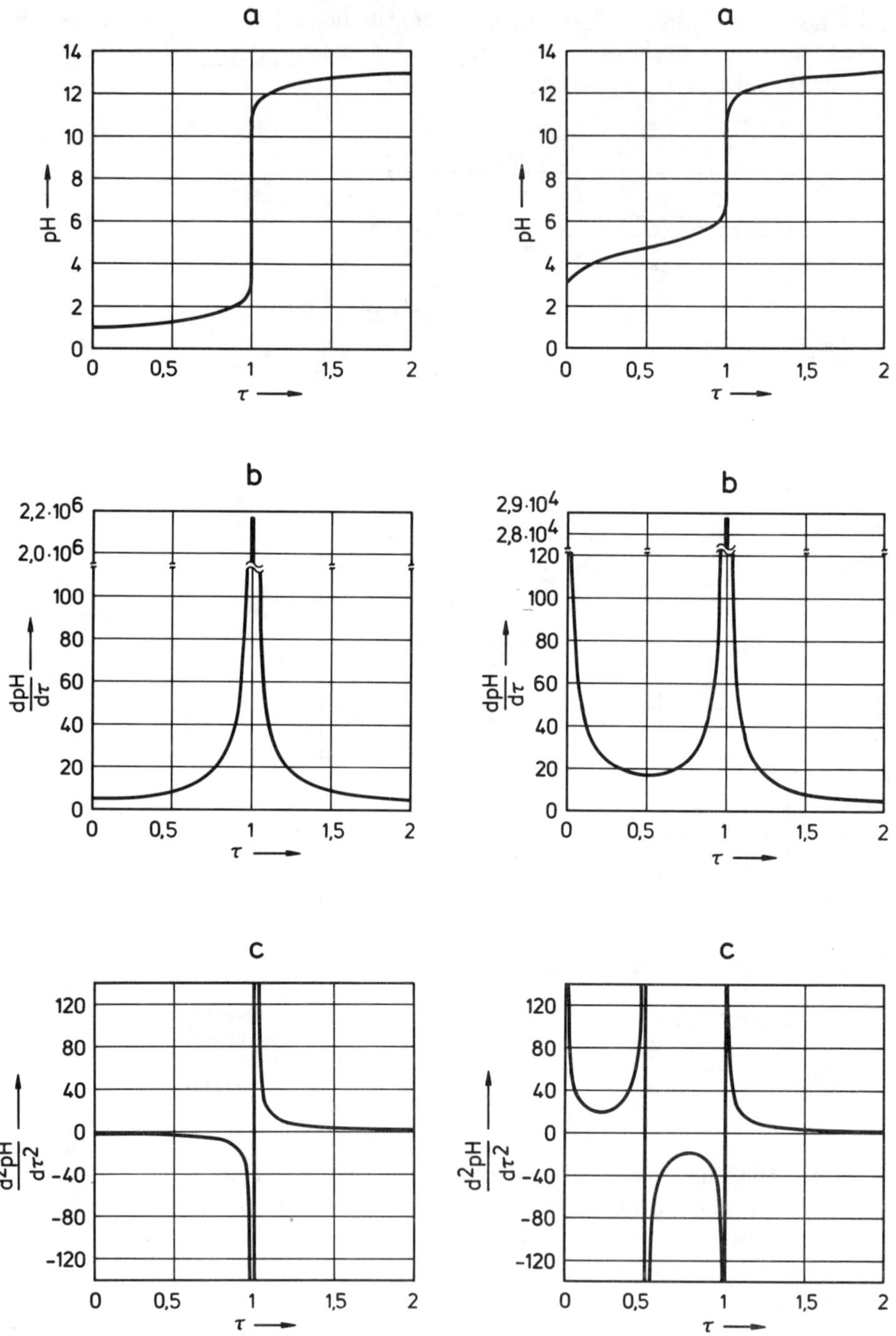
a
pH
τ
b
2,2·10^6
2,0·10^6
2,9·10^4
2,8·10^4
dpH/dτ
c
d²pH/dτ²

als Funktion von τ dargestellt. Man erkennt (Abb. 8.3**b**), daß bei schwachen Säuren für diese Konzentration die Steigung der Titrationskurven bei $\tau \approx 0{,}5$ minimal ist. In diesem Bereich ist also die puffernde Wirkung am größten.

Man nennt denjenigen Punkt einer Titrationskurve mit minimaler Steigung, also mit maximaler Pufferwirkung, den *Pufferschwerpunkt* (*P* in Abb. 8.1**a**). Konsequente Benutzung dieser Definition würde ergeben, daß beispielsweise der Anfangspunkt der Titrationskurve einer 0,1 M HCl mit NaOH (reine Salzsäure!) ein Pufferschwerpunkt dieser Titrationskurve genannt werden muß, weil bei $\tau = 0$ die Steigung der Titrationskurve minimal ist. Es ist jedoch üblich, nur solche Stellen *Pufferschwerpunkte* zu nennen, bei denen um $\tau = 0{,}5$ die Steigung der Titrationskurve ein relatives Minimum durchläuft. Die Bedingungen, welche die Konzentration und die Säurestärke dafür erfüllen müssen, können aus Abb. 7.10 abgelesen werden: Für alle im Innern des gestrichelten Dreiecks liegenden $-\lg C$-$\mathrm{p}K_\mathrm{S}$-Werte-Paare liegt bei

$$0{,}49 \le \tau \le 0{,}51$$

eine Stelle mit minimaler Steigung vor (ein Wendepunkt der Titrationskurve!). Unter diesen Voraussetzungen variiert das Pufferverhältnis zwischen 0,97 und 1,03. Der durch Striche hervorgehobenen Dreiecksfläche (→Abb. 7.10) entsprechen die beiden Ungleichungen

$$\begin{aligned} \mathrm{p}K_\mathrm{S} &\ge 2{,}5 - \lg C, \\ \mathrm{p}K_\mathrm{S} &\le 11{,}5 + \lg C, \end{aligned} \qquad (8.3)$$

die beide gleichzeitig erfüllt sein müssen.

8.1.2 *n*-wertige Säuren

Eine *n*-wertige Säure H_nA ($n = 2, 3, \ldots$) besitzt maximal *n* Pufferschwerpunkte, also *n* Punkte der zugehörigen Titrationskurve (mit sehr starker einwertiger Base), deren Steigungen relative Minima aufweisen (Abszissen dieser Punkte: $\tau \approx 1, 2, \ldots, n$). An den Stellen $\tau = 1, 2, \ldots, n$ liegen die Teilchen $H_{n-i+1}A^{(i-1)-}$ und $H_{n-i}A^{i-}$, in Abhängigkeit von C und $\mathrm{p}K_{\mathrm{S}i}$ (→Abb. 7.10), in annähernd jeweils gleichen Gleichgewichts-Konzentrationen vor ($i = 1, 2, \ldots, n$). Wie schon aus den pH-Diagrammen (→Kap. 5) ersichtlich ist, liegen an den Stellen $\mathrm{pH} = \mathrm{p}K_{\mathrm{S}i}$ ($i = 1, 2, \ldots, n$) bei Säuren, deren $\mathrm{p}K_{\mathrm{S}i}$-Werte weit genug auseinander liegen, praktisch nur diese beiden Teilchen-Arten im Gleichgewicht vor, so daß man die Pufferwirkung mehrwertiger

Abb. 8.2. Titrationskurve einer sehr starken 0,1 M einwertigen Säure mit sehr starker Base (**a**) und deren ersten beiden Ableitungen (**b** und **c**).

Abb. 8.3. Titrationskurve einer schwachen 0,1 M einwertigen Säure ($\mathrm{p}K_\mathrm{S} = 4{,}75$) mit sehr starker Base (**a**) und deren ersten beiden Ableitungen (**b** und **c**).

Säuren und ihrer Protolyse-Produkte abschnittweise wie bei einwertigen Säuren berechnen (oder approximieren) kann.

Aber auch einige Ampholyte (wie z. B. Na_2HPO_4, NaH_2PO_4, Aminosäuren) können den pH-Wert von Lösungen gegen Zusatz anderer Stoffe „abstumpfen". Dies wird entsprechend aus der (noch) verhältnismäßig geringen Steigung der Titrationskurven beispielsweise n-wertiger Säuren (→ Abbildungen 7.16 und 7.19) an den Stellen $\tau = 1$ (für $n = 2$) bzw. $\tau = 1$ und $\tau = 2$ (für $n = 3$) zumindest qualitativ schon verständlich. Darüberhinaus muß man beachten, daß die benachbarten Punkte der Titrationskurve mit $\tau = 1/2, 3/2$ (für $n = 2$) und $\tau = 1/2, 3/2, 5/2$ (für $n = 3$) wieder Pufferschwerpunkte sein können, diese Ampholyte also ggf. bei zwei bzw. drei pH-Werten relative Extrema der Pufferwirkung aufweisen können (→ Abbildungen 8.10 und 8.11).

8.2 Näherungsweise Berechnung der pH-Werte von Puffern

Gl. (8.2) ist zur exakten pH-Wert-Berechnung von Puffern ungeeignet, da man in der Praxis gewisse Ausgangs-Konzentrationen an HA und A^- einstellt, die im allgemeinen von den Gleichgewichts-Konzentrationen $c(\mathrm{HA})$ und $c(\mathrm{A^-})$ verschieden sind.

Es ist sinnvoll, die Gesamt-Konzentration $C(\mathrm{HA})$ eines aus dem korrespondierenden Säure-Base-Paar $\mathrm{HA/A^-}$ bestehenden Puffer-Systems von den „Einwaagen" an Säure und korrespondierender Base zu unterscheiden; deshalb werden in diesem Kapitel mit $C_\mathrm{P}(\mathrm{HA})$ und $C_\mathrm{P}(\mathrm{A^-})$ die Ausgangs-Konzentrationen der beiden korrespondierenden Teilchen bezeichnet, aus denen der Puffer besteht [vgl. auch Gl. (8.7)].

Wenn man anstelle von $c(\mathrm{HA})$ und $c(\mathrm{A^-})$ die „Einwaagen" $C_\mathrm{P}(\mathrm{HA})$ und $C_\mathrm{P}(\mathrm{A^-})$ in Gl. (8.2) einsetzt, lassen sich über

$$\mathrm{pH} = \mathrm{p}K_\mathrm{S} + \lg \frac{C_\mathrm{P}(\mathrm{A^-})}{C_\mathrm{P}(\mathrm{HA})} \qquad (8.4)$$

die pH-Werte von Puffer-Lösungen näherungsweise berechnen. Diese Gleichung ist immer dann von ausreichender Genauigkeit, wenn sich $c(\mathrm{A^-})/c(\mathrm{HA})$ und $C_\mathrm{P}(\mathrm{A^-})/C_\mathrm{P}(\mathrm{HA})$ nur geringfügig unterscheiden (→ Tab. 8.3). Insbesondere gilt für Lösungen mit $C_\mathrm{P}(\mathrm{HA}) = C_\mathrm{P}(\mathrm{A^-})$ über einen weiten Konzentrations-Bereich mit recht guter Näherung

$$\mathrm{pH} = \mathrm{p}K_\mathrm{S}\,. \qquad (8.5)$$

Daß Gl. (8.4) Puffer-Eigenschaften nur näherungsweise beschreibt, erkennt man, wenn die vorgegebenen Konzentrationen an HA und A^- gleichmäßig verkleinert werden: Nach Gl. (8.4) würde stets derselbe pH-Wert, $\mathrm{pH} = \mathrm{p}K_\mathrm{S}$, resultieren, obwohl aufgrund der Verdünnung der pH-Wert gegen 7 streben muß (→ Abb. 8.4).

Tab. 8.3. Gleichgewichts- und Ausgangs-Konzentrationen von Essigsäure-Acetat-Gemischen.

$C_P(HOAc) = C_P(OAc^-)$	pH	$c(HOAc)$	$c(OAc^-)$	$\frac{C_P(OAc^-)}{C_P(HOAc)}$	$\frac{c(OAc^-)}{c(HOAc)}$
1	4,750	$5{,}000 \cdot 10^{-1}$	$5{,}000 \cdot 10^{-1}$	1	1
10^{-1}	4,750	$5{,}000 \cdot 10^{-2}$	$5{,}000 \cdot 10^{-2}$	1	1
10^{-2}	4,752	$4{,}991 \cdot 10^{-3}$	$5{,}009 \cdot 10^{-3}$	1	0,996
10^{-3}	4,765	$4{,}914 \cdot 10^{-4}$	$5{,}086 \cdot 10^{-4}$	1	0,966
10^{-4}	4,868	$4{,}323 \cdot 10^{-5}$	$5{,}677 \cdot 10^{-5}$	1	0,762
10^{-5}	5,270	$2{,}318 \cdot 10^{-6}$	$7{,}682 \cdot 10^{-6}$	1	0,302
10^{-6}	6,039	$4{,}885 \cdot 10^{-8}$	$9{,}512 \cdot 10^{-7}$	1	$0{,}514 \cdot 10^{-1}$
10^{-7}	6,794	$8{,}945 \cdot 10^{-10}$	$9{,}911 \cdot 10^{-8}$	1	$0{,}903 \cdot 10^{-2}$
10^{-8}	6,979	$5{,}873 \cdot 10^{-11}$	$9{,}941 \cdot 10^{-9}$	1	$0{,}591 \cdot 10^{-2}$
10^{-9}	6,998	$5{,}620 \cdot 10^{-12}$	$9{,}944 \cdot 10^{-10}$	1	$0{,}565 \cdot 10^{-2}$
10^{-10}	7,000	$5{,}594 \cdot 10^{-13}$	$9{,}945 \cdot 10^{-11}$	1	$0{,}562 \cdot 10^{-2}$

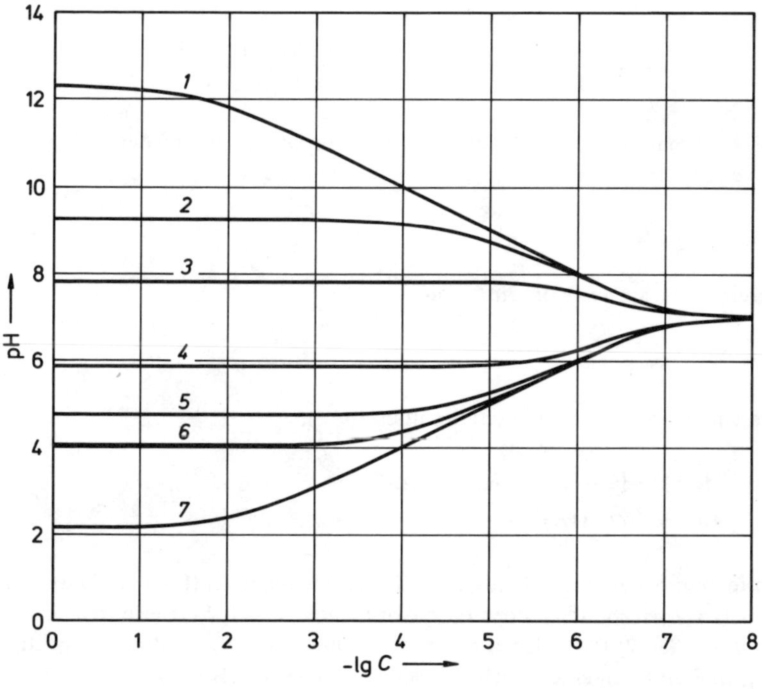

Abb. 8.4. Abhängigkeit der pH-Werte verschiedener Puffer-Systeme von ihrer Konzentration. (Die Ausgangs-Konzentrationen an Säure und korrespondierender Base sind gleich.) *1* PO_4^{3-}/HPO_4^{2-}, *2* NH_3/NH_4^+, *3* $Cl_2C_6H_3O^-/Cl_2C_6H_3OH$ (2,4-Dichlorphenol-Puffer), *4* $C_5H_4O_3N_4/C_5H_3O_3N_4^-$ (Harnsäure-Puffer), *5* $HOAc/OAc^-$, *6* $H_2B_4O_7/HB_4O_7^-$, *7* $H_3PO_4/H_2PO_4^-$.

Eine wichtige Folgerung läßt sich aus der Beziehung (8.4) trotz ihres approximativen Charakters ziehen: Wenn man Puffer für einen bestimmten pH-Bereich benötigt, wird man dazu solche Säure-Base-Paare auswählen, deren pK_S-Werte in der Nähe des gewünschten pH-Werts liegen.

8.3 pH-Wert-Änderungen von Puffern

8.3.1 Verdünnung von Puffern

Die im vorigen Abschnitt abgeleitete Näherungs-Formel (8.4) weist einen großen Nachteil auf: Für alle Puffer-Konzentrationen ist der Quotient $C_P(A^-)/C_P(HA)$ konstant (→Tab. 8.3), also der pH-Wert stets gleich – auch bei „unendlicher Verdünnung". Um den Einfluß der Konzentration auf den pH-Wert von Puffersystemen zu beschreiben, kann man von der bereits in Abschn. 7.1.2 abgeleiteten Gl. (7.10) ausgehen und diese zu

$$\tau \cdot C(HA) = C(B) = \frac{K_W}{c(H_3O^+)} - c(H_3O^+) + \frac{C(HA)}{1 + c(H_3O^+)/K_S} \tag{8.6}$$

umformen. Ersetzt man in diesem Ausdruck $C(HA)$ durch die Summe der Ausgangs-Konzentrationen an Säure HA und korrespondierender Base A^-,

$$C(HA) = C_P(HA) + C_P(A^-), \tag{8.7}$$

und $C(B)$ durch die Ausgangs-Konzentration von A^-,

$$C(B) = C_P(A^-), \tag{8.8}$$

so erhält man eine Gleichung dritten Grades in $c(H_3O^+)$,

$$\begin{aligned} c^3(H_3O^+) + c^2(H_3O^+) \cdot [C_P(A^-) + K_S] - \\ - c(H_3O^+) \cdot [C_P(HA) \cdot K_S + K_W] - K_S K_W = 0, \end{aligned} \tag{8.9}$$

mit deren Hilfe man bei gegebenen Ausgangs-Konzentrationen $C_P(HA)$ an Säure und $C_P(A^-)$ an zu HA korrespondierender Base den gesuchten pH-Wert ermitteln kann. [Ersetzt man in Gl. (3.72) $C(B)$ durch $C_P(A^-)$, K_B durch K_W/K_S, und berücksichtigt man Gl. (8.7), so ergibt sich eine Gleichung vierten Grades in $c(H_3O^+)$, die nach Division durch $[c(H_3O^+) + K_S] \cdot K_W/K_S$ in Gl. (8.9) übergeht.]

Beispielsweise errechnet sich nach Gl. (8.9) für eine Puffer-Lösung mit $5{,}1 \cdot 10^{-3}$ mol HOAc und $4{,}7 \cdot 10^{-3}$ mol NaOAc in 1 l der pH-Wert zu 4,718 [es wurden $C_P(HA) = 5{,}1 \cdot 10^{-3}$, $C_P(A^-) = 4{,}7 \cdot 10^{-3}$ und $K_S = 10^{-4{,}75}$ eingesetzt].

Gl. (8.9) kann umgeformt werden zu

$$c(H_3O^+) = K_S \cdot \frac{C_P(HA) - c(H_3O^+) + c(OH^-)}{C_P(A^-) + c(H_3O^+) - c(OH^-)} . \tag{8.10}$$

Diese manchmal *Charlot-Gleichung* genannte Beziehung ist geeignet, um Näherungs-Formeln zur pH-Wert-Berechnung von wäßrigen Lösungen abzuleiten, die Säuren und/oder Basen enthalten, wenn man nur für $C_P(HA)$, $C_P(A^-)$, $c(H_3O^+)$ und $c(OH^-)$ geeignete vereinfachende Annahmen macht. Beispielsweise gelangt man mit den beiden Näherungen

$$c(H_3O^+) = \sqrt{C_P(HA) \cdot K_S} \tag{8.11}$$

[→ Gl. (4.7)] und

$$c(OH^-) = \sqrt{C_P(A^-) \cdot K_B} \tag{8.12}$$

[diese Beziehung ergibt sich z. B. aus Gl. (9.30)] zu

$$c(H_3O^+) = \frac{C_P(HA) - \sqrt{C_P(HA) \cdot K_S} + \sqrt{C_P(A^-) \cdot K_B}}{C_P(A^-) + \sqrt{C_P(HA) \cdot K_S} - \sqrt{C_P(A^-) \cdot K_B}} . \tag{8.13}$$

Da die exakte Gl. (8.9) einfach gelöst werden kann, soll hier auf weitere Betrachtungen dieser Formel (8.13) verzichtet werden.

Aus Abb. 8.4 kann man erkennen, daß sich der pH-Wert von Puffer-Lösungen mit $C_P(A^-)/C_P(HA) = 1$ bei Verdünnung über einen weiten Konzentrations-Bereich praktisch nicht verändert. Dies ist im wesentlichen darauf zurückzuführen, daß der Quotient $c(A^-)/c(HA)$ bei Säure-Base-Paaren mit pK-Werten zwischen 4 und 10 annähernd konstant bleibt und sich bei schwachen Säuren erst für Konzentrationen unterhalb von 10^{-4} mol/l von $C_P(A^-)/C_P(HA)$ merklich zu unterscheiden beginnt (vgl. auch Tab. 8.3).

8.3.2 Einfluß von Säure- und Base-Zusatz auf den pH-Wert von Puffern

Gl. (8.9) ist zwar gut geeignet, die pH-Werte von Puffern zu berechnen; diese Formel ist jedoch nicht brauchbar, wenn man den Einfluß von Säuren oder Basen auf Puffer-Systeme rechnerisch ermitteln will.

Gl. (7.58) beschreibt den Einfluß einer Base auf den pH-Wert eines Gemischs von zwei einwertigen Säuren. Diese Beziehung ist auch geeignet, um pH-Wert-Änderungen bei Säure-Zusatz zu Puffer-Systemen zu berechnen. Setzt man nämlich in dieser Gleichung $F^* = 1$ und anstelle von B die zu HA korrespondierende Base A^-, so gelangt man nach einfachen Umformungen zu

$$c^4(H_3O^+) + c^3(H_3O^+) \cdot [K_{SA} + K_{SX} + C_P(A^-)] +$$
$$+ c^2(H_3O^+) \cdot \{K_{SA} \cdot [K_{SX} - C_P(HA)] + K_{SX} \cdot [C_P(A^-) - C(HX)] - K_W\} -$$
$$- c(H_3O^+) \cdot \{K_{SA}K_{SX} \cdot [C_P(HA) + C(HX)] + K_W \cdot (K_{SA} + K_{SX})\} -$$
$$- K_{SA}K_{SX}K_W = 0. \tag{8.14}$$

Man muß $F^* = 1$ setzen, da die Zugabe von x mol sehr starker Base B zu z mol einer schwachen Säure HA zu gleichen Gleichgewichts-Konzentrationen $c(HA)$ und $c(A^-)$ führt, wie wenn man die gleiche Menge an korrespondierender Base A^- zu $(z - x)$ mol HA gibt. Dies bedeutet, daß zum Beispiel in einer Lösung mit $C_P(HA) = 0{,}1$ mol/l und $C_P(A^-) = 0{,}05$ mol/l genau so viele HA- und A^--Teilchen vorliegen wie in einer 0,15 M HA-Lösung [$C(HA) = 0{,}15$ mol/l] nach Zugabe von 0,05 mol/l sehr starker Base.

Für ein Gemisch der Säure HA und ihrer korrespondierenden Base A^- mit den jeweiligen Ausgangs-Konzentrationen $C_P(HA)$ und $C_P(A^-)$ kann man für beliebige Zusätze $C(HX)$ an Säure HX (Säurekonstante K_{SX}) die H_3O^+-Ionen-Konzentration dieses Systems als Nullstelle der Gl. (8.14) berechnen.

Man kann zu einer Verallgemeinerung von Gl. (8.14) gelangen, wenn man zu einem Puffer-System HA/A^- [Einwaagen $C_P(HA)$ und $C_P(A^-)$] ein Gemisch gibt, das aus einer Säure HX und einer Base Y zusammengesetzt ist [Ausgangs-Konzentrationen $C(HX)$ bzw. $C(Y)$]. Zu der Gleichung fünften Grades, die den Einfluß dieser Säure und/oder Base auf das Puffer-System exakt beschreibt, gelangt man, indem man in Formel (3.91) $C(B) = C_P(A^-)$ und

$$\frac{1}{F^*} = \frac{K_B}{c(OH^-) + K_B} = 1 \tag{8.15}$$

setzt und mit dem Hauptnenner multipliziert [für $C(HA)$ gilt Gl. (8.7)]:

$$c^5(H_3O^+) \cdot K_Y + c^4(H_3O^+) \cdot \{K_Y \cdot [K_{SA} + K_{SX} + C_P(A^-) + C(Y)] + K_W\} +$$
$$+ c^3(H_3O^+) \cdot \langle K_Y \cdot \{K_{SA} \cdot [K_{SX} + C_P(A^-) + C(Y) - C(HA)] +$$
$$+ K_{SX} \cdot [C_P(A^-) + C(Y) - C(HX)]\} +$$
$$+ K_W \cdot [K_{SA} + K_{SX} - K_Y + C_P(A^-)]\rangle +$$
$$+ c^2(H_3O^+) \cdot \langle K_{SA}K_{SX}K_Y \cdot [C_P(A^-) + C(Y) - C(HA) - C(HX)] +$$
$$+ K_W \cdot \{K_{SA} \cdot [K_{SX} - K_Y + C_P(A^-) - C(HA)] -$$
$$- K_{SX} \cdot [K_Y - C_P(A^-) + C(HX)]\} - K_W^2\rangle -$$
$$- c(H_3O^+) \cdot \{K_{SA}K_{SX}K_W \cdot [K_Y - C_P(A^-) + C(HA) + C(HX)] +$$
$$+ K_W^2 \cdot (K_{SA} + K_{SX})\} -$$
$$- K_{SA}K_{SX}K_W^2 = 0. \tag{8.16}$$

In Abb. 8.5 ist für reine Natronlauge, Ammoniak- und Acetat-Puffer sowie reine Salzsäure wiedergegeben, wie sich die Gehalte an HOAc und HCl auf den pH-Wert auswirken. (Die den Einfluß von NaOH und NH_3 beschreibenden Kurven kann man aus Abb. 8.5 erhalten, wenn man alle Kurven an der Geraden pH = 7 spiegelt.)

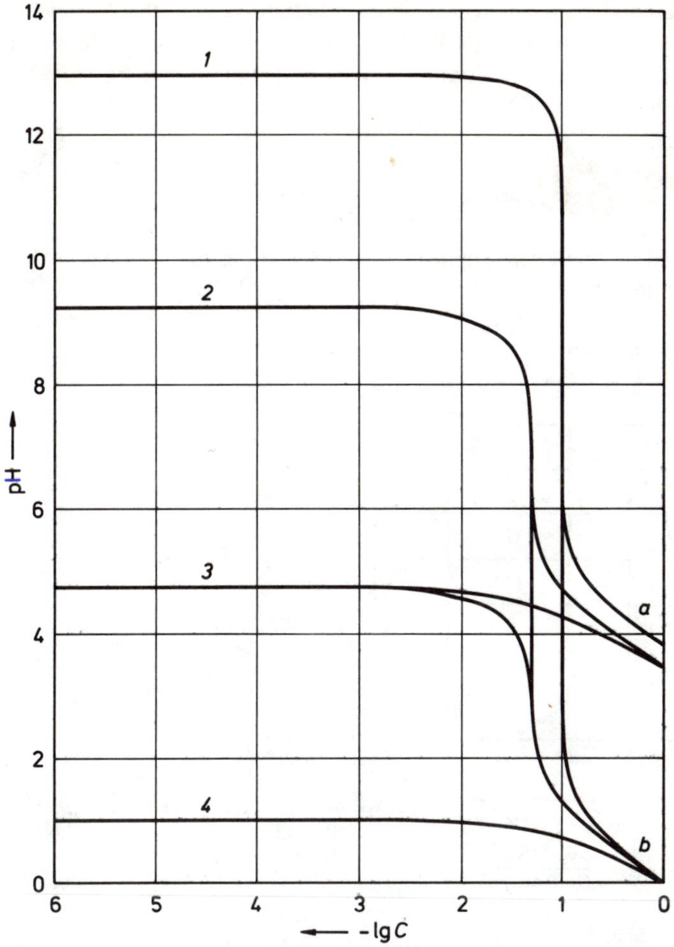

Abb. 8.5. pH-Werte verschiedener Puffer-Systeme, die *a* HOAc, *b* HCl in den Konzentrationen *C* enthalten. *1* $C(\mathrm{NaOH}) = 0{,}1$; *2* $C_P(\mathrm{NH_4^+}) = C_P(\mathrm{NH_3}) = 0{,}05$; *3* $C_P(\mathrm{HOAc}) = C_P(\mathrm{OAc^-}) = 0{,}05$; *4* $C(\mathrm{HCl}) = 0{,}1$.

8.4 Pufferkapazität

8.4.1 Berechnung von Pufferkapazitäten

Wie im Abschn. 8.1 dargelegt, kann die Steigung $\frac{\mathrm{d\,pH}}{\mathrm{d}\tau}$ von Titrationskurven als Maß für die *Belastbarkeit* von Puffern dienen. Geringe Steigungen von Titrationskurven in bestimmten τ-Bereichen bedeutet ja große puffernde Wirkung der Lösungen mit diesem pH-Wert und umgekehrt. Damit einer größeren Belastbarkeit auch ein größerer Zahlenwert zugeordnet wird, hat man als Maß für die Wirkungen von Puffern den *Kehrwert* der Steigung in Punkten der Titrationskurven festgelegt und die *Pufferkapazität* β, auch *Pufferindex* genannt (Dimension mol/l), definiert als

$$\beta = \frac{\mathrm{d}\,C(\mathrm{B})}{\mathrm{d\,pH}} = C(\mathrm{HA}) \cdot \frac{\mathrm{d}\tau}{\mathrm{d\,pH}} \,. \tag{8.17}$$

In Abb. 8.6 ist für HOAc die Pufferkapazität als Funktion des pH-Werts aufgetragen. β ist für $C = 0{,}1$ mol/l an der Stelle pH = pK_S maximal. Relative Minima der Pufferkapazität liegen bei pH = 2,9 und pH = 8,8 vor. Diese Stellen entsprechen den pH-Werten der reinen Essigsäure- bzw. Acetat-Lösungen.

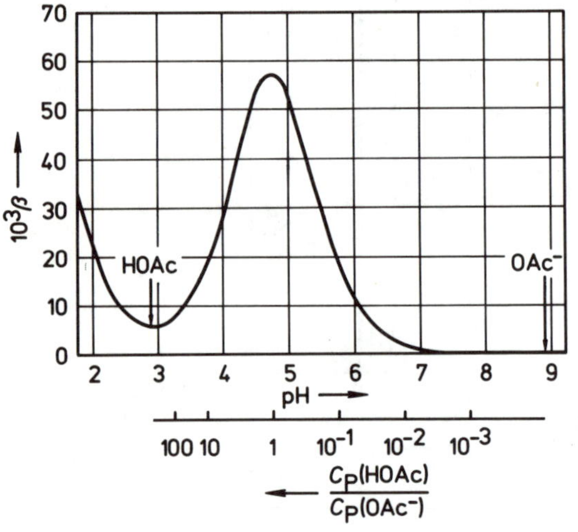

Abb. 8.6. Pufferkapazität β von HOAc-OAc$^-$-Gemischen in Abhängigkeit vom pH-Wert [$C_P(\mathrm{HOAc}) + C_P(\mathrm{OAc}^-) = 0{,}1$].

In Abb. 8.7 ist gezeigt, wie sich Puffer-Konzentrationen auf β bei verschiedenen pH-Werten auswirken. Diese auch *Pufferdiagramme* genannten graphischen Darstellungen sind im folgenden für den pH-Wert-Bereich von 0 bis 14 wiedergegeben, obwohl die den Puffer bildenden korrespondierenden Säure-Base-Paare, wie in Abb. 8.6 gezeigt, nur in einem Teil-pH-Bereich existieren.

Nur für pH-Werte < 2 und > 12 kann man reine sehr starke Säuren bzw. Basen als Puffer mit großer Kapazität ansehen. β ist für solche Lösungen nur von der jeweiligen Konzentration abhängig und maximal für $\tau = 0$.

Zwischen pH = 3 und 11 jedoch sind verdünnte Lösungen sehr starker Säuren oder Basen als Puffer nicht geeignet (→Abb. 8.8). Dafür bieten sich in diesem pH-Bereich Gemische aus schwachen Säuren und deren Salze an. Sie können für pH-Werte in der Nähe des pK_S-Werts als Puffer eingesetzt werden. Der *effektive Puffer-Bereich,* also derjenige pH-Bereich, in dem Puffer sinnvoll eingesetzt werden können, liegt zwischen pK_S − 1 und pK_S + 1. Der Essigsäure-Acetat-Puffer besitzt bei pH = 4,75, seinem

Pufferschwerpunkt, für $C = 0{,}i$ maximale Pufferkapazität (→Abbildungen 8.6, 8.7 und 8.9). Abweichungen von mehr als einer pH-Einheit führen bereits zu verhältnismäßig niedrigen β-Werten.

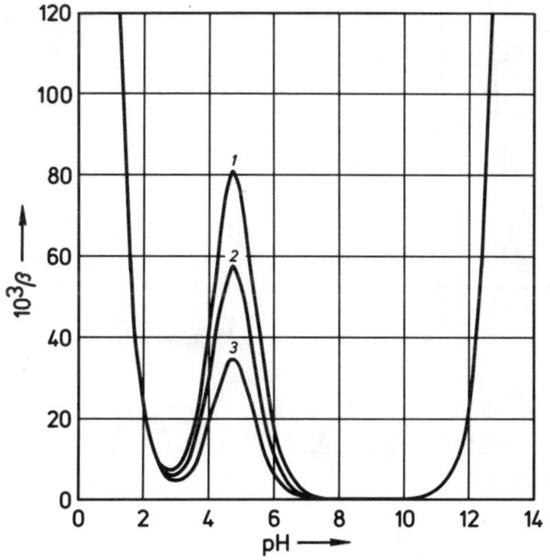

Abb. 8.7. β als Funktion des pH-Werts bei verschiedenen Konzentrationen.
1 C(HOAc) = 0,14;
2 C(HOAc) = 0,1;
3 C(HOAc) = 0,06.

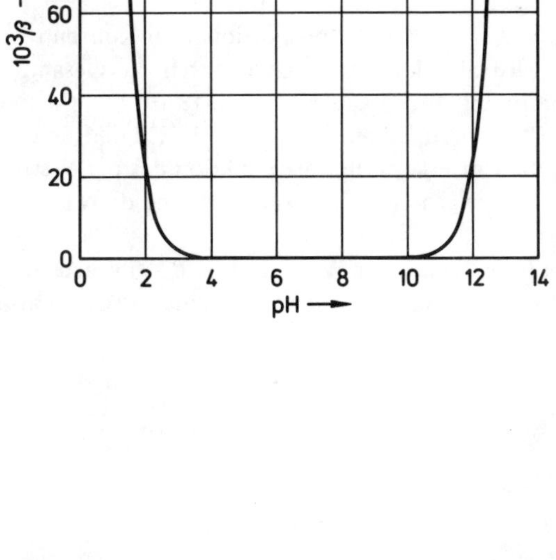

Abb. 8.8. Pufferkapazität wäßriger Lösungen, die nur sehr starke Säure oder sehr starke Base enthalten (C = 0,1).

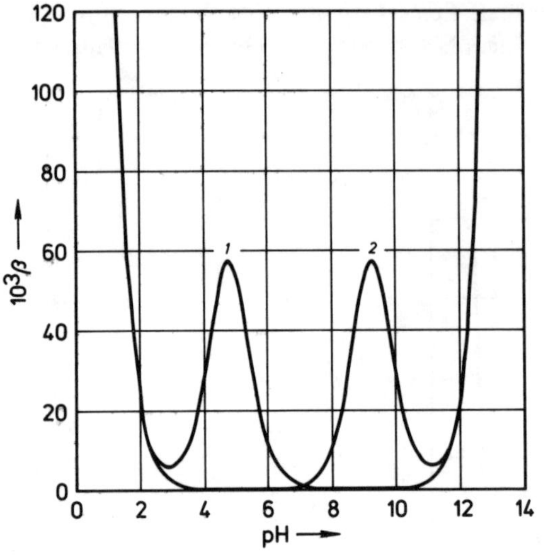

Abb. 8.9. Pufferkapazität wäßriger Lösungen, die *1* HOAc und NaOAc [C_P(HOAc) + C_P(OAc^-) = 0,1], *2* NH_4^+ und NH_3 [C_P(NH_4^+) + C_P(NH_3) = 0,1] enthalten.

In Gl. (8.6) ist C(B) eine Funktion von $c(H_3O^+)$. Nach der Kettenregel der Differentialrechnung gilt für die Ableitungsfunktion

$$\begin{aligned} \frac{\mathrm{d}C(\mathrm{B})}{\mathrm{d}c(\mathrm{H_3O^+})} &= \frac{\mathrm{d}C(\mathrm{B})}{\mathrm{d\,pH}} \cdot \frac{\mathrm{d\,pH}}{\mathrm{d}c(\mathrm{H_3O^+})} = \beta \cdot \frac{\mathrm{d}[-\lg c(\mathrm{H_3O^+})]}{\mathrm{d}c(\mathrm{H_3O^+})} = \\ &= \beta \cdot \frac{-1}{(\ln 10) \cdot c(\mathrm{H_3O^+})} \end{aligned} \tag{8.18}$$

(ln 10 = 2,3026). Man gelangt also über diese Gleichung zur Pufferkapazität

$$\begin{aligned} \beta &= \frac{\mathrm{d}C(\mathrm{B})}{\mathrm{d\,pH}} = C(\mathrm{HA}) \cdot \frac{\mathrm{d}\tau}{\mathrm{d\,pH}} = \\ &= (\ln 10) \cdot \left\{ c(\mathrm{H_3O^+}) + c(\mathrm{OH^-}) + \frac{c(\mathrm{H_3O^+}) \cdot C(\mathrm{HA}) \cdot K_\mathrm{S}}{[c(\mathrm{H_3O^+}) + K_\mathrm{S}]^2} \right\}. \end{aligned} \tag{8.19}$$

Bei gegebenem Puffer-System und pH-Wert ist β direkt proportional zur Konzentration [→Gl. (8.19) und Abb. 8.7], β wird also im wesentlichen durch die Gesamt-Konzentration C(HA) [→Gl. (8.7)] bestimmt. Entsprechend zu Gl. (8.19) kann man bei gegebener Gesamt-Konzentration für n-wertige Säuren (n = 2, 3, ...) und deren durch Protolyse entstehende Teilchen die Pufferkapazität als Funktion des pH-Werts angeben. Die Abbildungen 8.10 und 8.11 zeigen für eine zwei- und eine dreiwertige Säure β in Abhängigkeit vom pH-Wert.

Für Gemische aus Säuren und/oder Basen beliebiger Wertigkeit ist β bei gegebener Konzentration eine *additive Größe*. Die Pufferkapazität solcher Systeme entspricht also der Summe der Kapazitäten, die H_3O^+, OH^- und die einzelnen korrespondierenden Säure-Base-Paare dieser Systeme besitzen (→Abb. 8.12; zwei weitere Beispiele dazu siehe Aufg. 19).

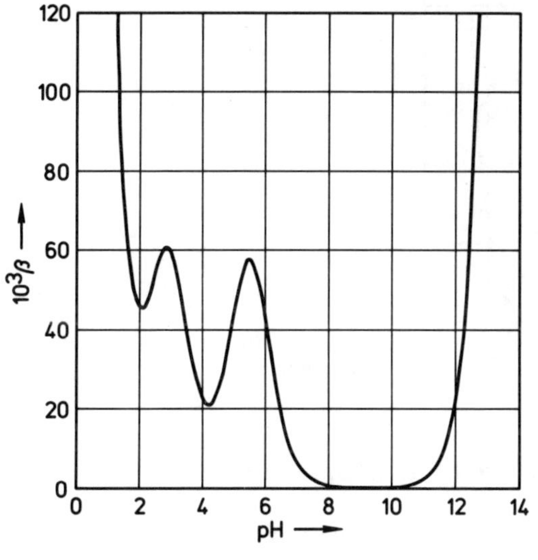

Abb. 8.10. Pufferkapazität einer Lösung, die die zweiwertige *o*-Phthalsäure (C = 0,1; pK_{S1} = 2,90, pK_{S2} = 5,51) bzw. deren Salze enthält.

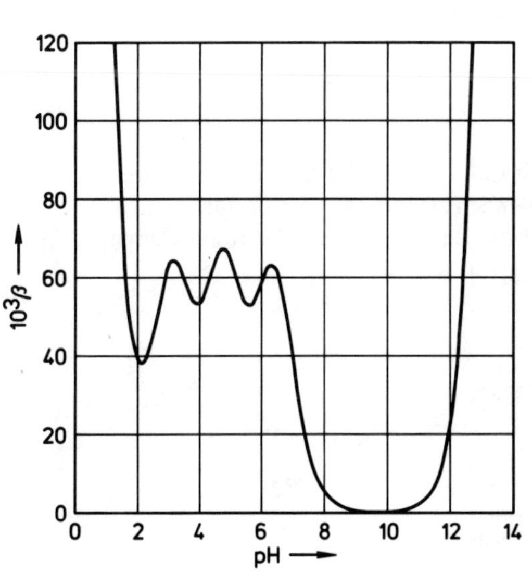

Abb. 8.11. Pufferkapazität einer Lösung, die Citronensäure (C = 0,1; pK_{S1} = 3,13, pK_{S2} = 4,76, pK_{S3} = 6,40) bzw. die zugehörigen Salze enthält.

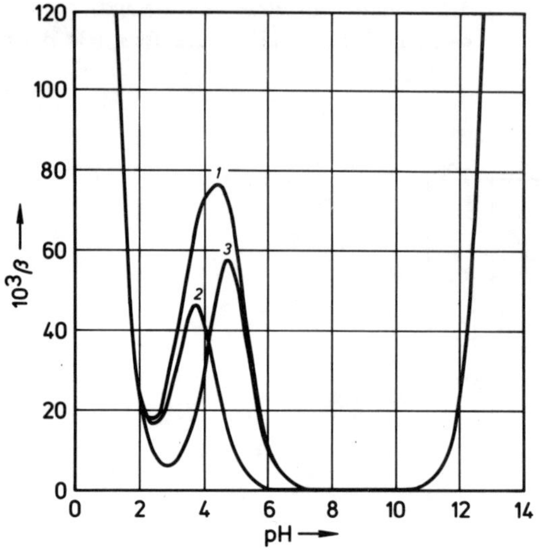

Abb. 8.12. Gesamt-Pufferkapazität (Kurve *1*), die sich aus der Summe der Kapazitäten einer 0,08 M Ameisensäure (Kurve *2*) und einer 0,1 M Essigsäure (Kurve *3*) bzw. deren Salze ergibt.

8.4.2 Näherungsweise Berechnung von Pufferkapazitäten

Die β als Funktion des pH-Werts darstellenden Kurven besitzen für schwache einwertige Säuren definitionsgemäß im Pufferschwerpunkt relative Maxima. Pufferschwerpunkte ihrerseits liegen dicht bei $\tau = 1/2$, wenn die beiden Ungleichungen (8.3) erfüllt sind. Anders ist dies bei starken und sehr starken Säuren oder Basen. Für solche Systeme ist β für pH-Werte ≤ 3 und ≥ 11 maximal ($C \geq 10^{-3}$).

Aus diesem Grund kann man den letzten Term in Gl. (8.19) vernachlässigen, und es errechnet sich

$$\beta^{(1)} = (\ln 10) \cdot [c(H_3O^+) + c(OH^-)]^{*)}. \tag{8.20}$$

Dies bedeutet, daß die Pufferkapazität sehr starker Säuren oder Basen direkt proportional zur Puffer-Konzentration ist, nämlich zu $c(H_3O^+)$ bzw. $c(OH^-)$, d. h. zu C.

Bei Puffern aus schwachen Säuren bzw. Basen und deren korrespondierenden Teilchen hingegen darf mit guter Näherung für $3 \leq \text{pH} \leq 11$

$$\beta^{(2)} = (\ln 10) \cdot \frac{c(H_3O^+) \cdot C(HA) \cdot K_S}{[c(H_3O^+) + K_S]^2} \tag{8.21}$$

gesetzt werden [→Gl. (8.19)].

---

* Im folgenden werden mit $\beta^{(i)}$ ($i = 1, 2, 3$) Näherungs-Gleichungen zur Bestimmung der Pufferkapazität gekennzeichnet.

Zu einer weiteren Näherungs-Formel für β gelangt man folgendermaßen. Ersetzt man in Gl. (8.21) $C(\mathrm{HA})$ durch $c(\mathrm{HA}) + c(\mathrm{A}^-)$, so kann man diesen Ausdruck umformen zu

$$\beta = (\ln 10) \cdot \frac{c(\mathrm{H_3O^+}) \cdot K_\mathrm{S} \cdot [c(\mathrm{HA}) + c(\mathrm{A}^-)]}{[c(\mathrm{H_3O^+}) + K_\mathrm{S}]^2}\,. \tag{8.22}$$

Bedenkt man weiterhin, daß für ein korrespondierendes Säure-Base-Paar

$$c(\mathrm{H_3O^+}) \cdot c(\mathrm{A}^-) = c(\mathrm{HA}) \cdot K_\mathrm{S} \tag{8.23}$$

erfüllt ist [→Gl. (8.1)], so läßt sich Gl. (8.22) in

$$\beta = (\ln 10) \cdot \frac{c(\mathrm{H_3O^+}) \cdot K_\mathrm{S} \cdot c(\mathrm{HA}) + K_\mathrm{S}^2 \cdot c(\mathrm{HA})}{[c(\mathrm{H_3O^+}) + K_\mathrm{S}]^2} \tag{8.24}$$

überführen, vereinfacht:

$$\beta = (\ln 10) \cdot \frac{K_\mathrm{S}}{c(\mathrm{H_3O^+}) + K_\mathrm{S}} \cdot c(\mathrm{HA}) = (\ln 10) \cdot \frac{c(\mathrm{A}^-)}{C(\mathrm{HA})} \cdot c(\mathrm{HA}) \tag{8.25}$$

oder

$$\beta = (\ln 10) \cdot \frac{c(\mathrm{A}^-) \cdot c(\mathrm{HA})}{C_\mathrm{P}(\mathrm{A}^-) + C_\mathrm{P}(\mathrm{HA})}\,. \tag{8.26}$$

Schließlich lassen sich die Gleichgewichts-Konzentrationen in dieser letzten Beziehung durch die Einwaagen $C_\mathrm{P}(\mathrm{HA})$ und $C_\mathrm{P}(\mathrm{A}^-)$ annähern. So ergibt sich für $3 \leq \mathrm{pH} \leq 11$ als gute Näherung für die Pufferkapazität eines Systems $\mathrm{HA/A^-}$:

$$\beta^{(3)} = (\ln 10) \cdot \frac{C_\mathrm{P}(\mathrm{HA}) \cdot C_\mathrm{P}(\mathrm{A}^-)}{C_\mathrm{P}(\mathrm{HA}) + C_\mathrm{P}(\mathrm{A}^-)}\,. \tag{8.27}$$

Tab. 8.4. Ausgewählte Beispiele zur Berechnung der Pufferkapazität mit verschiedenen Formeln.

Puffer aus	pH	β [Gl. (8.19)]	$\beta^{(1)}$ [Gl. (8.20)]	$\beta^{(2)}$ [Gl. (8.21)]	$\beta^{(3)}$ [Gl. (8.27)]
0,014 M HOAc 0,016 M NaOAc	4,809	$1{,}723 \cdot 10^{-2}$	$3{,}576 \cdot 10^{-5}$	$1{,}719 \cdot 10^{-2}$	$1{,}719 \cdot 10^{-2}$
0,020 M NaH_2PO_4 0,010 M Na_2HPO_4	6,899	$1{,}535 \cdot 10^{-2}$	$4{,}730 \cdot 10^{-7}$	$1{,}535 \cdot 10^{-2}$	$1{,}535 \cdot 10^{-2}$
0,015 M NH_4Cl 0,015 M NH_3	9,249	$1{,}731 \cdot 10^{-2}$	$4{,}085 \cdot 10^{-5}$	$1{,}727 \cdot 10^{-2}$	$1{,}727 \cdot 10^{-2}$
0,03 M HCl	1,523	$6{,}908 \cdot 10^{-2}$	$6{,}908 \cdot 10^{-2}$	$2{,}072 \cdot 10^{-6}$	
0,03 M NaOH	12,477	$6{,}908 \cdot 10^{-2}$	$6{,}908 \cdot 10^{-2}$	$2{,}072 \cdot 10^{-6}$	

In Tab. 8.4 werden für ausgewählte Beispiele Pufferkapazitäten verglichen, die mit der exakten Gl. (8.19) und verschiedenen Näherungs-Formeln errechnet wurden.

8.4.3 Maximale Pufferkapazität

Derjenige pH-Wert, bei dem β ein relatives Maximum besitzt, pH_β, kann mit Hilfe der ersten Ableitung von β nach pH errechnet werden. Setzt man

$$\frac{d\beta}{d\,pH} = (\ln 10)^2 \cdot \left\{ c(OH^-) - c(H_3O^+) - \frac{c(H_3O^+) \cdot C(HA) \cdot K_S \cdot [K_S - c(H_3O^+)]}{[c(H_3O^+) + K_S]^3} \right\} = 0, \tag{8.28}$$

so kann man über die sich ergebende Gleichung fünften Grades in $c(H_3O^+)$ den exakten pH-Wert mit der gewünschten Genauigkeit ermitteln. Da jedoch im pH-Wert-Bereich zwischen 3 und 11 die Konzentrationen an OH^-- und H_3O^+-Ionen sehr klein werden gegenüber dem letzten Summanden in Gl. (8.28), errechnet sich als (näherungsweise) Nullstelle der ersten Ableitung von β nach pH:

$$c(H_3O^+) = K_S \quad \text{oder} \quad pH_\beta = pK_S \,. \tag{8.29}$$

Setzt man als Maximalstelle $pH_\beta = pK_S$ in Gl. (8.19) ein, erhält man als gute Näherung für den maximalen β-Wert am Pufferschwerpunkt schwacher Säuren (→Abb. 7.10) bei geeigneter Gesamt-Konzentration $C(HA)$ [→Gl. (8.7)]:

$$\beta_{max} = (\ln 10) \cdot \left[K_S + \frac{K_W}{K_S} + \frac{C(HA) \cdot K_S^2}{(2K_S)^2} \right] \approx (\ln 10) \cdot \frac{C(HA)}{4} = 0{,}576 \cdot C(HA)\,. \tag{8.30}$$

In Tab. 8.5 sind für zwei ausgewählte Puffer-Systeme auf verschiedenen Wegen ermittelte pH_β- und β_{max}-Werte zusammengefaßt.

Aussage (8.30) bedeutet beispielsweise, daß $0{,}0576 \cdot C(HA)$ mol einer sehr starken Säure oder sehr starken Base den pH-Wert von 1 l Puffer-Lösung, bestehend aus der schwachen Säure HA und ihrer korrespondierenden Base A^-, mit $C(HA) = C_P(HA) + C_P(A^-) = 0{,}1$ mol/l um 0,1 pH-Einheiten erhöhen oder erniedrigen können, wenn für kleinere pH-Bereiche die Titrationskurven als linear angenommen werden.

Bei mehrwertigen Säuren sind entsprechend der Anzahl der Protolyse-Schritte (bzw. Pufferschwerpunkte) ggf. mehrere relative Maxima der Pufferkapazität zu erwarten (→Abbildungen 8.10 und 8.11). Auch kann sich die puffernde Wirkung eines Systems über einen mehrere Einheiten umfassenden pH-Bereich erstrecken, wenn entweder eine mehrwertige Säure mit dichter beieinander liegenden Protolyse-Stufen vorliegt, wie dies

Tab. 8.5. Berechnung von pH-Werten maximaler Pufferkapazität.

Puffersystem HA/A^- (pK_S)	$C_P(HA) = C_P(A^-)$	pH_β [nach Gl. (8.28)]	β_{max} [nach Gl. (8.19)]	pH_β [nach Gl. (8.29)]	β_{max} [nach Gl. (8.30)]
$HOAc/OAc^-$ (4,75)	10^{-1}	4,750	$1{,}152 \cdot 10^{-1}$	4,75	$1{,}151 \cdot 10^{-1}$
	10^{-2}	4,747	$1{,}155 \cdot 10^{-2}$	4,75	$1{,}151 \cdot 10^{-2}$
	10^{-3}	4,717	$1{,}194 \cdot 10^{-3}$	4,75	$1{,}151 \cdot 10^{-3}$
$H_2PO_4^-/HPO_4^{2-}$ (7,2)	10^{-1}	7,200	$1{,}151 \cdot 10^{-1}$	7,2	$1{,}151 \cdot 10^{-1}$
	10^{-2}	7,200	$1{,}151 \cdot 10^{-2}$	7,2	$1{,}151 \cdot 10^{-2}$
	10^{-3}	7,200	$1{,}152 \cdot 10^{-3}$	7,2	$1{,}151 \cdot 10^{-3}$
	10^{-4}	7,202	$1{,}156 \cdot 10^{-4}$	7,2	$1{,}151 \cdot 10^{-4}$
	10^{-5}	7,218	$1{,}203 \cdot 10^{-5}$	7,2	$1{,}151 \cdot 10^{-5}$

beispielsweise bei der Citronensäure der Fall ist (→Abb. 8.11), oder wenn ein entsprechendes Säuren-Gemisch gegeben ist (→Abb. 8.12). Schließlich ist der Fall denkbar, daß im pH-Wert-Bereich zwischen 3 und 11 die Kapazität eines Puffers sogar $0{,}576 \cdot C(\mathrm{HA})$ [→Gl. (8.30)] übersteigt, wenn bei Puffern aus mehrwertigen Säuren oder Säure-Gemischen und deren Protolyse-Produkten pK-Werte sehr dicht beieinander liegen (→Lösung von Aufg. 4, Abb. 9.26).

Bei allen Gleichungen zur Berechnung von pH-Werten oder Kapazitäten von Puffern kann man Verdünnungseffekte, wie bei Titrationskurven (→Abschn. 7.4), durch einen Korrekturfaktor berücksichtigen, mit dem man alle Ausgangs-Konzentrationen multipliziert (→Aufgaben 16 und 17).

Aufgaben

1. Wie setzt man 1 l Acetat-Pufferlösung mit pH = 5 an, wenn man von 0,02 mol NaOAc ausgehen will? Welche Kapazität besitzt dieser Puffer?

2. Für 0,05 M NH_2-CH_2-COOH – diese Aminosäure kann als einfaches Modell für die Pufferwirkung von Einweißstoffen angesehen werden – und 0,1 M H_3PO_4 ist β als Funktion des pH-Werts aufzutragen.

3. Welchen pH-Wert und welche Pufferkapazität besitzt eine Lösung, die je 0,1 mol NH_4Cl, NH_3, HF und NaF enthält?

4. In einer wäßrigen Lösung sollen sich die folgenden Teilchen befinden: HCOOH, HCOONa, $(CH_3)_3CCOOH$, $(CH_3)_3CCOONa$, HClO und NaClO. Die Gesamt-Konzentrationen mögen $C(\mathrm{HCOOH}) = C[(\mathrm{CH_3})_3\mathrm{CCOOH}] = C(\mathrm{HClO}) = 0{,}06$ mol/l betragen. Man bestimme β als Funktion des pH-Werts.

5. Bei welchen pH-Werten besitzen

a) $5 \cdot 10^{-3}$ M Trimethylessigsäure,

b) 10^{-2} M Alanin $[H_2N-CH(CH_3)-COOH]$,

c) 10^{-4} M Phosphorsäure

bzw. deren Protolyse-Produkte relative Maxima der Pufferkapazität? Die pH_β-Werte sind auch näherungsweise zu berechnen.

6. Gegeben sei eine 0,5 M Piperazin-Lösung (pK_{B1} = 4,18; pK_{B2} = 8,32). Bestimmen Sie die pH-Werte für die minimalen Pufferkapazitäten.

7. Wie groß ist β_{max} für

a) 0,06 M Ameisensäure,

b) 0,1 M *o*-Phthalsäure,

c) 0,1 M Citronensäure (pK_S-Werte siehe z. B. Tab. 3.3)?

Die Ergebnisse sind anhand der Abbildungen 9.26, 8.10 und 8.11 zu überprüfen.

8. Es soll die Pufferkapazität einer 0,5 M Cystin-Lösung ($pK_{S1} = 1{,}65$; $pK_{S2} = 2{,}26$; $pK_{S3} = 7{,}85$; $pK_{S4} = 9{,}85$) als Funktion des pH-Werts gezeichnet werden.

Cystin:

```
HOOC                        COOH
  H>C - CH2 - S - S - CH2 - C<H
H2N                         NH2
```

9. In welchem Verhältnis muß man Na_2HPO_4 und NaH_2PO_4 mischen, um einen pH-Wert von a) 7, b) 5,5 einzustellen? Wie groß müssen $C_P(NaH_2PO_4)$ und $C_P(Na_2HPO_4)$ sein, wenn $C = 0{,}2$ mol/l betragen soll?

10. Wie groß ist der pH-Wert, wenn man zu 1 l Puffer, bestehend aus 0,01 M KH_2PO_4 und 0,02 M K_2HPO_4, 9 l 10^{-3} M HCl gibt? (Man vergleiche diesen pH-Wert mit demjenigen, der sich einstellt, wenn man 1 l Wasser mit 9 l 10^{-3} M HCl versetzt.)

11. Wie ändert sich der pH-Wert

a) einer 0,02 M HCl,

b) eines $CH_3CH_2COOH/CH_3CH_2COO^-$-Puffers [$C_P(CH_3CH_2COOH) = C_P(CH_3CH_2COO^-) = 0{,}02$ mol/l]

bei Zugabe von 0,03 M HCl?

12. Wie groß ist die Pufferkapazität, nachdem 150 ml 0,25 M Buttersäure mit 200 ml 0,3 M Natriumbutyrat vermischt wurden?

13. Nachdem man zu 1 l Phosphat-Puffer [$C = 0{,}025$ mol/l; $C(H_2PO_4^-):C(HPO_4^{2-}) = 1:1$] 0,05 M Säure gegeben hatte, wies die Lösung einen pH-Wert von 3 auf. Die Säurekonstante der zugegebenen Säure ist zu berechnen.

14. Es seien $C_P(HOAc)$ und $C_P(OAc^-)$ die Ausgangs-Konzentrationen an Essigsäure und an Natriumacetat.

a) Welchen pH-Wert besitzen Puffer näherungsweise mit $C_P(OAc^-)/C_P(HOAc) = 0{,}1$, $0{,}5$, 1 und 2?

b) Für welche Einwaagen an freier Essigsäure (und Natriumacetat) ist die Pufferkapazität eines Essigsäure-Acetat-Puffers am größten, für den

$$C = C_P(HOAc) + C_P(OAc^-) = 0{,}4 \text{ mol/l}$$

betragen soll?

15. Welche Beziehung beschreibt die pH-Wert-Änderung eines Puffer-Systems, bestehend aus einer Säure HA beliebiger Stärke und ihrer korrespondierenden Base A^- (Säurekonstante K_S), bei Zusatz einer Base Y (Basekonstante K_Y)? Die jeweiligen Ausgangs-Konzentrationen $C(HA) = C_P(HA) + C_P(A^-)$, $C_P(A^-)$ und $C(Y)$ seien gegeben.

16. Gegeben sei 1 l einer Puffer-Lösung, die 1,361 g KH_2PO_4 und 3,434 g K_2HPO_4 gelöst enthält.

a) Wie groß ist der pH-Wert dieser Lösung?

b) Wie verändert sich der pH-Wert dieses Puffers, wenn man 0,01 M HCl bzw. 0,01 M HOAc zusetzt?

c) Wie groß ist der pH-Wert, wenn man 100 ml dieses Puffers mit 10 ml 0,01 M NaOH bzw. 10 ml 0,01 M NH_3-Lösung vermischt?

17. Welcher pH-Wert stellt sich ein, wenn zu 20 ml eines Citrat-Puffers H_3A/H_2A^- $[C_P(H_3A) = C_P(H_2A^-) = 0{,}2\ \mathrm{mol/l}]$

a) 80 ml HCl mit einer Konzentration von 0,05 mol/l,
b) 120 ml einer 0,1 M NH_3-Lösung,
c) beide in a und b angegebenen Lösungen zum Puffer gegeben werden? ($pK_{S1} = 3{,}13$; $pK_{S2} = 4{,}76$; $pK_{S3} = 6{,}40$.)

18. Gegeben sei ein $HOAc/OAc^-$-Puffer ($C = 0{,}05\ \mathrm{mol/l}$) mit einem pH-Wert 7,4. Welche Teilchen welcher Gleichgewichts-Konzentrationen liegen vor, wenn man diesen Puffer mit 10^{-3} M Citronensäure versetzt?

19. Gegeben seien zwei Systeme bestehend aus

a) zwei einwertigen Säuren HA_1 und HA_2 [Ausgangs-Konzentrationen $C(HA_1)$ und $C(HA_2)$],
b) einer zweiwertigen Säure H_2A (Gesamt-Konzentration C)

und den jeweils durch Protolyse entstehenden Teilchen. Weiterhin sei definiert:

$$\beta(H_3O^+) = (\ln 10) \cdot c(H_3O^+),$$

$$\beta(OH^-) = (\ln 10) \cdot c(OH^-),$$

$$\beta(HX) = (\ln 10) \cdot \frac{c(H_3O^+) \cdot C(HX) \cdot K_{SX}}{[c(H_3O^+) + K_{SX}]^2}$$

(HX beliebige einwertige Säure). Man überzeuge sich, daß exakt

a) $\beta = \beta(H_3O^+) + \beta(OH^-) + \beta(HA_1) + \beta(HA_2)$

und mit guter Näherung für $K_{S1} \gg K_{S2}$

b) $\beta = \beta(H_3O^+) + \beta(OH^-) + \beta(H_2A) + \beta(HA^-)$

gilt.

9 Lösungen der Aufgaben

Aufgaben zu Kap. 2

1

Siehe Tab. 9.1.

Tab. 9.1. Korrespondierende Säure-Base-Paare (Lösung zu Aufg. 1).

Säure	korrespondierende Base
HNO_2, HCOOH, $(COOH)_2$	NO_2^-, $HCOO^-$, $HOOCCOO^-$
H_3NOH^+, $(CH_3)_2NH_2^+$, $CH_3C(OH)_2^+$	H_2NOH, $(CH_3)_2NH$, CH_3COOH
$H_2PO_3^-$, HS^-, HSO_4^-	HPO_3^{2-}, S^{2-}, SO_4^{2-}

2

$$H_2SO_4 \leftarrow HSO_4^- \rightarrow SO_4^{2-}$$
$$CH_3NH_3^+ \leftarrow CH_3NH_2 \rightarrow CH_3NH^-$$
$$H_2PO_4^- \leftarrow HPO_4^{2-} \rightarrow PO_4^{3-}$$
$$H_2N_2O_3 \leftarrow HN_2O_3^- \rightarrow N_2O_3^{2-}$$
$$(CH_3)_2C(NH_3)COOH^+ \leftarrow (CH_3)_2C(NH_2)COOH \rightarrow (CH_3)_2C(NH_2)COO^-$$

3

a) $NH_4^+ + H_2O \rightleftharpoons NH_3 + H_3O^+$,
$CN^- + H_2O \rightleftharpoons HCN + OH^-$

und Gl. (1.8).

b) Gl. (2.73) und Gl. (1.8).

c) $NH_4^+ + H_2O \rightleftharpoons NH_3 + H_3O^+$,
$PO_4^{3-} + H_2O \rightleftharpoons HPO_4^{2-} + OH^-$

und Gl. (1.8).

d) $(COOH)_2 + H_2O \rightleftharpoons C_2O_4H^- + H_3O^+$,
$C_2O_4H^- + H_2O \rightleftharpoons C_2O_4^{2-} + H_3O^+$

und Gl. (1.8).

4

a) MB: $c(NH_3) + c(NH_4^+) = 0,1$
$c(Cl^-) = 0,1$
$c(Na^+) = 0,05$
LG: $c(H_3O^+) + c(NH_4^+) + c(Na^+) = c(OH^-) + c(Cl^-)$
PB: $c(H_3O^+) = c(OH^-) + c(NH_3) - c(Na^+)$?

b) MB: $c(NH_3) + c(NH_4^+) = 0,01$
$c(H_2SO_4) + c(HSO_4^-) + c(SO_4^{2-}) = 0,01$
LG: $c(H_3O^+) + c(NH_4^+) = c(OH^-) + c(HSO_4^-) + 2c(SO_4^{2-})$
PB: $c(H_3O^+) = c(OH^-) + c(NH_3) + c(SO_4^{2-}) - c(H_2SO_4)$

c) MB: $c(H_3PO_4) + c(H_2PO_4^-) + c(HPO_4^{2-}) + c(PO_4^{3-}) = 0,01$
$c(Na^+) = 0,02$
$c(HOAc) + c(OAc^-) = 0,02$
LG: $c(H_3O^+) + c(Na^+) = c(OH^-) + c(OAc^-) + c(H_2PO_4^-) +$
$+ 2c(HPO_4^{2-}) + 3c(PO_4^{3-})$
PB: $c(H_3O^+) = c(OH^-) + c(OAc^-) + c(PO_4^{3-}) - c(H_2PO_4^-) - 2c(H_3PO_4)$

d) MB: $c(NH_3) + c(NH_4^+) = 0,1$
$c(HCN) + c(CN^-) = 0,1$
LG: $c(H_3O^+) + c(NH_4^+) = c(OH^-) + c(CN^-)$
PB: $c(H_3O^+) = c(OH^-) + c(NH_3) - c(HCN)$

e) MB: $c(NH_3) + c(NH_4^+) = 0,1$
$c(CO_2) + c(HCO_3^-) + c(CO_3^{2-}) = 0,05$
LG: $c(H_3O^+) + c(NH_4^+) = c(OH^-) + c(HCO_3^-) + 2c(CO_3^{2-})$
PB: $c(H_3O^+) = c(OH^-) + c(NH_3) - c(HCO_3^-) - 2c(CO_2)$

f) MB: $c(C_3O_4H_4) + c(C_3O_4H_3^-) + c(C_3O_4H_2^{2-}) = 0,5$
$c(HOAc) + c(OAc^-) = 0,2$
$c(Na^+) = 0,2$
LG: $c(H_3O^+) + c(Na^+) = c(OH^-) + c(OAc^-) + c(C_3O_4H_3^-) + 2c(C_3O_4H_2^{2-})$
PB: $c(H_3O^+) = c(OH^-) + c(C_3O_4H_3^-) + 2c(C_3O_4H_2^{2-}) - c(HOAc)$

g) MB: $c(NH_3) + c(NH_4^+) = 0,1$
$c(Cl^-) = 0,1$
$c(HOAc) + c(OAc^-) = 0,2$
$c(Na^+) = 0,2$
LG: $c(H_3O^+) + c(Na^+) + c(NH_4^+) = c(OH^-) + c(Cl^-) + c(OAc^-)$
PB: $c(H_3O^+) = c(OH^-) + c(NH_3) - c(HOAc)$

h) MB: $c(HOAc) + c(OAc^-) = 0,1$
$c(Na^+) = 0,05$

LG: $c(H_3O^+) + c(Na^+) = c(OH^-) + c(OAc^-)$

PB: $c(H_3O^+) = c(OH^-) + \frac{1}{2}[c(OAc^-) - c(HOAc)]$

i) MB: $c(H_3PO_4) + c(H_2PO_4^-) + c(HPO_4^{2-}) + c(PO_4^{3-}) = 0{,}1$

$c(K^+) = 0{,}05$

$c(Na^+) = 0{,}1$

LG: $c(H_3O^+) + c(Na^+) + c(K^+) = c(OH^-) + c(H_2PO_4^-) + 2c(HPO_4^{2-}) + 3c(PO_4^{3-})$

PB: $c(H_3O^+) = c(OH^-) + \frac{1}{2}[c(HPO_4^{2-}) + 2c(PO_4^{3-}) - c(H_3PO_4) + c(PO_4^{3-}) - c(H_2PO_4^-) - 2c(H_3PO_4)]$

j) MB: $c(Na^+) = c(OH^-) = 0{,}1$

LG: $c(H_3O^+) + c(Na^+) = c(OH^-)$

PB: $c(H_3O^+) = c(OH^-) - c(Na^+)$

k) MB: $c(Na^+) = 0{,}1$

$c(HCN) + c(CN^-) = 0{,}1$

LG: $c(H_3O^+) + c(Na^+) = c(OH^-) + c(CN^-)$

PB: $c(H_3O^+) = c(OH^-) - c(HCN)$

l) MB: $c(Cl^-) = 0{,}08$

$c(Na^+) = 0{,}1$

$c(HOAc) + c(OAc^-) = 0{,}1$

LG: $c(H_3O^+) + c(Na^+) = c(OH^-) + c(OAc^-) + c(Cl^-)$

PB: $c(H_3O^+) = c(OH^-) + c(Cl^-) - c(HOAc)$

Aufgaben zu Kap. 3

1

a) Mit Hilfe von Gl. (3.8) gelangt man zu $c(H_3O^+) = 4{,}130 \cdot 10^{-4}$ und damit zu pH = 3,384.

b) Aus Gl. (3.14) errechnet sich pOH = 5,125 und damit pH = 14 − 5,125 = 8,875.

c) Gl. (3.26) führt zu pH = 2,306.

d) Aus Gl. (3.35) wird das Polynom fünften Grades für eine dreiwertige Säure,

$$\begin{aligned} &c^5(H_3O^+) + c^4(H_3O^+) \cdot K_{S1} + c^3(H_3O^+) \cdot (K_{S1}K_{S2} - K_W - CK_{S1}) + \\ &+ c^2(H_3O^+) \cdot (K_{S1}K_{S2}K_{S3} - K_{S1}K_W - 2CK_{S1}K_{S2}) - \\ &- c(H_3O^+) \cdot (3CK_{S1}K_{S2}K_{S3} + K_{S1}K_{S2}K_W) - K_{S1}K_{S2}K_{S3}K_W = 0, \end{aligned} \tag{9.1}$$

erstellt und $c(H_3O^+)$ durch $c(OH^-)$ und K_{Si} durch die zugehörigen $K_{B(4-i)}$ für i = 1, 2, 3 ersetzt (man beachte die Umnumerierung!). Es errechnet sich pH = 12,837.

e) Aus Gl. (3.8) ergibt sich pH = 6,992.

2

Aus Gl. (3.26) errechnet sich der pH-Wert der *o*-Phthalsäure-Lösung zu 2,131. Löst man Gl. (3.8) nach C auf und setzt $c(H_3O^+) = 10^{-2,131}$, so ergibt sich:

$$C = \frac{c^3(H_3O^+) + c^2(H_3O^+) \cdot K_S - c(H_3O^+) \cdot K_W - K_S K_W}{c(H_3O^+) \cdot K_S} = 9,611 \cdot 10^{-2} \quad (9.2)$$

3

Die Konzentration C errechnet sich zu

$$C = \frac{1,701}{68,046 \cdot 0,6} = 4,166 \cdot 10^{-2}.$$

Formt man Gl. (3.14) um, so erhält man für die Basekonstante

$$K_B = \frac{c(OH^-) \cdot K_W - c^3(OH^-)}{c^2(OH^-) - c(OH^-) \cdot C - K_W} = 10^{-7}, \quad (9.3)$$

wenn man beachtet, daß

$$c(OH^-) = \frac{K_W}{10^{-pH}} \quad (9.4)$$

gesetzt werden muß.

4

Protonen Übergänge von einem korrespondierenden Säure-Base-System zu einem anderen finden dann statt, wenn der pK_S-Wert des Protonen-Donators im einen System kleiner ist als der pK_S-Wert des Protonen-Akzeptors des anderen.

a) HSO_4^- reagiert als Base;
b), c), d) HSO_4^- reagiert als Säure;
e), f) $H_2PO_4^-$ reagiert als Base;
g), h) $H_2PO_4^-$ reagiert als Säure;
i), j), k) H_2N-CH_2-COOH reagiert als Base;
l) H_2N-CH_2-COOH reagiert als Säure.

5

Mit Hilfe von Gl. (3.46) ergeben sich die pH-Werte zu
a) 2,188; b) 4,305; c) 9,437; d) 4,681; e) 5,990; f) 7,586.

6

a) Abschn. 3.4.1 entsprechend errechnet sich die H_3O^+-Konzentration eines Gemischs aus sehr starken Säuren aus der Summe der Einzel-Konzentrationen.
$c(H_3O^+) = 10^{-3} + 5 \cdot 10^{-3} = 6 \cdot 10^{-3}$; pH = 2,222.
HCl: pH = 3,000; HBr: pH = 2,301.

b) Aus Gl. (3.57) erhält man für das Säure-Gemisch einen pH-Wert von 3,081; Salzsäure: pH = 3,699; Essigsäure: pH = 3,142 [nach Gl. (3.8)].

c) Für ein Gemisch aus zwei schwachen Säuren ersetzt man in Gl. (3.55) $c(X^-)$ durch

$$\frac{C(HX) \cdot K_{SX}}{c(H_3O^+) + K_{SX}}$$

[→Gl. (3.54)] und gelangt nach Multiplikation mit

$$c(H_3O^+) \cdot [c(H_3O^+) + K_{SA}] \cdot [c(H_3O^+) + K_{SX}]$$

zu der Gleichung

$$\begin{aligned}&c^4(H_3O^+) + c^3(H_3O^+) \cdot (K_{SA} + K_{SX}) - \\ &- c^2(H_3O^+) \cdot \{K_{SA} \cdot [C(HA) - K_{SX}] + C(HX) \cdot K_{SX} + K_W\} - \\ &- c(H_3O^+) \cdot \{K_{SA}K_{SX} \cdot [C(HA) + C(HX)] + K_W \cdot (K_{SA} + K_{SX})\} - \\ &- K_{SA}K_{SX}K_W = 0,\end{aligned} \tag{9.5}$$

aus der sich pH = 2,904 ergibt.
HCOOH: pH = 2,904; NH_4Cl: pH = 5,386 (der pH-Wert des Säure-Gemischs wird praktisch nur von der Ameisensaure bestimmt).

d) In Gl. (3.57) setzt man für $c(H_3O^+)$ $c(OH^-)$ und für K_{SA} den K_B-Wert für Ammoniak ein und erhält $c(OH^-) = 5 \cdot 10^{-2}$ und pH = 12,699.
NaOH: pH = 12,699; NH_3: pH = 10,096.

e) Mit Gl. (3.61) gelangt man für $n = 2$ und $m = 3$ zu

$$\begin{aligned}c(H_3O^+) = c(OH^-) + C(H_2A) \cdot \frac{c(H_3O^+) \cdot K_{S1} + 2K_{S1}K_{S2}}{c^2(H_3O^+) + c(H_3O^+) \cdot K_{S1} + K_{S1}K_{S2}} + \\ + C(H_3X) \cdot \\ \cdot \frac{c^2(H_3O^+) \cdot K_{SX1} + c(H_3O^+) \cdot 2K_{SX1}K_{SX2} + 3K_{SX1}K_{SX2}K_{SX3}}{c^3(H_3O^+) + c^2(H_3O^+) \cdot K_{SX1} + c(H_3O^+) \cdot K_{SX1}K_{SX2} + K_{SX1}K_{SX2}K_{SX3}}\end{aligned} \tag{9.6}$$

und nach der Multiplikation mit dem Hauptnenner zu einer Gleichung siebten Grades in $c(H_3O^+)$,

$$\begin{aligned}
&c^7(H_3O^+) + c^6(H_3O^+) \cdot (K_{S1} + K_{SX1}) + \\
&+ c^5(H_3O^+) \cdot \{K_{S1} \cdot [K_{S2} + K_{SX1} - C(H_2A)] + K_{SX1} \cdot [K_{SX2} - C(H_3X)] - K_W\} + \\
&+ c^4(H_3O^+) \cdot \{K_{S1}K_{SX1} \cdot [K_{S2} + K_{SX2} - C(H_2A) - C(H_3X)] + \\
&\quad + K_{SX1}K_{SX2} \cdot [K_{SX3} - 2C(H_2A) - 2C(H_3X)] - K_W \cdot (K_{S1} + K_{SX1})\} + \\
&+ c^3(H_3O^+) \cdot \{K_{S1}K_{S2}K_{SX1} \cdot [K_{SX2} - 2C(H_2A) - C(H_3X)] + \\
&\quad + K_{S1}K_{SX1}K_{SX2} \cdot [K_{SX3} - C(H_2A) - 2C(H_3X)] - \\
&\quad - K_W \cdot (K_{S1}K_{S2} + K_{S1}K_{SX1} + K_{SX1}K_{SX2}) - 3K_{SX1}K_{SX2}K_{SX3}C(H_3X)\} + \\
&+ c^2(H_3O^+) \cdot \{K_{S1}K_{S2}K_{SX1}K_{SX2} \cdot [K_{SX3} - 2C(H_2A) - 2C(H_3X)] - \\
&\quad - K_{S1}K_{SX1}K_{SX2}K_{SX3} \cdot [C(H_2A) - 3C(H_3X)] - \\
&\quad - K_W \cdot (K_{S1}K_{S2}K_{SX1} + K_{S1}K_{SX1}K_{SX2} + K_{SX1}K_{SX2}K_{SX3})\} - \\
&- c(H_3O^+) \cdot \langle K_{S1}K_{SX1}K_{SX2} \cdot \{K_W \cdot (K_{S2} + K_{SX3}) + \\
&\quad + K_{S2}K_{SX3} \cdot [2C(H_2A) + 3C(H_3X)]\}\rangle - \\
&- K_{S1}K_{S2}K_{SX1}K_{SX2}K_{SX3}K_W = 0 .
\end{aligned} \tag{9.7}$$

Der pH-Wert des Säure-Gemischs beträgt 1,741, der der Malonsäure 1,744 und derjenige der Phosphorsäure 3,049.

7

a) In Gl. (3.72) setzt man $C(HA) = C(NH_4^+) = 0{,}1$ und $C(B) = C(Na^+) = 10^{-3}$; damit ergibt sich pH = 7,254.

b) Gl. (3.72): pH = 9,324.

c) Setzt man in Gl. (3.77) $n = 1$ und $m = 3$, so gelangt man zu

$$c(H_3O^+) = c(OH^-) + C(HA) \cdot \frac{K_S}{c(H_3O^+) + K_S} - C(B) \cdot$$

$$\cdot \frac{c^3(H_3O^+) \cdot 3K_{B1}K_{B2}K_{B3} + c^2(H_3O^+) \cdot 2K_{B1}K_{B2}K_W + c(H_3O^+) \cdot K_{B1}K_W^2}{c^3(H_3O^+) \cdot K_{B1}K_{B2}K_{B3} + c^2(H_3O^+) \cdot K_{B1}K_{B2}K_W + c(H_3O^+) \cdot K_{B1}K_W^2 + K_W^3} , \tag{9.8}$$

wenn $pK_{B1} = 14 - pK_{S3}$, $pK_{B2} = 14 - pK_{S2}$ und $pK_{B3} = 14 - pK_{S1}$ gesetzt wird. Multipliziert man mit dem Hauptnenner

$$\begin{aligned}
&c(H_3O^+) \cdot [c(H_3O^+) + K_S] \cdot [c^3(H_3O^+) \cdot K_{B1}K_{B2}K_{B3} + \\
&\qquad + c^2(H_3O^+) \cdot K_{B1}K_{B2}K_W + c(H_3O^+) \cdot K_{B1}K_W^2 + K_W^3] ,
\end{aligned}$$

so erhält man eine Gleichung sechsten Grades in $c(H_3O^+)$,

$$
\begin{aligned}
&c^6(H_3O^+) \cdot K_{B1}K_{B2}K_{B3} + \\
&+ c^5(H_3O^+) \cdot \{K_{B1}K_{B2} \cdot [K_SK_{B3} + 3C(B) \cdot K_{B3} + K_W]\} + \\
&+ c^4(H_3O^+) \cdot \{K_{B1}K_{B2}K_{B3} \cdot [3C(B) \cdot K_S - C(HA) \cdot K_S - K_W] + \\
&\qquad + K_{B1}K_{B2}K_W \cdot [2C(B) + K_S + K_{B1}K_W^2]\} + \\
&+ c^3(H_3O^+) \cdot \{K_SK_{B1}K_{B2}K_W \cdot [2C(B) - C(HA) - K_{B3}] + \\
&\qquad + K_{B1}K_W^2 \cdot [K_S + C(B) - K_{B2}] + K_W^3\} + \\
&+ c^2(H_3O^+) \cdot \{K_SK_{B1}K_W^2 \cdot [C(B) - C(HA) - K_{B2}] + K_W^3 \cdot (K_S - K_{B1})\} - \\
&- c(H_3O^+) \cdot \{K_W^3 \cdot [C(HA) \cdot K_S + K_SK_{B1} + K_W]\} - K_SK_W^4 = 0. \qquad (9.9)
\end{aligned}
$$

pH = 12,082.

d) Der Lösungsweg verläuft entsprechend wie in Aufg. 7c. Hier sind jedoch $C(HA) = C(NH_4^+) = 0{,}03$ und $C(B) = C(PO_4^{3-}) = 0{,}01$ zu setzen. pH = 8,959.

8

Es ist hier zu beachten, daß die Konzentrationen nach Zusatz der 0,01 M Lösungen um die Hälfte auf $5 \cdot 10^{-3}$ mol/l sinken.
Die pH-Werte der Säuren und der Base, von denen ausgegangen wird, können mit Hilfe der Gleichungen (3.8), (3.14), (3.26) und (3.35) ermittelt werden.

0,01 M HCl: pH = 2; 0,01 M NaOH: pH = 12; 0,01 M $(CH_2)_2(COOH)_2$: pH = 2,951; 0,01 M H_3PO_4: pH = 2,247.

ΔpH bezeichnet in dieser Aufgabe die Differenz der pH-Werte der Ausgangs-Lösungen und der Gemische.

a*a*) Da die Konzentration der Salzsäure konstant bleibt, ändert sich auch der pH-Wert nicht.

a*b*) Für Gemische aus sehr starken Säuren und sehr starken Basen vereinfacht sich Gl. (3.71) zu

$$c(H_3O^+) = c(OH^-) + C(HA) - C(B).$$

Wegen $C(HA) = C(B) = 5 \cdot 10^{-3}$ ergibt sich pH = 7 und somit eine Änderung um 5 pH-Einheiten.

a*c*) Gl. (3.57): pH = 2,301; die pH-Wert-Änderung um 0,301 pH-Einheiten wird nur durch die Verdünnung verursacht.

a*d*) Mit Gl. (3.72): pH = 3,538; ΔpH = 1,538.

b*a*) Lösungsweg entsprechend Aufg. 8a*b*. ΔpH = −5.

b*b*) Siehe Lösung von Aufg. 8a*a*.

b*c*) Aus Gl. (3.72) erhält man $c(H_3O^+) = 3{,}455 \cdot 10^{-11}$ und damit ΔpH = −1,539.

b*d*) Ersetzt man in Gl. (3.57) $c(H_3O^+)$ durch $c(OH^-)$ und K_{SA} durch K_B des Acetat-Ions, so findet man $c(OH^-) = 5 \cdot 10^{-3}$, also pH = 11,699 oder ΔpH = −0,301. Der pH-Wert des Gemischs entspricht demjenigen einer $5 \cdot 10^{-3}$ M NaOH-Lösung.

c*a*) Setzt man in Gl. (3.61) $m = 1$ und $n = 2$ und multipliziert die so erhaltene Gleichung

$$c(H_3O^+) = c(OH^-) + C(H_2A) \cdot \frac{c(H_3O^+) \cdot K_{S1} + 2K_{S1}K_{S2}}{c^2(H_3O^+) + c(H_3O^+) \cdot K_{S1} + K_{S1}K_{S2}} + $$
$$+ C(HX) \cdot \frac{K_{SX}}{c(H_3O^+) + K_{SX}} \tag{9.10}$$

mit dem Hauptnenner, so gelangt man zu

$$\begin{aligned}
&c^5(H_3O^+) + c^4(H_3O^+) \cdot (K_{S1} + K_{SX}) + \\
&+ c^3(H_3O^+) \cdot \{K_{S1} \cdot [K_{S2} + K_{SX} - C(H_2A)] - C(HX) \cdot K_{SX} - K_W\} + \\
&+ c^2(H_3O^+) \cdot \{K_{S1}K_{SX} \cdot [K_{S2} - C(H_2A) - C(HX)] - \\
&\qquad - 2C(H_2A) \cdot K_{S1}K_{S2} - K_W \cdot (K_{S1} + K_{SX})\} - \\
&- c(H_3O^+) \cdot \{K_{S1}K_{S2}K_{SX} \cdot [2C(H_2A) + C(HX)] + \\
&\qquad + K_{S1}K_W \cdot (K_{S2} + K_{SX})\} - \\
&- K_{S1}K_{S2}K_{SX}K_W = 0.
\end{aligned} \tag{9.11}$$

Damit errechnet sich pH = 2,295; ΔpH = 0,656.

c*b*) Für eine zweiwertige Säure und eine einwertige Base führt Gl. (3.77) zu

$$\begin{aligned}
c(H_3O^+) &= c(OH^-) + C(H_2A) \cdot \frac{c(H_3O^+) \cdot K_{S1} + 2K_{S1}K_{S2}}{c^2(H_3O^+) + c(H_3O^+) \cdot K_{S1} + K_{S1}K_{S2}} - \\
&- C(B) \cdot \frac{c(H_3O^+) \cdot K_B}{c(H_3O^+) \cdot K_B + K_W}
\end{aligned} \tag{9.12}$$

und

$$\begin{aligned}
&c^5(H_3O^+) \cdot K_B + c^4(H_3O^+) \cdot \{K_B \cdot [C(B) + K_{S1}] + K_W\} + \\
&+ c^3(H_3O^+) \cdot \{K_{S1}K_B \cdot [K_{S2} + C(B) - C(H_2A)] + K_W \cdot (K_{S1} - K_B)\} + \\
&+ c^2(H_3O^+) \cdot \{K_{S1}K_{S2}K_B \cdot [C(B) - 2C(H_2A)] + \\
&\qquad + K_{S1}K_W \cdot [K_{S2} - K_B - C(H_2A)] - K_W^2\} - \\
&- c(H_3O^+) \cdot \{K_{S1}K_{S2}K_W \cdot [2C(H_2A) + K_B] - K_{S1}K_W^2\} - \\
&- K_{S1}K_{S2}K_W^2 = 0.
\end{aligned} \tag{9.13}$$

pH = 4,242; ΔpH = −1,291.

c*c*) Lösungsweg, wie in Aufg. 8c*a* beschrieben; ΔpH = 0,236.

c*d*) Siehe Lösung der Aufg. 8c*b*; ΔpH = 0,799.

d*a*) Für ein Gemisch aus einer ein- und einer dreiwertigen Säure gelangt man mit Gl. (3.61) zu

$$c(\mathrm{H_3O^+}) = c(\mathrm{OH^-}) + C(\mathrm{HX}) \cdot \frac{K_{\mathrm{SX}}}{c(\mathrm{H_3O^+}) \cdot K_{\mathrm{SX}}} +$$

$$+ C(\mathrm{H_3A}) \cdot \frac{c^2(\mathrm{H_3O^+}) \cdot K_{\mathrm{S1}} + c(\mathrm{H_3O^+}) \cdot 2K_{\mathrm{S1}}K_{\mathrm{S2}} + 3K_{\mathrm{S1}}K_{\mathrm{S2}}K_{\mathrm{S3}}}{c^3(\mathrm{H_3O^+}) + c^2(\mathrm{H_3O^+}) \cdot K_{\mathrm{S1}} + c(\mathrm{H_3O^+}) \cdot K_{\mathrm{S1}}K_{\mathrm{S2}} + K_{\mathrm{S1}}K_{\mathrm{S2}}K_{\mathrm{S3}}} \quad (9.14)$$

Multiplikation mit

$$c(\mathrm{H_3O^+}) \cdot [c(\mathrm{H_3O^+}) + K_{\mathrm{SX}}] \cdot$$
$$\cdot [c^3(\mathrm{H_3O^+}) + c^2(\mathrm{H_3O^+}) \cdot K_{\mathrm{S1}} + c(\mathrm{H_3O^+}) \cdot K_{\mathrm{S1}}K_{\mathrm{S2}} + K_{\mathrm{S1}}K_{\mathrm{S2}}K_{\mathrm{S3}}]$$

führt zu

$$\begin{aligned}
&c^6(\mathrm{H_3O^+}) + c^5(\mathrm{H_3O^+}) \cdot (K_{\mathrm{S1}} + K_{\mathrm{SX}}) + \\
&+ c^4(\mathrm{H_3O^+}) \cdot \{K_{\mathrm{S1}} \cdot [K_{\mathrm{S2}} + K_{\mathrm{SX}} - C(\mathrm{H_3A})] - C(\mathrm{HX}) \cdot K_{\mathrm{SX}} - K_{\mathrm{W}}\} + \\
&+ c^3(\mathrm{H_3O^+}) \cdot \{K_{\mathrm{S1}}K_{\mathrm{S2}} \cdot [K_{\mathrm{S3}} + K_{\mathrm{SX}} - 2C(\mathrm{H_3A})] - \\
&\qquad - K_{\mathrm{S1}}K_{\mathrm{SX}} \cdot [C(\mathrm{H_3A}) + C(\mathrm{HX})] - K_{\mathrm{W}} \cdot (K_{\mathrm{S1}} + K_{\mathrm{SX}})\} + \\
&+ c^2(\mathrm{H_3O^+}) \cdot \{K_{\mathrm{S1}}K_{\mathrm{S2}}K_{\mathrm{SX}} \cdot [K_{\mathrm{S3}} - 2C(\mathrm{H_3A}) - C(\mathrm{HX})] - \\
&\qquad - K_{\mathrm{S1}}K_{\mathrm{W}} \cdot (K_{\mathrm{S2}} + K_{\mathrm{SX}}) - 3C(\mathrm{H_3A}) \cdot K_{\mathrm{S1}}K_{\mathrm{S2}}K_{\mathrm{S3}}\} - \\
&- c(\mathrm{H_3O^+}) \cdot \{K_{\mathrm{S1}}K_{\mathrm{S2}}K_{\mathrm{S3}}K_{\mathrm{SX}} \cdot [3C(\mathrm{H_3A}) + C(\mathrm{HX})] + K_{\mathrm{S1}}K_{\mathrm{S2}}K_{\mathrm{W}} \cdot (K_{\mathrm{S3}} + K_{\mathrm{SX}})\} - \\
&- K_{\mathrm{S1}}K_{\mathrm{S2}}K_{\mathrm{S3}}K_{\mathrm{W}} = 0,
\end{aligned} \quad (9.15)$$

mit der Nullstelle $c(\mathrm{H_3O^+}) = 5{,}662 \cdot 10^{-3}$. Somit: $\Delta\mathrm{pH} = 0{,}121$.

d*b*) Für $m = 1$ und $n = 3$ geht Gl. (3.77) in

$$c(\mathrm{H_3O^+}) = c(\mathrm{OH^-}) - C(\mathrm{B}) \cdot \frac{c(\mathrm{H_3O^+}) \cdot K_{\mathrm{B}}}{c(\mathrm{H_3O^+}) \cdot K_{\mathrm{B}} + K_{\mathrm{W}}} +$$

$$+ C(\mathrm{H_3A}) \cdot \frac{c^2(\mathrm{H_3O^+}) \cdot K_{\mathrm{S1}} + c(\mathrm{H_3O^+}) \cdot 2K_{\mathrm{S1}}K_{\mathrm{S2}} + 3K_{\mathrm{S1}}K_{\mathrm{S2}}K_{\mathrm{S3}}}{c^3(\mathrm{H_3O^+}) + c^2(\mathrm{H_3O^+}) \cdot K_{\mathrm{S1}} + c(\mathrm{H_3O^+}) \cdot K_{\mathrm{S1}}K_{\mathrm{S2}} + K_{\mathrm{S1}}K_{\mathrm{S2}}K_{\mathrm{S3}}} \quad (9.16)$$

über. Multiplikation mit dem Hauptnenner ergibt

$$\begin{aligned}
&c^6(\mathrm{H_3O^+}) \cdot K_{\mathrm{B}} + c^5(\mathrm{H_3O^+}) \cdot \{K_{\mathrm{B}} \cdot [C(\mathrm{B}) + K_{\mathrm{S1}}] + K_{\mathrm{W}}\} + \\
&+ c^4(\mathrm{H_3O^+}) \cdot \{K_{\mathrm{S1}}K_{\mathrm{B}} \cdot [C(\mathrm{B}) - C(\mathrm{H_3A}) + K_{\mathrm{S2}}] + K_{\mathrm{W}} \cdot (K_{\mathrm{S1}} - K_{\mathrm{B}})\} + \\
&+ c^3(\mathrm{H_3O^+}) \cdot \{K_{\mathrm{S1}}K_{\mathrm{S2}}K_{\mathrm{B}} \cdot [C(\mathrm{B}) - 2C(\mathrm{H_3A}) + K_{\mathrm{S3}}] + \\
&\qquad + K_{\mathrm{S1}}K_{\mathrm{W}} \cdot [K_{\mathrm{S2}} - K_{\mathrm{B}} - C(\mathrm{H_3A})] - K_{\mathrm{W}}^2\} - \\
&- c^2(\mathrm{H_3O^+}) \cdot \{K_{\mathrm{S1}}K_{\mathrm{S2}}K_{\mathrm{S3}}K_{\mathrm{B}} \cdot [3C(\mathrm{H_3A}) - C(\mathrm{B})] + \\
&\qquad + K_{\mathrm{S1}}K_{\mathrm{S2}}K_{\mathrm{W}} \cdot [2C(\mathrm{H_3A}) - K_{\mathrm{S3}} + K_{\mathrm{B}}] + K_{\mathrm{S1}}K_{\mathrm{W}}^2\} - \\
&- c(\mathrm{H_3O^+}) \cdot \{K_{\mathrm{S1}}K_{\mathrm{S2}}K_{\mathrm{S3}}K_{\mathrm{W}} \cdot [3C(\mathrm{H_3A}) + K_{\mathrm{B}}] + K_{\mathrm{S1}}K_{\mathrm{S2}}K_{\mathrm{W}}^2\} - \\
&- K_{\mathrm{S1}}K_{\mathrm{S2}}K_{\mathrm{S3}}K_{\mathrm{W}}^2 = 0;
\end{aligned} \quad (9.17)$$

daraus errechnen sich $c(H_3O^+) = 1{,}143 \cdot 10^{-7}$ und damit $\Delta pH = 4{,}695$.

d*c*) Siehe Lösung der Aufg. 8d*a*; $\Delta pH = 0{,}215$.

d*d*) Lösungsweg entsprechend Aufg. 8d*b*; $\Delta pH = 1{,}225$.

9

Die pH-Werte lassen sich mit Gl. (3.8) ermitteln.

a) $pK_S = -2$: pH = 2; $pK_S = -3$: pH = 2; $\Delta pH = 0$.

b) $pK_S = 2$: pH = 2,209; $pK_S = 3$: pH = 2,568; $\Delta pH = 0{,}359$.

10

Für die Ammoniumcyanid-Lösung führt Gl. (3.72) zu einem pH-Wert von 9,307, mit Hilfe von Gl. (3.14) erhält man für die Natriumyanid-Lösung: $c(OH^-) = 1{,}466 \cdot 10^{-4}$; $\Delta pH = 0{,}859$.

11

Gl. (3.26) formt man nach C um und ersetzt $c(H_3O^+)$ durch $c(OH^-)$, K_{S1} durch K_{B1} und K_{S2} durch K_{B2} (man beachte: $K_{B1} = K_W/K_{S2}$, $K_{B2} = K_W/K_{S1}$).

$$C = \frac{Z}{c^2(OH^-) \cdot K_{B1} + c(OH^-) \cdot 2K_{B1}K_{B2}} \tag{9.18}$$

mit

$$Z = c^4(OH^-) + c^3(OH^-) \cdot K_{B1} + c^2(OH^-) \cdot (K_{B1}K_{B2} - K_W) - \\ - c(OH^-) \cdot K_{B1}K_W - K_{B1}K_{B2}K_W\,.$$

$C = 2{,}602 \cdot 10^{-7}$ (zu 1 l Wasser müssen $2{,}602 \cdot 10^{-7}$ mol Na_2CO_3 gegeben werden, zu 2,5 l also $6{,}506 \cdot 10^{-7}$ mol; dem entsprechen $6{,}895 \cdot 10^{-5}$ g Na_2CO_3).

12

a) Setzt man in Gl. (3.77) $m = 2$ und $n = 1$, so gelangt man zu

$$c(H_3O^+) = c(OH^-) + C(HA) \cdot \frac{K_{SA}}{c(H_3O^+) + K_{SA}} - \\ - C(B) \cdot \frac{c^2(H_3O^+) \cdot 2K_{B1}K_{B2} + c(H_3O^+) \cdot K_{B1}K_W}{c^2(H_3O^+) \cdot K_{B1}K_{B2} + c(H_3O^+) \cdot K_{B1}K_W + K_W^2}\,. \tag{9.19}$$

Daraus errechnet sich

$$\begin{aligned}
&c^5(H_3O^+)\cdot K_{B1}K_{B2} + c^4(H_3O^+)\cdot \{K_{B1}K_{B2}\cdot [2C(B) + K_{SA}] + K_{B1}K_W\} + \\
&+ c^3(H_3O^+)\cdot \{K_{SA}K_{B1}K_{B2}\cdot [2C(B) - C(HA)] + \\
&\qquad + K_{B1}K_W\cdot [C(B) + K_{SA} - K_{B2}] + K_W^2\} + \\
&+ c^2(H_3O^+)\cdot \{K_{SA}K_{B1}K_W\cdot [C(B) - C(HA) - K_{B2}] + K_W^2\cdot (K_{SA} - K_{B1})\} - \\
&- c(H_3O^+)\cdot \{K_{SA}K_W^2\cdot [C(HA) + K_{B1}] + K_W^3\} - K_{SA}K_W^3 = 0.
\end{aligned} \tag{9.20}$$

Diese Gleichung führt zu pH = 9,200.

Eine zweite Möglichkeit zur Lösung ergibt sich, wenn man in die Gleichung für eine zweiwertige Säure und eine einwertige Base (→ Aufg. 8*cb*) $c(H_3O^+)$ durch $c(OH^-)$, K_{S1} und K_{S2} durch K_{B1} und K_{B2} und K_B durch K_{SA} ersetzt.

b) Lösungsweg siehe Aufg. 7c; pH = 5,700.

13

Mit Hilfe der Gleichgewichts-Konstanten, dem Ladungs-Gleichgewicht, den Gesamt-Konzentrationen und der Protonen-Bedingung läßt sich eine Gleichung zur Berechnung von $c(H_3O^+)$ erstellen:

$$\begin{aligned}
c(H_3O^+) = c(OH^-) + C(H_2A)\cdot \frac{c(H_3O^+)\cdot K_{S1} + 2K_{S1}K_{S2}}{c^2(H_3O^+) + c(H_3O^+)\cdot K_{S1} + K_{S1}K_{S2}} + \\
+ C(HX)\cdot \frac{K_{SX}}{c(H_3O^+) + K_{SX}} - C(B)\cdot \frac{c(H_3O^+)\cdot K_B}{c(H_3O^+)\cdot K_B + K_W}.
\end{aligned} \tag{9.21}$$

Multiplizieren mit dem Hauptnenner ergibt:

$$\begin{aligned}
&c^6(H_3O^+)\cdot K_B + c^5(H_3O^+)\cdot \{K_B\cdot [C(B) + K_{S1} + K_{SX}] + K_W\} + \\
&+ c^4(H_3O^+)\cdot \langle K_B\cdot \{K_{S1}\cdot [C(B) - C(H_2A) + K_{S2}] + \\
&\qquad + K_{SX}\cdot [C(B) - C(HX) + K_{S1}]\} + K_W\cdot (K_{S1} + K_{SX} - K_B)\rangle + \\
&+ c^3(H_3O^+)\cdot \langle K_{S1}K_B\cdot \{K_{S2}\cdot [C(B) - 2C(H_2A) + K_{SX}] + \\
&\qquad + K_{SX}\cdot [C(B) - C(H_2A) - C(HX)]\} + \\
&\qquad + K_W\cdot \{K_{S1}\cdot [K_{S2} - C(H_2A) - K_B] + \\
&\qquad + K_{SX}\cdot [K_{S1} - C(HX) - K_B] - K_W\}\rangle + \\
&+ c^2(H_3O^+)\cdot \langle K_{S1}K_{S2}\cdot \{K_{SX}K_B\cdot [C(B) - 2C(H_2A) - C(HX)] - \\
&\qquad - K_W\cdot [2C(H_2A) - K_{SX} + K_B]\} - \\
&\qquad - K_W\cdot \{K_{S1}K_{SX}\cdot [C(H_2A) + C(HX) + K_B] - K_W\cdot (K_{S1} + K_{SX})\}\rangle - \\
&- c(H_3O^+)\cdot \langle K_{S1}K_W\cdot \{K_{S2}K_{SX}\cdot [2C(H_2A) + C(HX) + K_B] + \\
&\qquad + K_W\cdot (K_{S2} + K_{SX})\}\rangle - K_{S1}K_{S2}K_{SX}K_W^2 = 0.
\end{aligned} \tag{9.22}$$

pH = 4,748.

14

Bei Zugabe von Säure zu einem Ampholyten geht Gl. (3.45) in

$$c(H_3O^+) = \frac{K_W}{c(H_3O^+)} + C(HA^-) \cdot \frac{K_{S1}K_{S2} - c^2(H_3O^+)}{c^2(H_3O^+) + c(H_3O^+) \cdot K_{S1} + K_{S1}K_{S2}} + \\ + C(HX) \cdot \frac{K_{SX}}{c(H_3O^+) + K_{SX}} \qquad (9.23)$$

über. Multipliziert man die gesamte Gleichung mit

$$c(H_3O^+) \cdot [c^2(H_3O^+) + c(H_3O^+) \cdot K_{S1} + K_{S1}K_{S2}] \cdot [c(H_3O^+) + K_{SX}],$$

so erhält man eine Gleichung fünften Grades in $c(H_3O^+)$,

$$\begin{aligned} & c^5(H_3O^+) + c^4(H_3O^+) \cdot [C(HA^-) + K_{S1} + K_{SX}] + \\ & + c^3(H_3O^+) \cdot \{K_{S1} \cdot (K_{S2} + K_{SX}) + K_{SX} \cdot [C(HA^-) - C(HX)] - K_W\} - \\ & - c^2(H_3O^+) \cdot \{K_{S1}K_{S2} \cdot [C(HA^-) - K_{SX}] + C(HX) \cdot K_{S1}K_{SX} + \\ & \qquad + K_W \cdot (K_{S1} + K_{SX})\} - \\ & - c(H_3O^+) \cdot \{K_{S1}K_{S2}K_{SX} \cdot [C(HA^-) + C(HX)] + K_{S1}K_W \cdot (K_{S2} + K_{SX})\} - \\ & - K_{S1}K_{S2}K_{SX}K_W = 0 . \end{aligned} \qquad (9.24)$$

pH = 2,869.

15

Wie allgemein Volumenänderungen berücksichtigt werden, ist im Abschn. 7.4 gezeigt. Die Gleichungen (7.61) und (7.62) erweitern sich zu

$$C^*(I) = \frac{V(I)}{V(HA) + V(HX) + V(B) + V(Y)} \cdot C(I), \qquad (9.25)$$

indem man für I jeweils HA, HX, B und Y einsetzt. Die sich ergebenden vier C^*-Werte setzt man anstelle der entsprechenden C-Werte in Gl. (3.92) ein. pH = 4,576.

Aufgaben zu Kap. 4

1 bis **3**

Siehe Tab. 9.2.

Tab. 9.2. Lösungen zu den Aufgaben 1 bis 3.

Nr.	pH	berechnet nach Gl.	pH*	Δ pH	Bemerkungen
1a	1,70	(4.2)	1,699		
1b	5,96	(4.4)	5,996		
1c	2,76	(4.10)	2,761		
1d	8,57	(4.10)	8,752		
1e	2,90	(4.20)	2,904		
1f	5,83	(4.17)	7,002		
2a	3,47	(4.20)		$<10^{-3}$	→ Abb. 4.11
2b	5,95	(4.8)		$<5 \cdot 10^{-3}$	→ Abb. 4.5
2c	8,55	(4.10)		$<10^{-2}$	→ Abb. 4.6
2d	4,05	(4.13)		$<10^{-3}$	→ Abb. 4.7
2e	2,55	(4.4)		>1	→ Abb. 4.4
3a	2,33	(4.13)	2,334		
3b	3,00	(4.4)	3,154		
3c	4,60	(4.8)	4,786		
3d	2,70	(4.2)	2,786		
3e	10,73	(4.17)	10,735		
3f	11,35	(4.10)	11,327		
3g	11,76	(4.20)	11,798		

4

a) Gl. (4.29) nicht anwendbar; Begründung siehe Abschn. 4.3. pH = 2,00 [Gl. (4.2)].

b) pH = 2,87.

c) Für den pH-Wert des HPO_4^{2-}-Ions sind praktisch nur die zweite und dritte Dissoziationskonstante von Bedeutung: pH = 9,78.

d) pH = 4,67.

e) pH = 5,97.

f) pH = 7,59.

5

In Klammern sind die mit Hilfe der Gleichungen (3.72) und (3.77) ermittelten exakten pH*-Werte angegeben.

a) Da $C(NH_4^+) = C(HCOO^-)$ ist, kann Gl. (4.40) angewandt werden: pH = 6,75 (6,501).

b) Gl. (4.42): pH = 6,72 (6,431).

c) Gl. (4.42): pH = 7,86 (8,239).

d) Behandelt man *d*(*l*)-Weinsäure wie eine einwertige Säure und setzt $pK_{SB} = pK_{S2}$, so ergibt sich für $\tau = C(B)/C(H_2A) = 2$: pH = 6,93 (6,856).

e) Man beachte, daß hier $C(H_3NOH^+) = 3C(PO_4^{3-})$ gilt; für pK_{SB} muß der pK_{S3}-Wert von H_3PO_4 eingesetzt werden; mit Gl. (4.42) erhält man pH = 6,06 (6,212).

6

$$pOH_1 = -\lg C \tag{9.26}$$

$$pH = 14 + \lg C \tag{9.27}$$

$$pOH_2 = -\lg (C + 10^{-7}) \tag{9.28}$$

$$pH = 14 + \lg (C + 10^{-7}) \tag{9.29}$$

$$pOH_3 = \frac{1}{2} \cdot (pK_B - \lg C) \tag{9.30}$$

$$pH = 14 - \frac{1}{2} \cdot (pK_B - \lg C) \tag{9.31}$$

$$pOH_4 = -\frac{1}{2} \lg (CK_B + K_W) \tag{9.32}$$

$$pH = 14 + \frac{1}{2} \lg (CK_B + K_W) \tag{9.33}$$

$$pOH_5 = \lg 2 - \lg (-K_B + \sqrt{K_B^2 + 4CK_B}) \tag{9.34}$$

$$pH = 14 - \lg 2 + \lg (-K_B + \sqrt{K_B^2 + 4CK_B}) \tag{9.35}$$

$$pOH_6 = \frac{1}{2} \cdot (pK_B - \lg C) + 0{,}217\sqrt{K_B/C} \tag{9.36}$$

$$pH = 14 - \frac{1}{2} \cdot (pK_B - \lg C) - 0{,}217\sqrt{K_B/C} \tag{9.37}$$

$$pOH_7 = -\frac{1}{2} \lg (CK_B + K_W) + 0{,}217\sqrt{K_B/C} \tag{9.38}$$

$$pH = 14 + \frac{1}{2} \lg (CK_B + K_W) - 0{,}217\sqrt{K_B/C} \tag{9.39}$$

Aufgaben zu Kap. 5

1

Siehe Abb. 9.1, schraffierte pH-Bereiche.

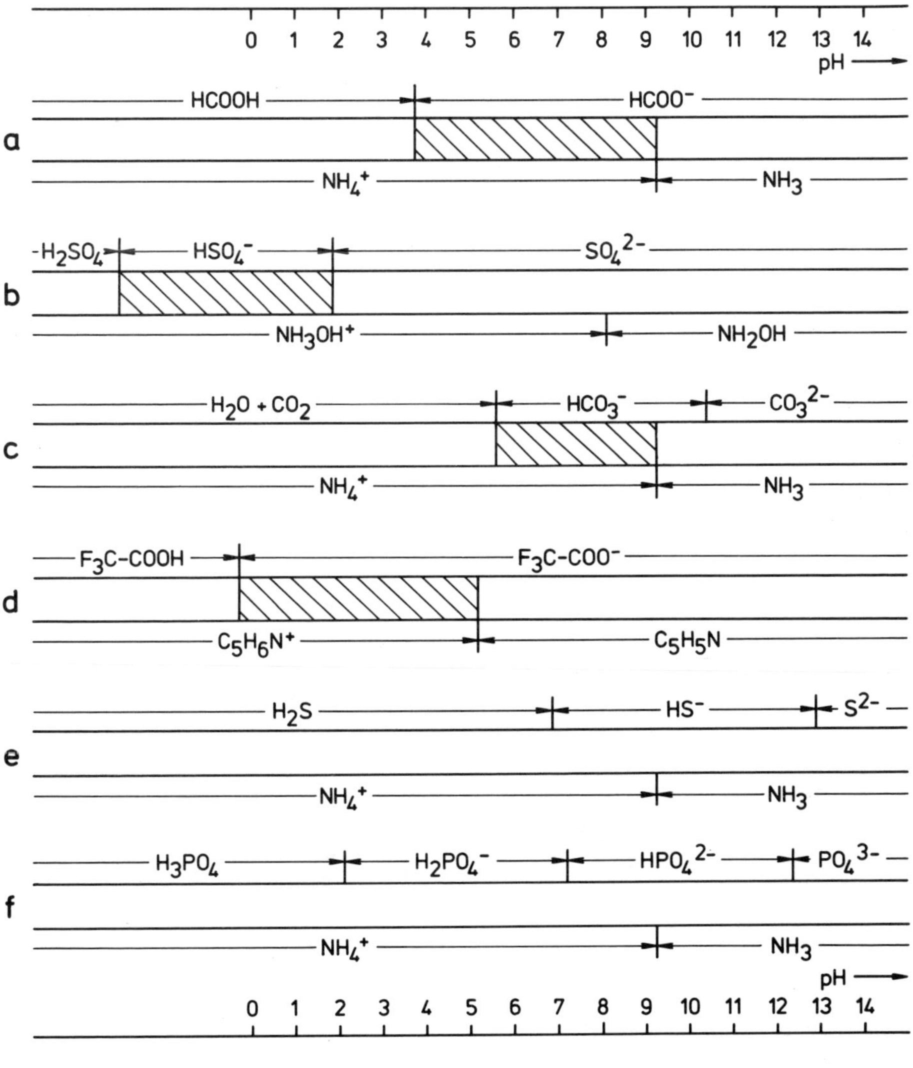

Abb. 9.1. pH-Wert-Existenzbereiche (schraffiert) einiger ausgewählter Verbindungen.
a NH_4HCOO, **b** $(NH_3OH)HSO_4$, **c** NH_4HCO_3, **d** $(C_5H_6N)CF_3COO$, **e** $(NH_4)_2S$, **f** $(NH_4)_3PO_4$.

2

Aus Gl. (3.2) bzw. (5.2) ergibt sich

$$\frac{c(\mathrm{OAc^-})}{c(\mathrm{HOAc})} = \frac{c(\mathrm{H_3O^+})}{10^{-\mathrm{p}K_\mathrm{S}}} \tag{9.40}$$

und mit $\mathrm{p}K_\mathrm{S} = 4{,}75$ die gesuchten Verhältnisse:

a) 1 : 100,
b) 1 : 10,
c) 1 : 1,
d) $1:10^{-3}$.

3

Gleichungen (3.2) bzw. (5.2) werden umgeformt zu

$$c(\mathrm{H_3O^+}) = \frac{c(\mathrm{HA})}{c(\mathrm{A^-})} \cdot K_\mathrm{S}\,. \tag{9.41}$$

Mit $\mathrm{p}K_\mathrm{S} = 4{,}87$ errechnen sich

a) pH = 4,87,
b) pH = 5,17,
c) pH = 5,87.

4

Nach Gl. (5.22) und (5.23) errechnet man für die Gleichgewichts-Konzentrationen

a) $c(^+\mathrm{H_2NCH_2COOH}) = 1{,}618 \cdot 10^{-4}$ (≙ 6,47%);
$c(\mathrm{H_2NCH_2COOH}) = 2{,}338 \cdot 10^{-3}$ (≙ 93,53%).

b) $c(^+\mathrm{H_3NCH_2COOH}) = 5{,}467 \cdot 10^{-7}$ (≙ $2{,}19 \cdot 10^{-2}$%);
$c(\mathrm{H_2NCH_2COOH}) = 2{,}499 \cdot 10^{-3}$ (≙ 99,95%).

(bei pH = 3,5 liegen weniger als 10^{-4}% $\mathrm{H_2NCH_2COO^-}$ vor, bei pH = 6 ungefähr $2{,}5 \cdot 10^{-2}$%).

5

Aus Gl. (5.32) ergeben sich für $n = 3$ folgende Gleichungen:

$$c(\mathrm{H_3PO_4}) = c^3(\mathrm{H_3O^+}) \cdot C(\mathrm{H_3PO_4})/N \tag{9.42}$$

$$c(\mathrm{H_2PO_4^-}) = c^2(\mathrm{H_3O^+}) \cdot C(\mathrm{H_3PO_4}) \cdot K_\mathrm{S1}/N \tag{9.43}$$

$$c(\mathrm{HPO_4^{2-}}) = c(\mathrm{H_3O^+}) \cdot C(\mathrm{H_3PO_4}) \cdot K_\mathrm{S1}K_\mathrm{S2}/N \tag{9.44}$$

$$c(\mathrm{PO_4^{3-}}) = C(\mathrm{H_3PO_4}) \cdot K_\mathrm{S1}K_\mathrm{S2}K_\mathrm{S3}/N \tag{9.45}$$

mit

$$N = c^3(H_3O^+) + c^2(H_3O^+) \cdot K_{S1} + c(H_3O^+) \cdot K_{S1}K_{S2} + K_{S1}K_{S2}K_{S3}.$$

Die damit berechneten Konzentrations-Werte sind in Tab. 9.3 zusammengefaßt.

Tab. 9.3. Lösungen zu Aufg. 5.

Nr.	$c(H_3PO_4)$	$c(H_2PO_4^-)$	$c(HPO_4^{2-})$	$c(PO_4^{3-})$
a	$1{,}127 \cdot 10^{-15}$	$2{,}642 \cdot 10^{-6}$	$5{,}272 \cdot 10^{-2}$	$7{,}277 \cdot 10^{-3}$
b	$1{,}107 \cdot 10^{-8}$	$8{,}208 \cdot 10^{-3}$	$5{,}179 \cdot 10^{-2}$	$2{,}261 \cdot 10^{-6}$
c	$7{,}981 \cdot 10^{-4}$	$5{,}916 \cdot 10^{-2}$	$3{,}733 \cdot 10^{-5}$	$1{,}630 \cdot 10^{-13}$

6

Mit Hilfe entsprechender Gleichungen wie in Aufg. 5 erhält man die Gleichgewichts-Konzentrationen bzw. deren logarithmische Werte, die gegen pH aufgetragen werden (→ Abbildungen 9.2 und 9.3).

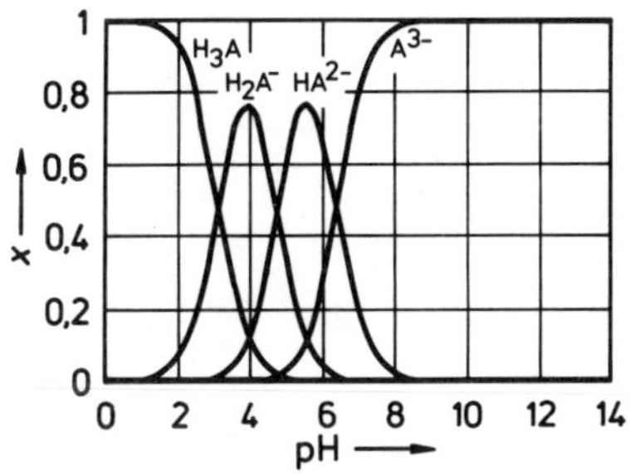

Abb. 9.2. Lineares pH-Diagramm für Citronensäure, H_3A.

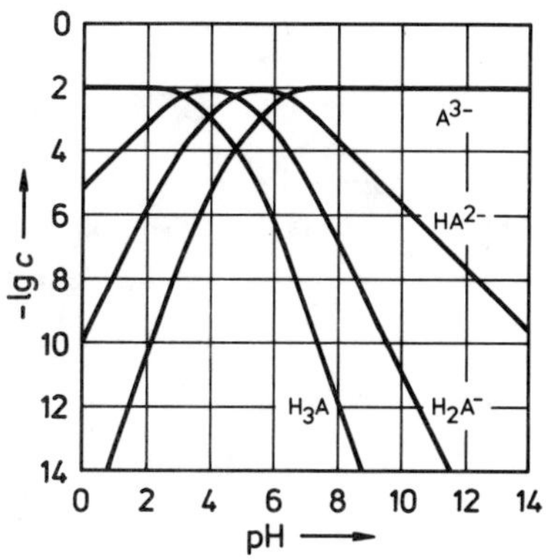

Abb. 9.3. Logarithmisches pH-Diagramm für 0,01 M Citronensäure, H_3A.

7

Siehe Lösungen zu Aufg. 7 von Kap. 7.

8

a) Gl. (5.27): $pH_{iso} = 5{,}98$; Gl. (3.46): $pH_{iso} = 5{,}989$.

b) $c(H_2A) = 1{,}864 \cdot 10^{-2}$, $c(HA^-) = 8{,}136 \cdot 10^{-2}$, $c(A^{2-}) = 2{,}044 \cdot 10^{-8}$.

c) Siehe Abb. 9.4.

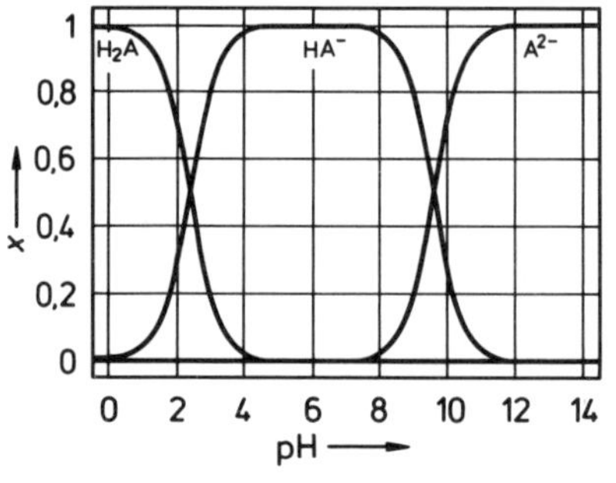

Abb. 9.4. Lineares pH-Diagramm von Leucin.

9

Multipliziert man Gl. (5.23) mit

$$c^2(H_3O^+) + c(H_3O^+) \cdot K_{S1} + K_{S1}K_{S2},$$

so gelangt man nach einfachem Umformen zu der quadratischen Gleichung

$$c^2(H_3O^+) \cdot c(HA^-) + c(H_3O^+) \cdot K_{S1} \cdot [c(HA^-) - C] + c(HA^-) \cdot K_{S1}K_{S2} = 0. \quad (9.46)$$

Daraus ergeben sich für $C = 0{,}1$ und $c(HA^-) = 10^{-3}$: $pH_1 = 11{,}696$, $pH_2 = 0{,}514$.

Da am isoelektrischen Punkt $c(HA^-)$ am größten ist [Gl. (5.26): $pH_{iso} = 6{,}11$], ist $c(HN_2O_3^-) < 10^{-3}$ außerhalb des pH-Wert-Bereichs $0{,}514 \leq pH \leq 11{,}696$.

10

Siehe Abbildungen 9.5 und 9.6.

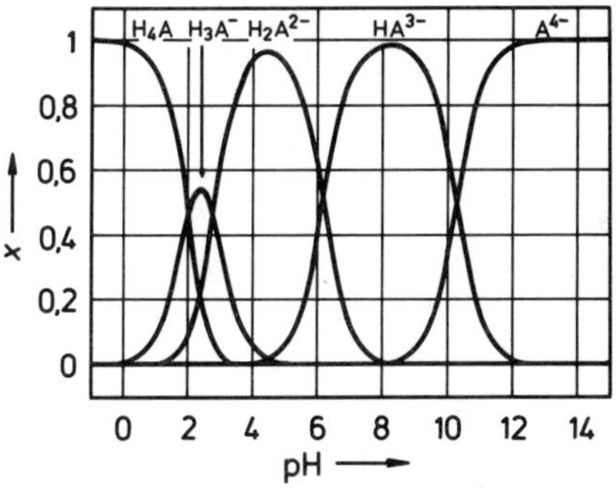

Abb. 9.5. Lineares pH-Diagramm für Äthylendiamintetraessigsäure, H_4A.

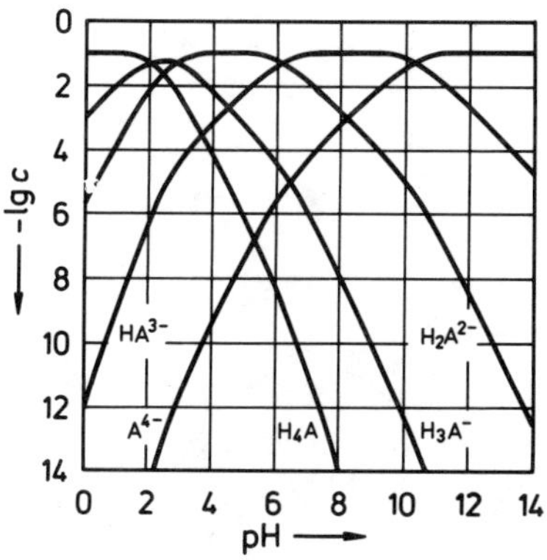

Abb. 9.6. Logarithmisches pH-Diagramm für 0,1 M Äthylendiamintetraessigsäure, H_4A.

11

Siehe Tabellen 9.4 bis 9.6.

Tab. 9.4. Lösung zu Aufg. 11 a.

pH	Bedingung	c(HOAc)		$c(OAc^-)$	
		Näherung	Exakte Lösung	Näherung	Exakte Lösung
2	pH < pK_S	0,1	$9{,}982 \cdot 10^{-2}$	$1{,}74 \cdot 10^{-4}$	$1{,}775 \cdot 10^{-4}$
4,75	pH = pK_S		0,050		0,050
8	pH > pK_S	$5{,}62 \cdot 10^{-5}$	$5{,}620 \cdot 10^{-2}$	0,1	$9{,}994 \cdot 10^{-2}$

Tab. 9.5. Lösung zu Aufg. 11 b.

pH	Bedingung	$c(C_2O_4H_2)$		$c(C_2O_4H^-)$		$c(C_2O_4^{2-})$	
		Näherung	Exakte Lösung	Näherung	Exakte Lösung	Näherung	Exakte Lösung
1	$pH < pK_{S1}$	0,1	$6{,}347 \cdot 10^{-2}$	$5{,}75 \cdot 10^{-2}$	$3{,}652 \cdot 10^{-2}$	$3{,}89 \cdot 10^{-6}$	$2{,}469 \cdot 10^{-6}$
1,24	$pH = pK_{S1}$		0,050		0,050		$9{,}874 \cdot 10^{-6}$
3,205	pH_{iso}	$1{,}08 \cdot 10^{-3}$	$1{,}061 \cdot 10^{-3}$	0,1	$9{,}788 \cdot 10^{-2}$	$1{,}08 \cdot 10^{-3}$	$1{,}061 \cdot 10^{-3}$
4	$pK_{S1} < pH < pK_{S2}$	$1{,}74 \cdot 10^{-4}$	$1{,}625 \cdot 10^{-4}$	0,1	$9{,}352 \cdot 10^{-2}$	$6{,}76 \cdot 10^{-3}$	$6{,}322 \cdot 10^{-3}$
5,17	$pH = pK_{S2}$		$5{,}874 \cdot 10^{-6}$		0,050		0,050
10	$pH > pK_{S2}$	$2{,}57 \cdot 10^{-15}$	$2{,}570 \cdot 10^{-15}$	$1{,}48 \cdot 10^{-6}$	$1{,}479 \cdot 10^{-6}$	0,1	$9{,}999 \cdot 10^{-2}$

Tab. 9.6. Lösung der Aufgabe 11 c.

pH	Bedingung	$c(H_3PO_4)$		$c(H_2PO_4^-)$		$c(HPO_4^{2-})$		$c(PO_4^{3-})$	
		Näherung	Exakte Lösung	Näherung	Exakte Lösung	Näherung	Exakte Lösung	Näherung	Exakte Lösung
1	$pH < pK_{S1}$	0,1	$9{,}310 \cdot 10^{-2}$	$7{,}41 \cdot 10^{-3}$	$6{,}901 \cdot 10^{-3}$	$4{,}68 \cdot 10^{-9}$	$4{,}355 \cdot 10^{-9}$	$2{,}04 \cdot 10^{-20}$	$1{,}901 \cdot 10^{-20}$
2,13	$pH = pK_{S1}$		$5{,}000 \cdot 10^{-2}$		$5{,}000 \cdot 10^{-2}$		$4{,}296 \cdot 10^{-7}$		$2{,}506 \cdot 10^{-17}$
4,0	$pK_{S1} < pH < pK_{S2}$	$1{,}35 \cdot 10^{-3}$	$1{,}330 \cdot 10^{-3}$	0,1	$9{,}861 \cdot 10^{-2}$	$6{,}31 \cdot 10^{-5}$	$6{,}222 \cdot 10^{-5}$	$2{,}75 \cdot 10^{-13}$	$2{,}716 \cdot 10^{-13}$
4,665	pH_{iso1}	$2{,}92 \cdot 10^{-4}$	$2{,}901 \cdot 10^{-4}$	0,1	$9{,}942 \cdot 10^{-2}$	$2{,}92 \cdot 10^{-4}$	$2{,}901 \cdot 10^{-4}$	$5{,}89 \cdot 10^{-12}$	$5{,}854 \cdot 10^{-12}$
7,20	$pH = pK_{S2}$		$4{,}256 \cdot 10^{-7}$		$5{,}000 \cdot 10^{-2}$		$5{,}000 \cdot 10^{-2}$		$3{,}459 \cdot 10^{-7}$
9,78	pH_{iso2}	$5{,}89 \cdot 10^{-12}$	$5{,}858 \cdot 10^{-12}$	$2{,}63 \cdot 10^{-4}$	$2{,}617 \cdot 10^{-4}$	0,1	$9{,}948 \cdot 10^{-2}$	$2{,}63 \cdot 10^{-4}$	$2{,}617 \cdot 10^{-4}$
10,5	$pK_{S2} < pH < pK_{S3}$	$2{,}14 \cdot 10^{-13}$	$2{,}108 \cdot 10^{-13}$	$5{,}01 \cdot 10^{-5}$	$4{,}941 \cdot 10^{-5}$	0,1	$9{,}859 \cdot 10^{-2}$	$1{,}38 \cdot 10^{-3}$	$1{,}361 \cdot 10^{-3}$
12,36	$pH = pK_{S3}$		$2{,}037 \cdot 10^{-17}$		$3{,}459 \cdot 10^{-7}$		$5{,}000 \cdot 10^{-2}$		$5{,}000 \cdot 10^{-2}$
13,5	$pH > pK_{S3}$	$1{,}55 \cdot 10^{-20}$	$1{,}444 \cdot 10^{-20}$	$3{,}63 \cdot 10^{-9}$	$3{,}386 \cdot 10^{-9}$	$7{,}24 \cdot 10^{-3}$	$6{,}755 \cdot 10^{-3}$	0,1	$9{,}324 \cdot 10^{-2}$

Tab. 9.7. Lösung zu Aufg. 3.

Nr.	α^* [Gl. (6.9)]	$\alpha^{(0)}$ [Gl. (6.16)]	$100 \cdot \Delta\alpha^{(0)}$	$\alpha^{(1)}$ [Gl. (6.21)]	$100 \cdot \Delta\alpha^{(1)}$	$\alpha^{(2)}$ [Gl. (6.23)]	$100 \cdot \Delta\alpha^{(2)}$	$\alpha^{(3)}$ [Gl. (6.25)]	$100 \cdot \Delta\alpha^{(3)}$
a)	0,200	0,20	< 0,1%	≈ 1	> 10%	0,22	> 10%	0,22	> 10%
b)	$3{,}675 \cdot 10^{-2}$	$3{,}68 \cdot 10^{-2}$	< 0,1%	≈ 1	> 10%	$3{,}68 \cdot 10^{-2}$	< 0,2%	$3{,}74 \cdot 10^{-2}$	< 2%
c)	$3{,}144 \cdot 10^{-4}$	$3{,}15 \cdot 10^{-4}$	< 0,5%	$3{,}965 \cdot 10^{-3}$	> 10%	$1{,}26 \cdot 10^{-6}$	> 10%	$3{,}16 \cdot 10^{-4}$	< 0,5%

Aufgaben zu Kap. 6

1

a) Gl. (6.9): $\alpha^* = 2{,}368 \cdot 10^{-5}$;

b) Gl. (6.28): $\alpha = 4{,}849 \cdot 10^{-2}$; die $c(C_3H_3O_4^-)$- bzw. $c(C_3H_2O_4^{2-})$-Werte ergeben sich aus den Gleichungen (5.23) und (5.24);

c) Gl. (6.28): $\alpha = 3{,}259 \cdot 10^{-2}$; die Zahlenwerte von $c(H_{n-i}A^{i-})$ für $i = 1, 2, 3$ ergeben sich aus Gl. (5.32).

2

Gl. (6.16): $\alpha^{(0)} = 3{,}84 \cdot 10^{-2}$; $\alpha^* = 3{,}837 \cdot 10^{-2}$.

3

Siehe Tab. 9.7.

4

a) $pK_S = 7{,}6$ ($pK_S^* = 7{,}600$);

b) $\alpha = 4 \cdot 10^{-2}$ ($\alpha^* = 4{,}046 \cdot 10^{-2}$);

die in Klammern angegebenen Werte wurden mit den Gleichungen (6.9) und (6.10) berechnet.

Aufgaben zu Kap. 7

1

a) Gl. (4.2): pOH = 1,7, daraus folgt: pT = 12,3. In Gl. (3.14) wird $K_B = 10^{-(14+6)}$ gesetzt und $c(OH^-) = 10^{-7}$ erhalten, dem entspricht ein pT-Wert von 7.

b) Für $pK_B = 14 - pK_{S2}$ errechnet sich der pT-Wert nach Gl. (4.17) zu 7,89; nach Gl. (3.26) zu 8,324, wenn man die K_S- durch die K_B-Werte und $c(H_3O^+)$ durch $c(OH^-)$ substituiert.

c) $\tau = 2$: pT = 3,31 [Gl. (4.42)]. Gl. (9.13): pT = 5,474.

d) Betrachtet man Citronensäure, H_3A, als einwertige Säure, so liegt nach Zugabe zur Natronlauge nur das Anion H_2A^- vor. Für $pK_B = 14 - 3{,}13$ erhält man aus Gl. (4.8) und $C = \frac{1}{3} \cdot C(NaOH)$: pT = 7,63. Gl. (9.17) ergibt für $C(H_3A) = \frac{1}{3} \cdot C(NaOH)$: pT = 9,262.

e) Setzt man in Gl. (4.20) anstelle von K_S $K_B = K_W/10^{-pK_{S3}}$ ein, so findet man pOH = 2,44 und damit pT = 11,56.
Aus Gl. (3.35) ergibt sich für eine dreiwertige Base

$$
\begin{aligned}
&c^5(OH^-) + c^4(OH^-) \cdot K_{B1} + c^3(OH^-) \cdot \{K_{B1} \cdot [K_{B2} - C] - K_W\} - \\
&- c^2(OH^-) \cdot \{K_{B1}K_{B2} \cdot [2C - K_{B3}] + K_{B1}K_W\} - \\
&- c(OH^-) \cdot K_{B1}K_{B2} \cdot [3CK_{B3} + K_W] - K_{B1}K_{B2}K_{B3}K_W = 0 ,
\end{aligned}
\tag{9.47}
$$

wenn man die K_{Si} durch $K_{B(4-i)}$ ($i = 1, 2, 3$) und $c(H_3O^+)$ durch $c(OH^-)$) ersetzt. pT = 11,626.

f) Mit Gl. (4.10) erhält man pT = 7,33, wenn man $K_S = 10^{-14+1,65}$ und pH = pOH setzt.
Den pT-Wert einer zweiwertigen Base und einer dreiwertigen Säure kann man mit Hilfe von Gl. (3.77) ermitteln, indem man die Gleichung

$$
\begin{aligned}
&c(H_3O^+) = c(OH^-) + \\
&+ C(H_3A) \cdot \frac{c^2(H_3O^+) \cdot K_{S1} + c(H_3O^+) \cdot 2K_{S1}K_{S2} + 3K_{S1}K_{S2}K_{S3}}{c^3(H_3O^+) + c^2(H_3O^+) \cdot K_{S1} + c(H_3O^+) \cdot K_{S1}K_{S2} + K_{S1}K_{S2}K_{S3}} - \\
&- C(B) \cdot \frac{c^2(H_3O^+) \cdot 2K_{B1}K_{B2} + c(H_3O^+) \cdot K_{B1}K_W}{c^2(H_3O^+) \cdot K_{B1}K_{B2} + c(H_3O^+) \cdot K_{B1}K_W + K_W^2}
\end{aligned}
\tag{9.48}
$$

in eine Gleichung siebten Grades in $c(H_3O^+)$ überführt:

$$
\begin{aligned}
&c^7(H_3O^+) \cdot K_{B1}K_{B2} + c^6(H_3O^+) \cdot \{K_{B1}K_{B2} \cdot [2C(B) + K_{S1}] + K_{B1}K_W\} + \\
&+ c^5(H_3O^+) \cdot \{K_{S1}K_{B1}K_{B2} \cdot [2C(B) - C(H_3A) + K_{S2}] + \\
&\qquad + K_{B1}K_W \cdot [C(B) + K_{S1} - K_{B2}] + K_W^2\} + \\
&+ c^4(H_3O^+) \cdot \{K_{S1}K_{S2}K_{B1}K_{B2} \cdot [2C(B) - 2C(H_3A) + K_{S3}] + \\
&\qquad + K_{S1}K_{B1}K_W \cdot [C(B) - C(H_3A) + K_{S2} - K_{B2}] + K_W^2 \cdot (K_{S1} - K_{B1})\} + \\
&+ c^3(H_3O^+) \cdot \{K_{S1}K_{S2}K_{S3}K_{B1}K_{B2} \cdot [2C(B) - 3C(H_3A)] + \\
&\qquad + K_{S1}K_{S2}K_{B1}K_W \cdot [C(B) - 2C(H_3A) + K_{S3} - K_{B2}] - \\
&\qquad - K_{S1}K_W^2 \cdot [C(H_3A) - K_{S2} + K_{B1}] - K_W^3\} - \\
&- c^2(H_3O^+) \cdot \{K_{S1}K_{S2}K_{S3}K_{B1}K_W \cdot [3C(H_3A) - C(B) + K_{B2}] + \\
&\qquad + K_{S1}K_{S2}K_W^2 \cdot [2C(H_3A) - K_{S3} + K_{B1}] + K_{S1}K_W^3\} - \\
&- c(H_3O^+) \cdot \{K_{S1}K_{S2}K_{S3}K_W^2 \cdot [3C(H_3A) + K_{B1}] + K_{S1}K_{S2}K_W^3\} - \\
&- K_{S1}K_{S2}K_{S3}K_W^3 = 0 .
\end{aligned}
\tag{9.49}
$$

pT = 9,446 für $\tau = C(B)/C(H_3A) = 1,5$.

2

a) Aus Abb. 7.24 ersieht man, daß Gl. (7.81) eine gute Näherung für den Abschnitt der Titrationskurve von $\tau = 0$ bis $\tau = 1$ darstellt (→Tab. 9.8).

Tab. 9.8. Einige (pH, τ)-Wertepaare zu Aufg. 2a.

pH	3,6	3,7	3,8	3,9	4,0	4,1	4,2
τ	0,201	0,240	0,285	0,334	0,387	0,443	0,500
pH	4,3	4,4	4,5	4,6	4,7	4,8	4,9
τ	0,557	0,613	0,666	0,715	0,760	0,799	0,834

Tab. 9.9. Einige (pH, τ)-Wertepaare zu Aufg. 2b.

pH	10,6	10,8	11,0	11,2	11,4	11,6	11,8
τ	1,003	1,004	1,007	1,011	1,017	1,027	1,042
pH	12,0	12,2	12,4	12,6	12,8	13,0	13,2
τ	1,067	1,106	1,168	1,265	1,421	1,667	2,057

Tab. 9.10. Einige (pH, $1/\tau$)-Wertepaare zu Aufg. 2c.

pH	11,0	10,5	10,0	9,5	9,0	8,5
$1/\tau$	0,240	0,547	0,798	0,926	0,976	0,992
pH	8,0	7,5	7,0	6,5	6,0	
$1/\tau$	0,998	0,999	1,000	1,000	1,000	

b) Gl. (7.80) führt zu brauchbaren Ergebnissen für $\tau > 1$ (→Tab. 9.9).

c) Ersetzt man in Gl. (7.72) pH durch pOH und K_S durch K_B, so kann diese Gleichung für die Berechnung der Titration von Säure mit Base benutzt werden (→Tab. 9.10).

3

Mit Hilfe von Gl. (7.60) kann Abb. 9.7 erstellt werden.

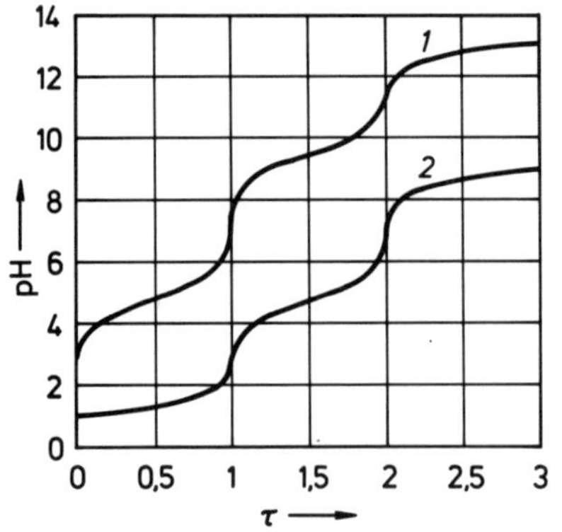

Abb. 9.7. Titrationskurve für ein Gemisch aus *1* 0,1 M HOAc und 0,1 M HCN mit NaOH, *2* 0,1 M HCL und 0,1 M HOAc mit NH_3.

4

Buttersäure: siehe Abb. 9.8; Kurvenpunkte mit Gl. (7.23) errechnet. Citronensäure: siehe Abb. 9.9; Kurvenpunkte mit Gl. (7.50) ermittelt.

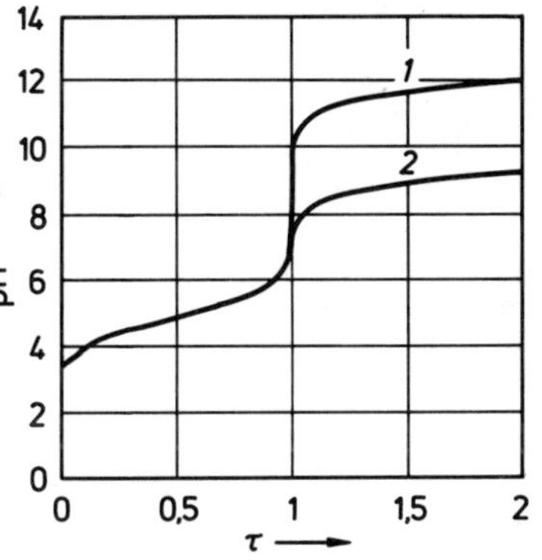

Abb. 9.8. Titration einer 0,01 M Buttersäure mit *1* Natronlauge, *2* Ammoniak.

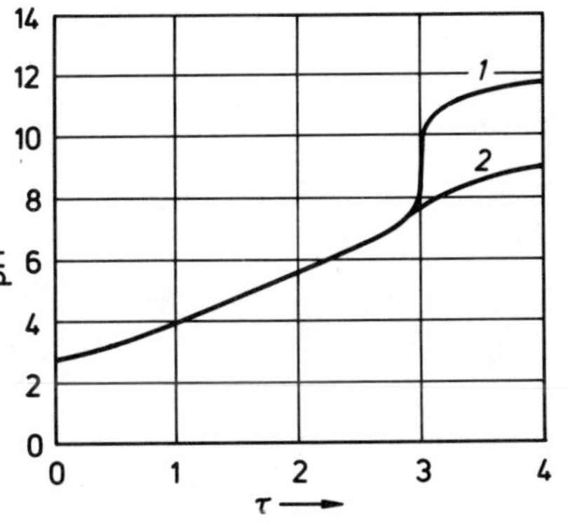

Abb. 9.9. Titration von $5 \cdot 10^{-3}$ M Citronensäure mit *1* Natronlauge, *2* Ammoniak.

5

Die sich aus Gl. (3.77) ergebenden Gleichungen können durch einfaches Umformen in

a) $\tau = \frac{C(\mathrm{B})}{C(\mathrm{H_6A})} =$

$$= \left(\frac{c(\mathrm{H_3O^+}) \cdot K_\mathrm{B} + K_\mathrm{W}}{c(\mathrm{H_3O^+}) \cdot K_\mathrm{B}}\right) \cdot \left(\frac{K_\mathrm{W}/c(\mathrm{H_3O^+}) - c(\mathrm{H_3O^+})}{C(\mathrm{H_6A})} + \frac{Z}{N}\right), \tag{9.50}$$

b) $$\tau = \frac{C(\mathrm{B})}{C(\mathrm{H_6A})} = \left(\frac{c^2(\mathrm{H_3O^+}) \cdot K_{\mathrm{B1}}K_{\mathrm{B2}} + c(\mathrm{H_3O^+}) \cdot K_{\mathrm{B1}}K_{\mathrm{W}} + K_{\mathrm{W}}^2}{c^2(\mathrm{H_3O^+}) \cdot 2K_{\mathrm{B1}}K_{\mathrm{B2}} + c(\mathrm{H_3O^+}) \cdot K_{\mathrm{B1}}K_{\mathrm{W}}}\right) \cdot$$

$$\cdot \left(\frac{K_{\mathrm{W}}/c(\mathrm{H_3O^+}) - c(\mathrm{H_3O^+})}{C(\mathrm{H_6A})} + \frac{Z}{N}\right) \tag{9.51}$$

mit

$$Z = c^5(\mathrm{H_3O^+}) \cdot K_{\mathrm{S1}} + c^4(\mathrm{H_3O^+}) \cdot 2K_{\mathrm{S1}}K_{\mathrm{S2}} + c^3(\mathrm{H_3O^+}) \cdot 3K_{\mathrm{S1}}K_{\mathrm{S2}}K_{\mathrm{S3}} + \\ + c^2(\mathrm{H_3O^+}) \cdot 4K_{\mathrm{S1}}K_{\mathrm{S2}}K_{\mathrm{S3}}K_{\mathrm{S4}} + c(\mathrm{H_3O^+}) \cdot 5K_{\mathrm{S1}}K_{\mathrm{S2}}K_{\mathrm{S3}}K_{\mathrm{S4}}K_{\mathrm{S5}} + \\ + 6K_{\mathrm{S1}}K_{\mathrm{S2}}K_{\mathrm{S3}}K_{\mathrm{S4}}K_{\mathrm{S5}}K_{\mathrm{S6}},$$

$$N = c^6(\mathrm{H_3O^+}) + c^5(\mathrm{H_3O^+}) \cdot K_{\mathrm{S1}} + c^4(\mathrm{H_3O^+}) \cdot K_{\mathrm{S1}}K_{\mathrm{S2}} + \\ + c^3(\mathrm{H_3O^+}) \cdot K_{\mathrm{S1}}K_{\mathrm{S2}}K_{\mathrm{S3}} + c^2(\mathrm{H_3O^+}) \cdot K_{\mathrm{S1}}K_{\mathrm{S2}}K_{\mathrm{S3}}K_{\mathrm{S4}} + \\ + c(\mathrm{H_3O^+}) \cdot K_{\mathrm{S1}}K_{\mathrm{S2}}K_{\mathrm{S3}}K_{\mathrm{S4}}K_{\mathrm{S5}} + K_{\mathrm{S1}}K_{\mathrm{S2}}K_{\mathrm{S3}}K_{\mathrm{S4}}K_{\mathrm{S5}}K_{\mathrm{S6}}$$

überführt werden. Für die Titration mit der sehr starken Base NaOH kann der Ausdruck

$$\frac{c(\mathrm{H_3O^+}) \cdot K_{\mathrm{B}} + K_{\mathrm{W}}}{c(\mathrm{H_3O^+}) \cdot K_{\mathrm{B}}} = 1$$

gesetzt werden [→Tab. 7.1, Gl. (7.25)].
Die Abbildungen 9.10 und 9.11 zeigen, daß sich aufgrund der dicht beieinanderliegenden Säurekonstanten ein nahezu gleichförmiger Anstieg der Kurve ergibt und der Titrierexponent nur bei Zusatz von sehr starker Base gut erkannt werden kann.

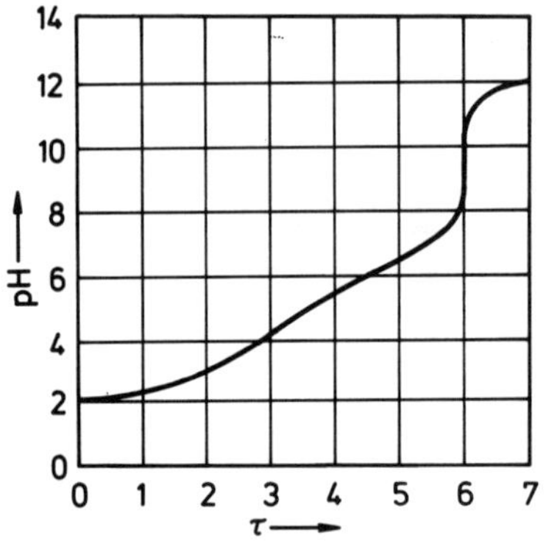

Abb. 9.10. Titrationskurve von 0,01 M Benzolhexacarbonsäure mit Natronlauge.

6

a) Gl. (7.60); (→Abb. 9.12).

b) Gl. (7.60); (→Abb. 9.13).

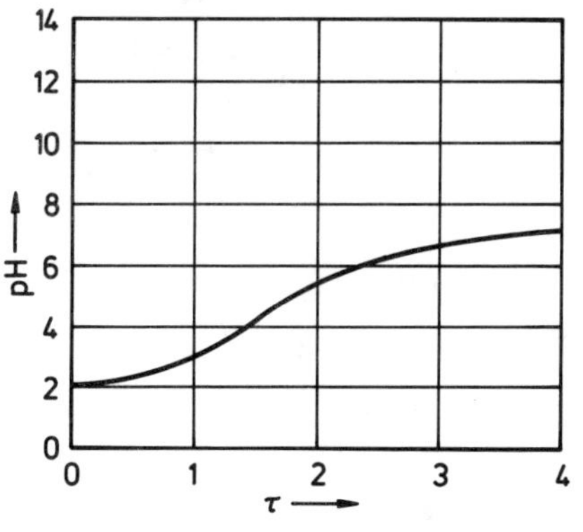

Abb. 9.11. Titrationskurve von 0,01 M Benzolhexacarbonsäure mit Äthylendiamin.

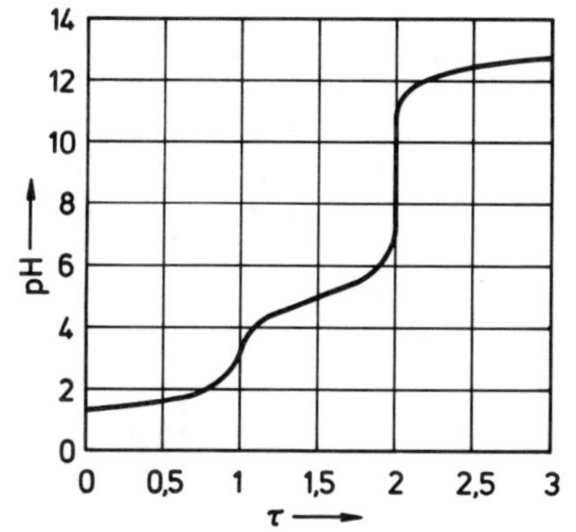

Abb. 9.12. Titration eines Gemischs aus 0,05 M HNO_3 und 0,05 M $(CH_3)_3CCOOH$ mit NaOH.

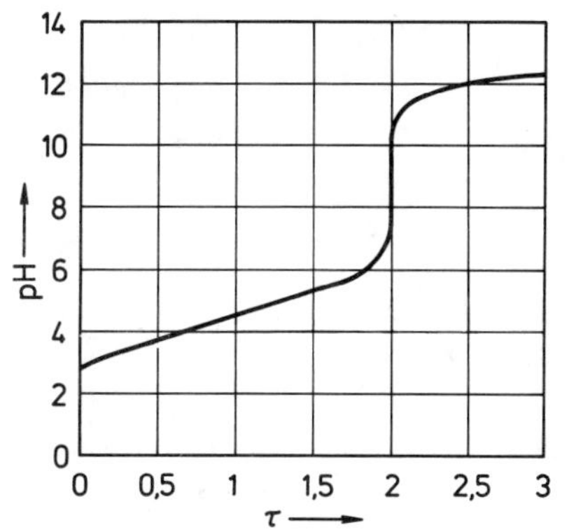

Abb. 9.13. Titration eines Gemischs aus 0,02 M Ameisensäure und 0,02 M 3,5-Diaminobenzoesäure mit Natronlauge.

7

Logarithmisches pH-Diagramm für NH_3 nach Gl. (5.4) und (5.5).

a) Logarithmisches pH-Diagramm für HF nach Gl. (5.4) und (5.5); Titrationskurve nach Gl. (7.23) (→ Abb. 9.14).

b) Logarithmisches pH-Diagramm für $(COOH)_2$ mit Hilfe der Gleichungen (5.22) bis (5.24); Titrationskurve nach Gl. (7.44) (→ Abb. 9.15).

c) Logarithmisches pH-Diagramm für H_3PO_4 nach Gl. (5.32) (→ Lösung der Aufg. 5 in Kap. 5); Titrationskurve mit Hilfe von Gl. (7.50) (→ Abb. 9.16).

Die charakteristischen Punkte sind in den Abbildungen 9.14 bis 9.16 als Kreise gekennzeichnet.

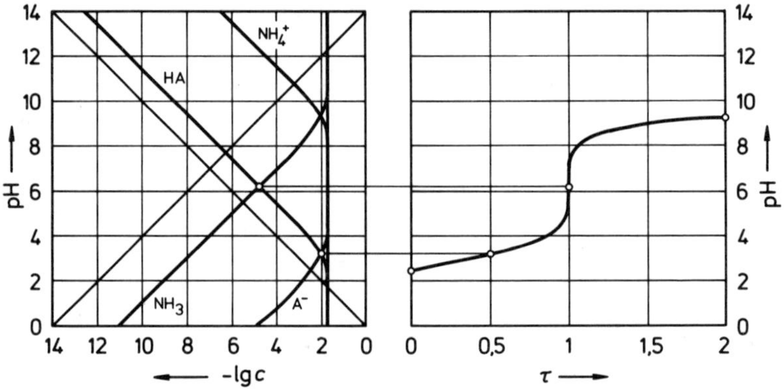

Abb. 9.14. Zusammenhang zwischen dem logarithmischen pH-Diagramm einer 0,02 M einwertigen Säure (hier: HF; $pK_S = 3{,}14$) und deren Titrationskurve bei der Titration mit Ammoniak.

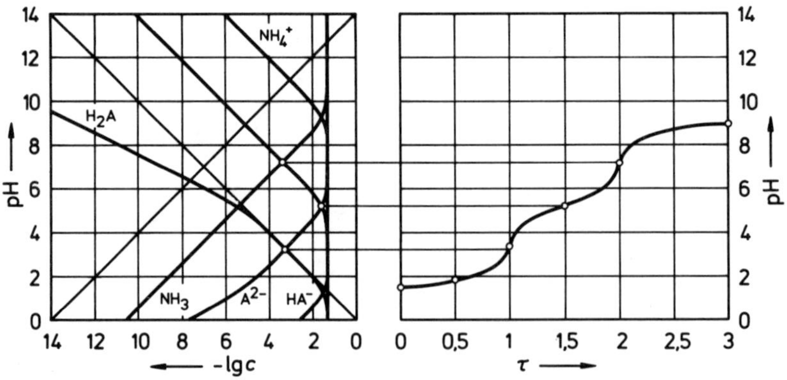

Abb. 9.15. Zusammenhang zwischen dem logarithmischen pH-Diagramm einer 0,05 M zweiwertigen Säure [hier: $(COOH)_2$; $pK_{S1} = 1{,}24$; $pK_{S2} = 5{,}17$] und deren Titrationskurve bei der Titration mit Ammoniak.

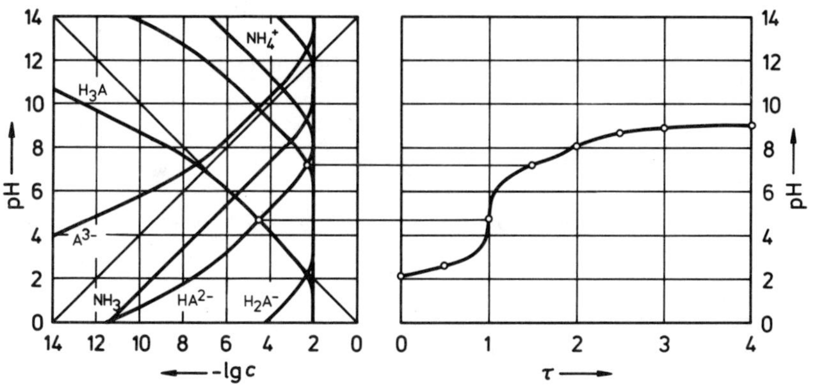

Abb. 9.16. Zusammenhang zwischen dem logarithmischen pH-Diagramm einer 0,01 M dreiwertigen Säure (hier: H_3PO_4) und deren Titrationskurve bei der Titration mit Ammoniak.

8

a) In ähnlicher Weise, wie in Abschn. 7.2.2 gezeigt, gelangt man bei der Titration einer einwertigen Base B mit einer n-wertigen Säure H_nA zu

$$\frac{1}{\tau} = \frac{C(H_nA)}{C(B)} = \left\{ \frac{\sum_{i=0}^{n} \left[c^{n-i}(H_3O^+) \cdot \prod_{j=1}^{i} K_{Sj} \right]}{\sum_{i=1}^{n} \left[i \cdot c^{n-i}(H_3O^+) \cdot \prod_{j=1}^{i} K_{Sj} \right]} \right\} \cdot$$

$$\cdot \left[\frac{c(H_3O^+) - K_W/c(H_3O^+)}{C(B)} + \frac{c(H_3O^+) \cdot K_B}{c(H_3O^+) \cdot K_B + K_W} \right] . \tag{9.52}$$

b) Man ersetzt in Gl. (9.52) $C(H_nA)$ bzw. $C(B)$ durch $C^*(H_nA)$ bzw. $C^*(B)$ [→Gl. (7.63) bzw. (7.64)] und erhält:

$$\frac{1}{\tau^*} = \frac{C^*(H_nA)}{C^*(B)} = \frac{C(H_nA) \cdot V(H_nA)}{C(B) \cdot V(B)} = \left\{ \frac{\sum_{i=0}^{n} \left[c^{n-i}(H_3O^+) \cdot \prod_{j=1}^{i} K_{Sj} \right]}{\sum_{i=1}^{n} \left[i \cdot c^{n-i}(H_3O^+) \cdot \prod_{j=1}^{i} K_{Sj} \right]} \right\} \cdot$$

$$\cdot \left\{ \frac{[c(H_3O^+) - K_W/c(H_3O^+)] \cdot [V(H_nA) + V(B)]}{C(B) \cdot V(B)} + \frac{c(H_3O^+) \cdot K_B}{c(H_3O^+) \cdot K_B + K_W} \right\} . \tag{9.53}$$

9

a) Gl. (3.71) wird nach

$$\frac{C(\mathrm{HA})}{C(\mathrm{B})} = \frac{1}{\tau} \tag{9.54}$$

umgestellt und $1/\tau$ als Funktion des pH-Werts aufgetragen (→Abb. 9.17, Kurve *2*).

b) Mit Hilfe von Gl. (7.65) und für

$$\frac{1}{\tau^*} = \frac{C^*(\mathrm{HA})}{C^*(\mathrm{B})} = \frac{C(\mathrm{HA}) \cdot V(\mathrm{HA})}{C(\mathrm{B}) \cdot V(\mathrm{B})} \tag{9.55}$$

erhält man bei der Zugabe von 0 bis 200 ml Salzsäure die gesuchten $(\mathrm{pH}, 1/\tau^*)$-Wertepaare (→Abb. 9.17, Kurve *1*).

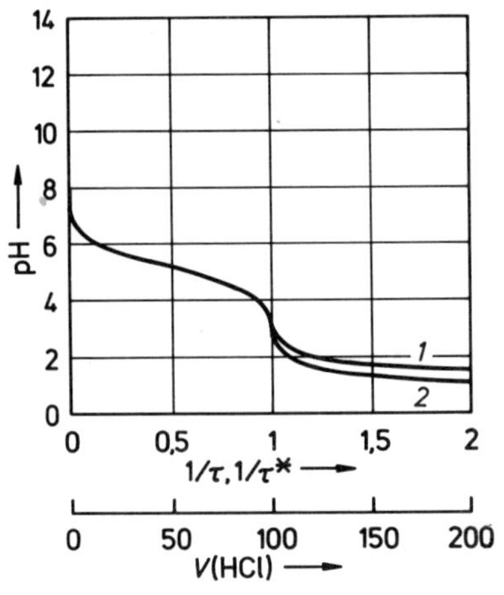

Abb. 9.17. Titration von 100 ml 0,1 M Pyridin-Lösung mit 0,1 M Salzsäure *1* mit Berücksichtigung, *2* ohne Berücksichtigung der Verdünnung.

10

a) Für eine einwertige Säure HA und eine zweiwertige Base B gilt Gl. (9.19). Da die Säure zur Base gegeben wird, ergibt sich nach einfachem Umformen:

$$\frac{1}{\tau} = \frac{C(\mathrm{HA})}{C(\mathrm{B})} = \left(\frac{c(\mathrm{H_3O^+}) + K_\mathrm{S}}{K_\mathrm{S}}\right) \cdot \left(\frac{c(\mathrm{H_3O^+}) - K_\mathrm{W}/c(\mathrm{H_3O^+})}{C(\mathrm{B})} + \right.$$

$$\left. + \frac{c^2(\mathrm{H_3O^+}) \cdot 2K_{\mathrm{B1}}K_{\mathrm{B2}} + c(\mathrm{H_3O^+}) \cdot K_{\mathrm{B1}}K_\mathrm{W}}{c^2(\mathrm{H_3O^+}) \cdot K_{\mathrm{B1}}K_{\mathrm{B2}} + c(\mathrm{H_3O^+}) \cdot K_{\mathrm{B1}}K_\mathrm{W} + K_\mathrm{W}^2}\right) . \tag{9.56}$$

Variation von $c(\mathrm{H_3O^+})$ führt zu den $(\mathrm{pH}, 1/\tau)$-Wertepaaren (→Abb. 9.18, Kurve *2*).

b) Multiplikation der sich aus Gl. (3.77) ergebenden Gleichung (→Lösung der Aufg. 10a) mit

$$c(H_3O^+) \cdot [c(H_3O^+) + K_S] \cdot [c^2(H_3O^+) \cdot K_{B1}K_{B2} + c(H_3O^+) \cdot K_{B1}K_W + K_W^2]$$

führt zu dem in der Lösung der Aufg. 12a von Kap. 3 berechneten Polynom fünften Grades [→Gl. (9.20)]. Ersetzt man darin C(HA) und C(B) durch die Ausdrücke aus Gl. (7.63) und (7.64) und beachtet, daß

$$\frac{1}{\tau^*} = \frac{C^*(HA)}{C^*(B)}$$

ist, gelangt man für steigende V(HA)-Werte zu den (pH, $1/\tau^*$)-Wertepaaren (→Abb. 9.18, Kurve *1*).

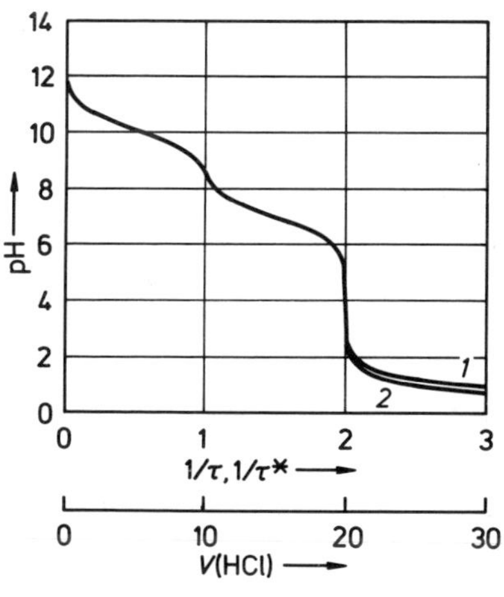

Abb. 9.18. Titration von 50 ml 0,2 M Äthylendiamin-Lösung mit 1 M Salzsäure *1* mit Berücksichtigung, *2* ohne Berücksichtigung der Verdünnung.

11

a) *Näherungen.* $\tau = 0$: Für die Säure-Lösung erhält man mit Gl. (4.17) den pH-Wert zu 2,25; $\tau = 1/2$: pH = pK_S = 3,14 [Gl. (7.67)]; $\tau = 1$: In Gl. (4.13) wird pH durch pOH und K_S durch K_W/K_S ersetzt. pOH = 6,08, pH = 7,92; $\tau = 2$: Für ein Gemisch aus zwei schwachen Basen kann Gl. (4.10) angewandt werden, wenn $K_S = K_B = \sqrt{K_{B1}K_{B2}}$ mit pK_{B1} = 14 − 3,14 = 10,86 und pK_{B2} = 4,75 und pH = pOH gesetzt werden. Bedenkt man weiterhin, daß die Gesamt-Konzentration an schwacher Base $2 \cdot 0{,}05$ mol/l = 0,1 mol/l beträgt, errechnet sich der pOH-Wert zu 4,40 und damit der pH-Wert zu 9,60.

Exakte Lösung. Berücksichtigt man, daß $C(B) = \tau \cdot C(HA)$ ist [→Gl. (7.4)], so gelangt man mit Gl. (3.72) für $\tau = 0$ zu pH = 2,247; $\tau = 1/2$ zu pH = 3,164; $\tau = 1$ zu pH = 6,198; $\tau = 2$ zu pH = 9,250 (→Abb. 9.19).

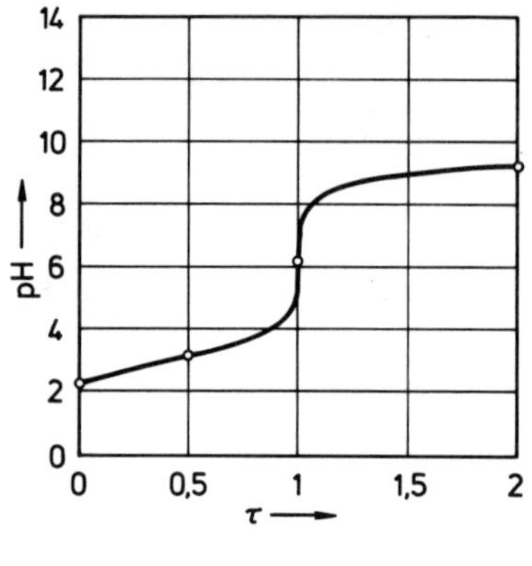

Abb. 9.19. Titration von 0,05 M HF mit NH_3.

b) *Näherungen.* $\tau = 0$: pH = 2,68, wenn in Gl. (4.8) $pK_S = pK_{S1}$ gesetzt wird; $\tau = 1/2$: pH = pK_S = 2,35 [Gl. (7.67)]; $\tau = 1$: pH = 6,11 [Gl. (4.29)]; $\tau = 3/2$: pH = 9,87 [Gl. (7.67)]; $\tau = 2$: pH = 10,62, wenn in Gl. (4.10) pH = pOH und $K_S = 10^{-14}/10^{-9,87}$ gesetzt wird.

Exakte Lösung. Das System, bestehend aus einer zweiwertigen Säure und einer einwertigen Base, wird durch Gl. (9.13) beschrieben. Mit $C(B) = \tau \cdot C(H_2A)$ ergeben sich die in Tab. 9.11 aufgeführten Werte.

Man erkennt, daß die Näherungen bei der Titration dieser Säure mit schwacher Base fast vollständig versagen (→ Abb. 9.20).

Tab. 9.11. Lösung zu Aufg. 11 b.

τ	0	1/2	1	3/2	2	3
pH	3,075	3,365	3,950	4,499	4,768	5,058

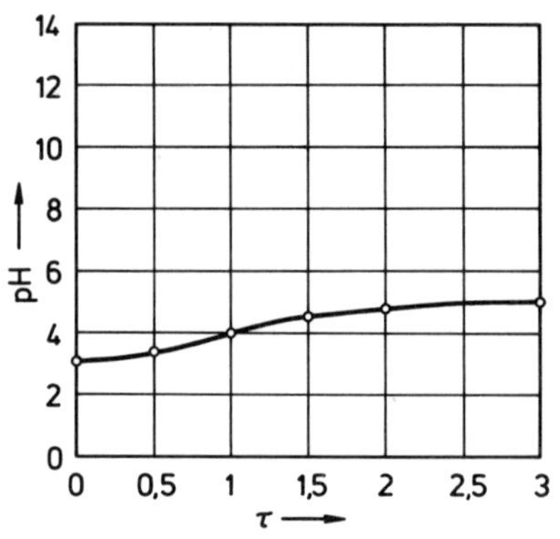

Abb. 9.20. Titration von 10^{-3} M Alanin-Lösung mit Natriumacetat.

c) *Näherungen.* $\tau = 0$: pH = 1,60 [Gl. (4.2)]; $\tau = 1/2$: pH = pK_{S1} = 2,13 [Gl. (7.67)]; $\tau = 1$: pH = $\frac{1}{2} \cdot (pK_{S1} + pK_{S2})$ = 4,67 [Gl. (4.29)]; $\tau = 3/2$: pH = pK_{S2} = 7,2 [Gl. (7.67)]; $\tau = 2$: pH = $\frac{1}{2} \cdot (pK_{S2} + pK_{S3})$ = 9,78 [Gl. (4.29)]; $\tau = 5/2$: pH = pK_{S3} = 12,36 [Gl. (7.67)]; $\tau = 3$: pH = 12,40, falls die Phosphat-Lösung wie eine sehr starke Base behandelt und in Gl. (4.2) pH durch pOH ersetzt wird; $\tau = 4$: pH = 12,52; entsprechend zu Abschn. 3.4 errechnet sich die OH^--Konzentration von zwei sehr starken Basen zu $c(OH^-) = C(B) + C(Y) = 0{,}025 + 0{,}025/3 = 0{,}033$.

Exakte Lösung. Mit Gl. (9.17) erhält man die in Tab. 9.12 zusammengefaßten Werte, wenn $C(B) = \tau \cdot C(H_3A)$ gesetzt wird (→ Abb. 9.21).

Tab. 9.12. Lösung zu Aufg. 11c.

τ	0	1/2	1	3/2	2	5/2	3	4
pH	1,983	2,410	4,722	7,200	9,638	11,832	12,178	12,543

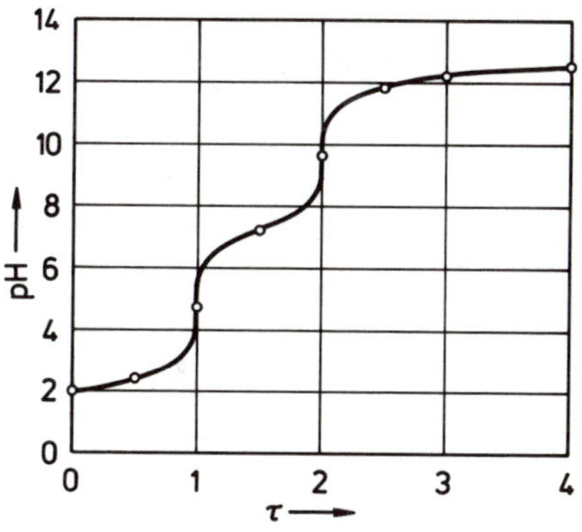

Abb. 9.21. Titration von 0,025 M H_3PO_4 mit NaOH.

d) *Näherungen.* $1/\tau = 0$: pH = 9,35, wenn in Gl. (4.20) pH = pOH und $K_S = K_B = 10^{-14}/10^{-6,4} = 10^{-7,6}$ gesetzt wird; $1/\tau = 1/2$: pH = 6,4, wenn man pH durch pOH = pK_{B3} = 7,6 ersetzt; $1/\tau = 1$: pH = $14 - \frac{1}{2} \cdot (pK_{B3} + pK_{B2})$ = 5,58 [Gl. (4.29)]; $1/\tau = 3/2$: pH = 14 − pOH = 14 − pK_{B2} = 4,76 [Gl. (7.67)]; $1/\tau = 2$: pH = 14 − pOH = $14 - \frac{1}{2} \cdot (pK_{B2} + pK_{B1})$ = 3,94 [Gl. (4.29)]; $1/\tau = 5/2$: pH = 14 − pOH = 14 − pK_{B1} = 3,13 [Gl. (7.67)]; $1/\tau = 3$: pH = 2,41; in Gl. (4.10) wird $K_S = 10^{-3,13}$ gesetzt; $1/\tau = 4$: pH = 1,60; nach Abschn. 3.4 kann die H_3O^+-Konzentration für ein Gemisch aus zwei sehr starken Säuren der Summe der Einzel-Konzentrationen gleichgesetzt werden (→ Abb. 9.22).

Exakte Lösung. In Gl. (9.17) ersetzt man $c(H_3O^+)$ durch $c(OH^-)$ und die K_{Si}- durch die entsprechenden $K_{B(4-i)}$-Werte (i = 1, 2, 3). Für diesen Fall gilt $1/\tau = C(HA)/C(B)$. Berücksichtigt man, daß $C(HA) = 1/\tau \cdot C(B)$ und pH = 14 − pOH ist, so erhält man die in Tab. 9.13 wiedergegebenen Ergebnisse.

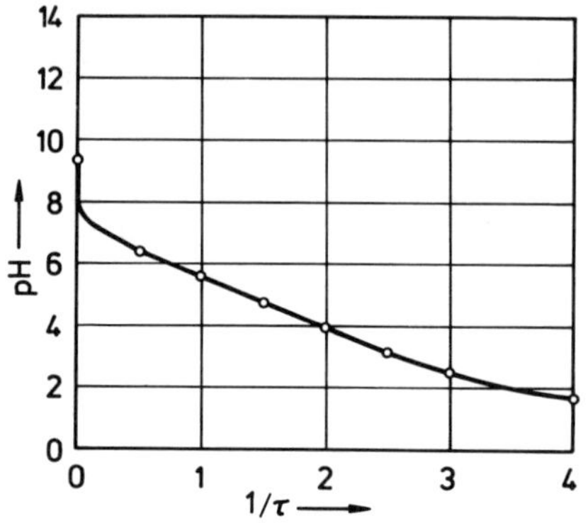

Abb. 9.22. Titration von 0,02 M Citrat-Lösung mit Salzsäure.

Tab. 9.13. Lösung zu Aufg. 11d.

$1/\tau$	0	1/2	1	3/2	2	5/2	3	4
pH	9,350	6,427	5,582	4,762	3,954	3,158	2,454	1,684

12

Die Kurven in Abb. 9.23 sind mit Gl. (7.49) berechnet worden ($n = 4$).

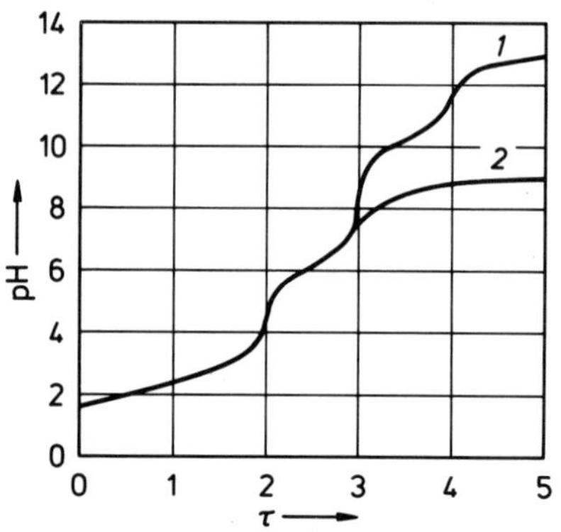

Abb. 9.23. Titrationskurven von Äthylendiamintetraessigsäure mit NaOH (Kurve *1*) und NH_3 (Kurve *2*).

Aufgaben zu Kap. 8

1

Formt man Gl. (8.9) nach $C_P(HA)$ um,

$$C_P(HA) = \frac{c^3(H_3O^+) + c^2(H_3O^+) \cdot [C_P(A^-) + K_S] - c(H_3O^+) \cdot K_W - K_S K_W}{c(H_3O^+) \cdot K_S}, \tag{9.57}$$

so ergibt sich mit $C_P(A^-) = 0{,}02$: $C_P(HA) = 1{,}126 \cdot 10^{-2}$. Fügt man also zu $1{,}126 \cdot 10^{-2}$ mol HOAc und 0,02 mol NaOAc soviel Wasser hinzu, daß man 1 l Lösung erhält, beträgt der pH-Wert 5.
Aus Gl. (8.19) errechnet sich die Pufferkapazität zu $1{,}661 \cdot 10^{-2}$, wenn man beachtet, daß $C(HA) = C_P(HA) + C_P(A^-)$ ist.

2

Gl. (3.77) führt zu

$$C(B) = \frac{K_W}{c(H_3O^+)} - c(H_3O^+) + \\ + C(H_2A) \cdot \frac{c(H_3O^+) \cdot K_{S1} + 2K_{S1}K_{S2}}{c^2(H_3O^+) + c(H_3O^+) \cdot K_{S1} + K_{S1}K_{S2}}. \tag{9.58}$$

Leitet man diese Gleichung nach pH ab, so ergibt sich für eine zweiwertige Säure und ihre Protolyse-Produkte

$$\beta = (\ln 10) \cdot \left\{ \frac{K_W}{c(H_3O^+)} + c(H_3O^+) + \right. \\ \left. + c(H_3O^+) \cdot C(H_2A) \cdot K_{S1} \cdot \frac{c^2(H_3O^+) + c(H_3O^+) \cdot 4K_{S2} + K_{S1}K_{S2}}{[c^2(H_3O^+) + c(H_3O^+) \cdot K_{S1} + K_{S1}K_{S2}]^2} \right\}. \tag{9.59}$$

Für eine dreiwertige Säure und ihre Protolyse-Produkte erhält man entsprechend:

$$\beta = (\ln 10) \cdot \left\{ \frac{K_W}{c(H_3O^+)} + c(H_3O^+) + \right. \\ \left. + \frac{c(H_3O^+) \cdot C(H_3A) \cdot K_{S1} \cdot Z}{[c^3(H_3O^+) + c^2(H_3O^+) \cdot K_{S1} + c(H_3O^+) \cdot K_{S1}K_{S2} + K_{S1}K_{S2}K_{S3}]^2} \right\} \tag{9.60}$$

mit

$$Z = c^4(H_3O^+) + c^3(H_3O^+) \cdot 4K_{S2} + c^2(H_3O^+) \cdot K_{S2} \cdot (K_{S1} + 9K_{S3}) + \\ + c(H_3O^+) \cdot 4K_{S1}K_{S2}K_{S3} + K_{S1}K_{S2}^2K_{S3}.$$

Variation der H_3O^+-Konzentration führt zu den (pH, β)-Wertepaaren (→ Abbildungen 9.24 und 9.25).

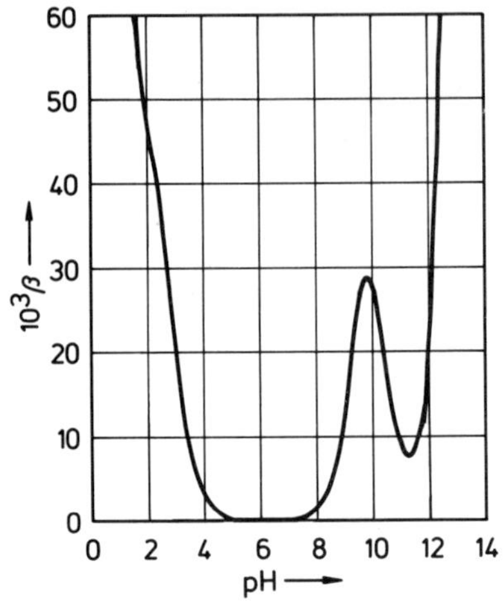

Abb. 9.24. Pufferkapazität von Lösungen, die Glycin (C = 0,05) bzw. dessen durch Protonen-Abgabe oder -Aufnahme entstehende Teilchen enthalten.

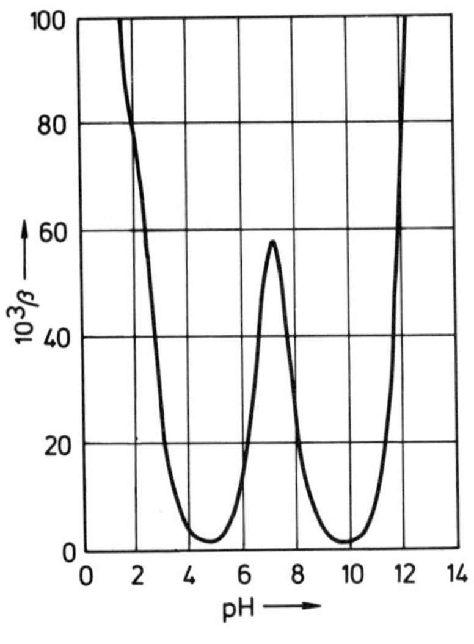

Abb. 9.25. Pufferkapazität von Lösungen, die Phosphorsäure (C = 0,1 mol/l) bzw. deren Salze enthalten.

3

Für $C(\mathrm{HA}) = C(\mathrm{HX}) = 0{,}2$, $C(\mathrm{B}) = C(\mathrm{Y}) = 0{,}1$, $pK_{\mathrm{SA}} = 9{,}25$, $pK_{\mathrm{SX}} = 3{,}14$ und $pK_{\mathrm{B}} = pK_{\mathrm{Y}} = -10$ (Erklärung siehe Abschn. 8.2.2) errechnet sich nach Gl. (3.92) der pH-Wert zu 6,196.

Die Pufferkapazität ergibt sich aus der Summe der Pufferkapazitäten der einzelnen Puffer [siehe auch Gl. (8.19)]. NH_4^+/NH_3-Puffer: $\beta_1 = 0{,}115$; HF/F^--Puffer: $\beta_2 = 0{,}117$; $\beta = 0{,}232$.

4

β ergibt sich aus der Summe der einzelnen β-Werte, die sich mit Hilfe der Gl. (8.19) bestimmen lassen (vgl. auch Lösung der Aufg. 3; →Abb. 9.26).

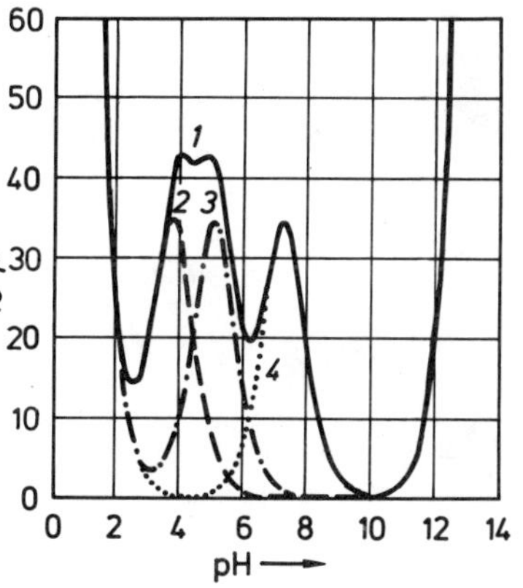

Abb. 9.26. Gesamt-Pufferkapazität (*1*), die sich aus der Summe der Kapazitäten einer 0,06 M Ameisensäure (*2*), einer 0,06 M Trimethylessigsäure (*3*) und einer 0,06 M unterchlorigen Säure (*4*) bzw. deren Salze ergibt.

5

a) Gl. (8.29): $pH_\beta = 5{,}02$ ($pH_\beta = 5{,}044$)*; Gl. (8.30): $\beta_{max} = 2{,}88 \cdot 10^{-3}$ ($\beta_{max} = 2{,}899 \cdot 10^{-3}$).

b) Gl. (8.29): $pH_\beta = 9{,}87$ ($pH_\beta = 9{,}897$); Gl. (8.27): $\beta_{max} = 5{,}76 \cdot 10^{-3}$ ($\beta_{max} = 5{,}933 \cdot 10^{-3}$).

c) Gl. (8.29): $pH_\beta = 7{,}2$ ($pH_\beta = 7{,}203$); Gl. (8.30): $\beta_{max} = 5{,}76 \cdot 10^{-5}$ ($\beta_{max} = 5{,}808 \cdot 10^{-5}$).

6

Für den Zusatz von sehr starker Base zu einer zweiwertigen Säure gelangt man mit Hilfe der Gl. (3.77) zu einer Gleichung, die bereits in der Lösung zu Aufg. 2 aufgestellt wurde. β und seine beiden ersten Ableitungen nach pH lauten:

---

* In den Klammern sind die exakten pH_β- und β_{max}-Werte angegeben [berechnet mit den Gleichungen (9.64), (9.66) und (9.71)].

$$\beta = (\ln 10) \cdot \left[\frac{K_W}{c(H_3O^+)} + c(H_3O^+) + \right.$$

$$\left. + c(H_3O^+) \cdot C(H_2A) \cdot K_{S1} \cdot \frac{c^2(H_3O^+) + c(H_3O^+) \cdot 4K_{S2} + K_{S1}K_{S2}}{N^2} \right], \quad (9.61)$$

$$\beta' = (\ln 10)^2 \cdot \left[\frac{K_W}{c(H_3O^+)} - c(H_3O^+) + c(H_3O^+) \cdot C(H_2A) \cdot K_{S1} \cdot \frac{Z_1}{N^3} \right], \quad (9.62)$$

$$\beta'' = (\ln 10)^3 \cdot \left[\frac{K_W}{c(H_3O^+)} + c(H_3O^+) - c(H_3O^+) \cdot C(H_2A) \cdot K_{S1} \cdot \frac{Z_2}{N^4} \right] \quad (9.63)$$

mit

$$N = c^2(H_3O^+) + c(H_3O^+) \cdot K_{S1} + K_{S1}K_{S2},$$

$$Z_1 = c^4(H_3O^+) + c^3(H_3O^+) \cdot (8K_{S2} - K_{S1}) + $$
$$+ c(H_3O^+) \cdot (K_{S1}^2 K_{S2} - 8K_{S1}K_{S2}^2) - K_{S1}^2 K_{S2}^2,$$

$$Z_2 = [c^4(H_3O^+) \cdot 5 + c^3(H_3O^+) \cdot 4 \cdot (8K_{S2} - K_{S1}) +$$
$$+ c(H_3O^+) \cdot 2K_{S1}K_{S2} \cdot (K_{S1} - 8K_{S2}) - K_{S1}^2 K_{S2}^2] \cdot N -$$
$$- [c^5(H_3O^+) + c^4(H_3O^+) \cdot (8K_{S2} - K_{S1}) +$$
$$+ c^2(H_3O^+) \cdot K_{S1}K_{S2} \cdot (K_{S1} - 8K_{S2}) -$$
$$- c(H_3O^+) \cdot K_{S1}^2 K_{S2}^2] \cdot [2c(H_3O^+) + K_{S1}] \cdot 3.$$

Setzt man $\beta' = 0$, also

$$c^8(H_3O^+) + c^7(H_3O^+) \cdot 3K_{S1} +$$
$$+ c^6(H_3O^+) \cdot \{K_{S1} \cdot [3K_{S1} + 3K_{S2} - C(H_2A)] - K_W\} +$$
$$+ c^5(H_3O^+) \cdot \{K_{S1}^2 \cdot [K_{S1} + 6K_{S2} + C(H_2A)] - K_{S1} \cdot [8C(H_2A) \cdot K_{S2} + 3K_W]\} +$$
$$+ c^4(H_3O^+) \cdot \{3K_{S1}^2 \cdot (K_{S1}K_{S2} + K_{S2}^2 - K_W) - 3K_{S1}K_{S2}K_W\} +$$
$$+ c^3(H_3O^+) \cdot \{K_{S1}^2 K_{S2} \cdot [3K_{S1} + 8C(H_2A) \cdot K_{S2} - 6K_W] -$$
$$- K_{S1}^3 \cdot [C(H_2A) \cdot K_{S2} + K_W]\} +$$
$$+ c^2(H_3O^+) \cdot \{K_{S1}^2 K_{S2}^2 \cdot [K_{S1}K_{S2} + C(H_2A) \cdot K_{S1} - 3K_W] - 3K_{S1}^2 K_{S2} K_W\} -$$
$$- c(H_3O^+) \cdot 3K_{S1}^3 K_{S2}^2 K_W - K_{S1}^3 K_{S2}^3 K_W = 0, \quad (9.64)$$

Tab. 9.14. Lösung zu Aufg. 6.

pH	β_{min}	β''
2,992	$4{,}697 \cdot 10^{-3}$	$2{,}475 \cdot 10^{-2}$
7,750	$1{,}927 \cdot 10^{-2}$	$9{,}705 \cdot 10^{-2}$
11,749	$2{,}616 \cdot 10^{-2}$	$1{,}338 \cdot 10^{-1}$

so erhält man die H_3O^+-Konzentrationen für die Minima der Pufferkapazitäten, vorausgesetzt, daß β'' für diese $c(H_3O^+)$-Werte positiv ist (→Tab. 9.14).

7

a) Zweimaliges Ableiten der Gl. (8.19) nach pH führt zu

$$\beta'' = (\ln 10)^3 \cdot \left[\frac{K_W}{c(H_3O^+)} + c(H_3O^+) + \right.$$

$$\left. + c(H_3O^+) \cdot C(HA) \cdot K_S \cdot \frac{c^2(H_3O^+) - c(H_3O^+) \cdot 4K_S + K_S^2}{[c(H_3O^+) + K_S]^4}\right]. \tag{9.65}$$

Um das Maximum von β zu bestimmen, muß $\beta' = 0$ und $\beta'' < 0$ sein, d. h.

$$c^5(H_3O^+) + c^4(H_3O^+) \cdot 3K_S + c^3(H_3O^+) \cdot [3K_S^2 - C(HA) \cdot K_S - K_W] +$$
$$+ c^2(H_3O^+) \cdot \{K_S \cdot [K_S^2 + C(HA) \cdot K_S - 3K_W]\} -$$
$$- c(H_3O^+) \cdot 3K_S^2 K_W - K_S^3 K_W = 0. \tag{9.66}$$

$pH_\beta = 3{,}739$; $\beta_{max} = 3{,}495 \cdot 10^{-2}$ ($\beta'' = -8{,}928 \cdot 10^{-2}$).

b) Lösungsweg siehe Aufg. 6.

$pH_{\beta 1} = 2{,}861$; $\beta_{max1} = 6{,}113 \cdot 10^{-2}$ ($\beta_1'' = -0{,}132$);

$pH_{\beta 2} = 5{,}500$; $\beta_{max2} = 5{,}814 \cdot 10^{-2}$ ($\beta_2'' = -0{,}150$).

c) Die Gleichung

$$C(B) = \frac{K_W}{c(H_3O^+)} - c(H_3O^+) +$$

$$+ C(H_3A) \cdot \frac{c^2(H_3O^+) \cdot K_{S1} + c(H_3O^+) \cdot 2K_{S1}K_{S2} + 3K_{S1}K_{S2}K_{S3}}{c^3(H_3O^+) + c^2(H_3O^+) \cdot K_{S1} + c(H_3O^+) \cdot K_{S1}K_{S2} + K_{S1}K_{S2}K_{S3}} \tag{9.67}$$

beschreibt den Zusatz von sehr starker Base zu einer dreiwertigen Säure H_3A. Daraus ergeben sich die drei ersten Ableitungen:

$$\beta = (\ln 10) \cdot \left[\frac{K_W}{c(H_3O^+)} + c(H_3O^+) + c(H_3O^+) \cdot C(H_3A) \cdot K_{S1} \cdot \frac{Z_1}{N^2}\right], \tag{9.68}$$

$$\beta' = (\ln 10)^2 \cdot \left[\frac{K_W}{c(H_3O^+)} - c(H_3O^+) + c(H_3O^+) \cdot C(H_3A) \cdot K_{S1} \cdot \frac{Z_2}{N^3}\right], \tag{9.69}$$

$$\beta'' = (\ln 10)^3 \cdot \left[\frac{K_W}{c(H_3O^+)} + c(H_3O^+) + c(H_3O^+) \cdot C(H_3A) \cdot K_{S1} \cdot \frac{Z_3}{N^4}\right] \tag{9.70}$$

mit

$$N = c^3(H_3O^+) + c^2(H_3O^+) \cdot K_{S1} + c(H_3O^+) \cdot K_{S1}K_{S2} + K_{S1}K_{S2}K_{S3},$$

$$Z_1 = c^4(H_3O^+) + c^3(H_3O^+) \cdot 4K_{S2} + c^2(H_3O^+) \cdot K_{S2} \cdot (K_{S1} + 9K_{S3}) + \\ + c(H_3O^+) \cdot 4K_{S1}K_{S2}K_{S3} + K_{S1}K_{S2}^2K_{S3},$$

$$Z_2 = c^7(H_3O^+) + c^6(H_3O^+) \cdot (8K_{S2} - K_{S1}) + c^5(H_3O^+) \cdot 27K_{S2}K_{S3} + \\ + c^4(H_3O^+) \cdot K_{S1}K_{S2} \cdot (K_{S1} + 20K_{S3} - 8K_{S2}) + \\ + c^3(H_3O^+) \cdot K_{S1}K_{S2} \cdot (8K_{S1}K_{S3} - K_{S1}K_{S2} - 20K_{S2}K_{S3}) - \\ - c^2(H_3O^+) \cdot 27K_{S1}K_{S2}^2K_{S3}^2 + \\ + c(H_3O^+) \cdot K_{S1}^2K_{S2}^2K_{S3} \cdot (K_{S2} - 8K_{S3}) - K_{S1}^2K_{S2}^3K_{S3}^2,$$

$$Z_3 = c(H_3O^+) \cdot Z_2 \cdot 3 \cdot [c^2(H_3O^+) \cdot 3 + c(H_3O^+) \cdot 2K_{S1} + K_{S1}K_{S2}] - \\ - \{c^7(H_3O^+) \cdot 8 + c^6(H_3O^+) \cdot 7 \cdot (8K_{S2} - K_{S1}) + c^5(H_3O^+) \cdot 162K_{S2}K_{S3} + \\ + c^4(H_3O^+) \cdot [5K_{S1}K_{S2} \cdot (K_{S1} + 20K_{S3} - 8K_{S2})] + \\ + c^3(H_3O^+) \cdot [4K_{S1}K_{S2} \cdot (8K_{S1}K_{S3} - K_{S1}K_{S2} - 20K_{S2}K_{S3})] - \\ - c^2(H_3O^+) \cdot 81K_{S1}K_{S2}^2K_{S3}^2 + \\ + c(H_3O^+) \cdot [2K_{S1}^2K_{S2}^2K_{S3} \cdot (K_{S2} - 8K_{S3})] - K_{S1}^2K_{S2}^3K_{S3}^2\} \cdot N.$$

Mit

$$\beta' = c^{11}(H_3O^+) + c^{10}(H_3O^+) \cdot 3K_{S1} + \\ + c^9(H_3O^+) \cdot \{K_{S1} \cdot [3K_{S1} + 3K_{S2} - C(H_3A)] - K_W\} + \\ + c^8(H_3O^+) \cdot \{K_{S1}K_{S2} \cdot [6K_{S1} + 3K_{S3} - 8C(H_3A)] + \\ + K_{S1} \cdot [K_{S1}^2 + C(H_3A) \cdot K_{S1} - 3K_W]\} + \\ + c^7(H_3O^+) \cdot [3K_{S1}^2K_{S2} \cdot (K_{S1} + K_{S2} + 2K_{S3}) - \\ - 3K_{S1}K_W \cdot (K_{S1} + K_{S2}) - 27C(H_3A) \cdot K_{S1}K_{S2}K_{S3}] + \\ + c^6(H_3O^+) \cdot \{K_{S1}^2K_{S2}K_{S3} \cdot [3K_{S1} + 6K_{S2} - 20C(H_3A)] + \\ + K_{S1}^2K_{S2} \cdot [3K_{S1}K_{S2} + 8C(H_3A) \cdot K_{S2} - \\ - C(H_3A) \cdot K_{S1} - 6K_W] - K_{S1}K_W \cdot (K_{S1}^2 + 3K_{S2}K_{S3})\} + \\ + c^5(H_3O^+) \cdot \{K_{S1}^2K_{S2}^2K_{S3} \cdot [6K_{S1} + 3K_{S3} + 20C(H_3A)] + \\ + K_{S1}^3K_{S2}^2 \cdot [K_{S2} + C(H_3A)] - 8C(H_3A) \cdot K_{S1}^3K_{S2}K_{S3} - \\ - 3K_{S1}^2K_{S2}K_W \cdot (K_{S1} + K_{S2} + 2K_{S3})\} + \\ + c^4(H_3O^+) \cdot \{3K_{S1}^2K_{S2}^2K_{S3} \cdot [K_{S1}K_{S2} + K_{S1}K_{S3} + \\ + 9C(H_3A) \cdot K_{S3} - 2K_W] - 3K_{S1}^3K_{S2}K_W \cdot (K_{S2} + K_{S3})\} + \\ + c^3(H_3O^+) \cdot \{K_{S1}^3K_{S2}^2K_{S3} \cdot [3K_{S2}K_{S3} + 8C(H_3A) \cdot K_{S3} - C(H_3A) \cdot K_{S2} - \\ - 6K_W] - K_{S1}^2K_{S2}^2K_W \cdot (K_{S1}K_{S2} + 3K_{S2}^2)\} + \\ + c^2(H_3O^+) \cdot \{K_{S1}^3K_{S2}^2K_{S3}^2 \cdot [C(H_3A) \cdot K_{S2} + K_{S2}K_{S3} - 3K_W] - \\ - 3K_{S1}^3K_{S2}^3K_{S3}K_W\} - \\ - c(H_3O^+) \cdot 3K_{S1}^3K_{S2}^3K_{S3}^2K_W - K_{S1}^3K_{S2}^3K_{S3}^3K_W = 0 \quad (9.71)$$

kann man aus den Nullstellen dieser Gleichung die pH_β- und damit die β_{max}- und β''-Werte ermitteln (→ Tab. 9.15).

Tab. 9.15. Lösung zu Aufg. 7c.

i	$pH_{\beta i}$	$\beta_{max i}$	β_i''
1	3,209	$6{,}491 \cdot 10^{-2}$	−0,113
2	4,756	$6{,}804 \cdot 10^{-2}$	−0,105
3	6,296	$6{,}339 \cdot 10^{-2}$	−0,117

8

Leitet man

$$C(\mathrm{B}) = \frac{K_\mathrm{W}}{c(\mathrm{H_3O^+})} - c(\mathrm{H_3O^+}) + C(\mathrm{H_4A}) \cdot \frac{Z_1}{N} \tag{9.72}$$

mit

$$N = c^4(\mathrm{H_3O^+}) + c^3(\mathrm{H_3O^+}) \cdot K_{S1} + c^2(\mathrm{H_3O^+}) \cdot K_{S1}K_{S2} + \\ + c(\mathrm{H_3O^+}) \cdot K_{S1}K_{S2}K_{S3} + K_{S1}K_{S2}K_{S3}K_{S4},$$

$$Z_1 = c^3(\mathrm{H_3O^+}) \cdot K_{S1} + c^2(\mathrm{H_3O^+}) \cdot 2K_{S1}K_{S2} + c(\mathrm{H_3O^+}) \cdot 3K_{S1}K_{S2}K_{S3} + \\ + 4K_{S1}K_{S2}K_{S3}K_{S4}$$

nach pH ab, so erhält man

$$\beta = (\ln 10) \cdot \left[\frac{K_\mathrm{W}}{c(\mathrm{H_3O^+})} + c(\mathrm{H_3O^+}) + c(\mathrm{H_3O^+}) \cdot C(\mathrm{H_4A}) \cdot K_{S1} \cdot \frac{Z_2}{N^2}\right] \tag{9.73}$$

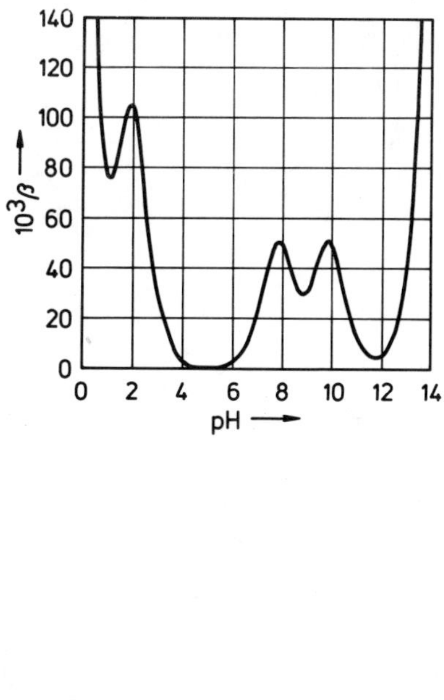

Abb. 9.27. Pufferkapazität von Lösungen, die Cystin (C = 0,5 mol/l) bzw. dessen Salze enthalten.

mit

$$Z_2 = c^6(H_3O^+) + c^5(H_3O^+) \cdot 4K_{S2} + c^4(H_3O^+) \cdot K_{S2} \cdot (K_{S1} + 9K_{S3}) + \\ + c^3(H_3O^+) \cdot 8K_{S2}K_{S3} \cdot (K_{S1} + 2K_{S4}) + \\ + c^2(H_3O^+) \cdot K_{S1}K_{S2}K_{S3} \cdot (K_{S2} + 9K_{S4}) + \\ + c(H_3O^+) \cdot 4K_{S1}K_{S2}^2K_{S3}K_{S4} + K_{S1}K_{S2}^2K_{S3}^2K_{S4}$$

(→Abb. 9.27).

9

a) Substituiert man in Gl. (8.9) $C_P(A^-)$ mit Hilfe von Gl. (8.7) durch $C(HA) - C_P(HA)$ und löst nach $C_P(HA)$ auf, so ergibt sich schließlich (mit $K_S = 10^{-7,2}$):

$$C_P(HA) = \frac{c^3(H_3O^+) + c^2(H_3O^+) \cdot [C(HA) + K_S] - c(H_3O^+) \cdot K_W - K_SK_W}{c^2(H_3O^+) + c(H_3O^+) \cdot K_S} . \tag{9.74}$$

$C_P(HA) = C_P(NaH_2PO_4) = 0{,}123$; $C_P(A^-) = C_P(Na_2HPO_4) = 7{,}737 \cdot 10^{-2}$;
$C_P(Na_2HPO_4) : C_P(NaH_2PO_4) = 1 : 1{,}585$.

b) $C_P(NaH_2PO_4) = 0{,}196$; $C_P(Na_2HPO_4) = 3{,}909 \cdot 10^{-3}$;
$C_P(Na_2HPO_4) : C_P(NaH_2PO_4) = 1 : 50{,}15$.

10

Für das Gemisch aus KH_2PO_4/K_2HPO_4-Puffer und HCl ergeben sich die Konzentrationen unter Berücksichtigung der Verdünnung zu

$C_P^*(HA) = C_P^*(KH_2PO_4) = 5 \cdot 10^{-4}$; $C_P^*(A^-) = C_P^*(K_2HPO_4) = 10^{-3}$;
$C_P^*(HCl) = 9 \cdot 10^{-4}$ [vgl. Gleichungen (7.63) und (7.64)].

Setzt man in Gl. (8.14) $C(HA) = C_P^*(KH_2PO_4) + C_P^*(K_2HPO_4)$, $C_P(A^-) = C_P^*(K_2HPO_4)$ und $C(HX) = C^*(HCl)$, gelangt man zu einem pH-Wert von 6,058. Vergleichsweise erhält man aus Gl. (3.8) den pH-Wert der Säure-Lösung zu 3,046, wenn man anstelle von C

$$C^*(HCl) = \frac{V(HCl)}{V(HCl) + V(H_2O)} \cdot C(HCl)$$

setzt. Nach Gl. (8.9) errechnet sich der pH-Wert des Puffers zu 7,501.

11

a) Nach Abschn. 3.4.1 kann für sehr starke Säuren $\mathrm{pH} = -\lg C = -\lg(0{,}02 + 0{,}03)$ gesetzt werden.

$C = 0{,}05$: $\mathrm{pH} = 1{,}30$; $C_1 = 0{,}02$: $\mathrm{pH}_1 = 1{,}70$ [Gl. (4.2)];
$\Delta\mathrm{pH} = \mathrm{pH}_1 - \mathrm{pH} = -0{,}40$.

b) Aus Gl. (8.9) errechnet sich für den Puffer pH = 4,871, aus Gl. (8.14) für das Puffer-Säure-Gemisch pH = 1,998; d. h., der pH-Wert fällt um 2,873 pH-Einheiten. Man beachte, daß sich in Gl. (8.14) $C(\mathrm{HA})$ aus $C_\mathrm{P}(\mathrm{HA}) + C_\mathrm{P}(\mathrm{A^-})$ ergibt.

12

Die Konzentrationen $C_\mathrm{P}^*(\mathrm{CH_3CH_2CH_2COOH})$ und $C_\mathrm{P}^*(\mathrm{CH_3CH_2CH_2COO^-})$ ergeben sich nach Gl. (7.63) und (7.64) zu 0,107 mol/l und 0,171 mol/l. Aus Gl. (8.9) erhält man $c(\mathrm{H_3O^+}) = 9{,}456 \cdot 10^{-6}$, in Gl. (8.19) eingesetzt: $\beta = 0{,}155$ [man beachte Gl. (8.7)].

13

Aus Gl. (8.14) erhält man

$$K_\mathrm{SX} = \frac{Z}{N} \tag{9.75}$$

mit

$$N = c^3(\mathrm{H_3O^+}) + c^2(\mathrm{H_3O^+}) \cdot [C_\mathrm{P}(\mathrm{A^-}) - C(\mathrm{HX}) + K_\mathrm{SA}] + \\ + c(\mathrm{H_3O^+}) \cdot \{K_\mathrm{SA} \cdot [C_\mathrm{P}(\mathrm{A^-}) - C(\mathrm{HA}) - C(\mathrm{HX})] - K_\mathrm{W}\} - K_\mathrm{SA}K_\mathrm{W},$$

$$Z = -c^4(\mathrm{H_3O^+}) - c^3(\mathrm{H_3O^+}) \cdot [C_\mathrm{P}(\mathrm{A^-}) + K_\mathrm{SA}] + \\ + c^2(\mathrm{H_3O^+}) \cdot \{K_\mathrm{SA} \cdot [C(\mathrm{HA}) - C_\mathrm{P}(\mathrm{A^-})] + K_\mathrm{W}\} + c(\mathrm{H_3O^+}) \cdot K_\mathrm{SA}K_\mathrm{W}.$$

$\mathrm{p}K_\mathrm{SX} = 3{,}43$ erhält man für $C(\mathrm{HA}) = C$, $C_\mathrm{P}(\mathrm{A^-}) = C/2$ und $\mathrm{p}K_\mathrm{SA} = 7{,}2$.

14

a) Mit Gl. (8.4) erhält man die in Tab. 9.16 aufgeführten Werte.

b) Leitet man Gl. (8.19) zweimal nach pH ab und setzt $\beta' = 0$, so ergibt sich aus der Gleichung fünften Grades in $c(\mathrm{H_3O^+})$ [Gl. (9.66)] die $\mathrm{H_3O^+}$-Konzentration zu $1{,}779 \cdot 10^{-5}$ und damit $\beta'' = -0{,}610$. Die Gleichungen (5.4) und (5.5) ergeben $c(\mathrm{HOAc}) = C_\mathrm{P}(\mathrm{HOAc}) = 0{,}200$; $c(\mathrm{OAc^-}) = C_\mathrm{P}(\mathrm{OAc^-}) = 0{,}200$ (vgl. Tab. 8.3).

Tab. 9.16. Lösung zu Aufg. 14a.

$\frac{C_P(OAc^-)}{C_P(HOAc)}$	0,1	0,5	1	2
pH	3,75	4,50	4,75	5,05

15

Der pH-Wert eines Gemischs einer einwertigen Säure und zwei einwertigen Basen kann errechnet werden, indem man Gl. (3.71) um den Summanden für die Base Y erweitert:

$$c(H_3O^+) = c(OH^-) + C(HA) \cdot \frac{K_S}{c(H_3O^+) + K_S} - C(B) \cdot \frac{K_B}{c(OH^-) + K_B} - - C(Y) \cdot \frac{c(H_3O^+) \cdot K_Y}{c(H_3O^+) \cdot K_Y + K_W} . \tag{9.76}$$

Beachtet man, daß für Puffer $C(B) = C_P(A^-)$ und $1/F^* = 1$ ist (→Abschn. 8.2.2) so führt die Multiplikation mit

$$c(H_3O^+) \cdot [c(H_3O^+) + K_S] \cdot [c(H_3O^+) \cdot K_Y + K_W]$$

zu der Gleichung vierten Grades in $c(H_3O^+)$,

$$\begin{aligned} &c^4(H_3O^+) \cdot K_Y + c^3(H_3O^+) \cdot \{K_Y \cdot [C_P(A^-) + C(Y) + K_S] + K_W\} + \\ &+ c^2(H_3O^+) \cdot \{K_S K_Y \cdot [C_P(A^-) + C(Y) - C(HA)] + K_W \cdot [C_P(A^-) + K_S - K_Y]\} + \\ &+ c(H_3O^+) \cdot \{K_S K_W \cdot [C_P(A^-) - C(HA) - K_Y] - K_W^2\} - K_S K_W^2 = 0 . \end{aligned} \tag{9.77}$$

16

Bei der Lösung der Aufgaben 16b und 16c ist zu berücksichtigen, daß $C(HA)$ in Gl. (8.14) und in der Lösung der Aufg. 15 der Gesamt-Konzentration an phosphorhaltigen Teilchen entspricht [→Gl. (8.7)].
1,361 g KH_2PO_4 in einem Liter Lösung entsprechen einer 0,01 M KH_2PO_4-Lösung, 3,484 g K_2HPO_4 in einem Liter Lösung entsprechen einer 0,02 M K_2HPO_4-Lösung.

a) Aus Gl. (8.9) errechnet sich für $K_S = 10^{-7,2}$: pH = 7,501.

b) Puffer + HCl: pH = 6,899 [→Gl. (8.14)], ΔpH = −0,602;
Puffer + HOAc: pH = 6,904 [→Gl. (8.14)], ΔpH = −0,597.

c) Ersetzt man in Gl. (9.77) $C(HA)$, $C_P(A^-)$ und $C(Y)$ durch

$$C^*(I) = \frac{V(I)}{V(HA) + V(A^-) + V(Y)} \cdot C(I)$$

[$I = HA, A^-, Y$; $V(HA) = V(A^-) = 500$ ml], so ergibt sich für Puffer + NaOH: pH = 7,568 (ΔpH = 0,067); für Puffer + NH_3-Lösung: pH = 7,558 (ΔpH = 0,057).

17

Bei der Lösung beachte man, daß

$$C(H_3A) = C_P(H_3A) + C_P(H_2A^-) = 0,4$$

gesetzt werden muß [→Gl. (8.7)]. Die $C(I)$ ($I = H_3A, H_2A^-$, HCl) werden durch $C^*(I)$ ersetzt [→Gleichungen (7.63) und (7.64)].

a) Nach Gl. (8.14) gelangt man für $K_{SA} = 10^{-3,13}$ zu pH = 2,134.

b) pH = 9,552 [→Gl. (9.77)].

c) Mit Hilfe von Gl. (8.16) ergibt sich der pH-Wert zu 8,949.

18

Aus Gl. (8.6) ermittelt man

$$C(B) = C_P(OAc^-) = 4,989 \cdot 10^{-2} \text{ mol/l}.$$

Für ein Gemisch aus einer einwertigen Base B, einer einwertigen Säure HA und einer dreiwertigen Säure H_3X gelangt man über einen zu Gl. (3.71) ähnlichen Ansatz,

$$\begin{aligned} c(H_3O^+) = c(OH^-) - C(B) \cdot \frac{c(H_3O^+) \cdot K_B}{c(H_3O^+) \cdot K_B + K_W} + \\ + C(HA) \cdot \frac{K_{SA}}{c(H_3O^+) + K_{SA}} + \qquad (9.78) \\ + C(H_3X) \cdot \frac{c^2(H_3O^+) \cdot K_{SX1} + c(H_3O^+) \cdot 2K_{SX1}K_{SX2} + 3K_{SX1}K_{SX2}K_{SX3}}{c^3(H_3O^+) + c^2(H_3O^+) \cdot K_{SX1} + c(H_3O^+) \cdot K_{SX1}K_{SX2} + K_{SX1}K_{SX2}K_{SX3}} \end{aligned}$$

nach der Multiplikation mit dem Hauptnenner zu

$$\begin{aligned}
&c^7(H_3O^+) \cdot K_B + c^6(H_3O^+) \cdot \{K_B \cdot [C(B) + K_{SA} + K_{SX1}] + K_W\} + \\
&+ c^5(H_3O^+) \cdot \{K_{SX1}K_B \cdot [C(B) + K_{SX2} - C(H_3X)] + \\
&\qquad + K_{SA}K_B \cdot [C(B) + K_{SX1} - C(HA)] + K_W \cdot (K_{SA} + K_{SX1} - K_B)\} + \\
&+ c^4(H_3O^+) \cdot \{K_{SA}K_{SX1}K_B \cdot [C(B) - C(HA) - C(H_3X)] + \\
&\qquad + K_{SX1}K_{SX2}K_B \cdot [C(B) - 2C(H_3X) + K_{SA} + K_{SX3}] - \\
&\qquad - K_{SA}K_W \cdot [C(HA) + K_B] + K_{SX1}K_W \cdot (K_{SA} + K_{SX2} - K_B) - \\
&\qquad - K_W \cdot [C(H_3X) \cdot K_{SX1} + K_W]\} + \\
&+ c^3(H_3O^+) \cdot \{K_{SA}K_{SX1}K_{SX2}K_B \cdot [C(B) - C(HA) - 2C(H_3X)] + \\
&\qquad + K_{SX1}K_{SX2}K_{SX3}K_B \cdot [C(B) - 3C(H_3X) + K_{SA}] - \\
&\qquad - K_{SA}K_{SX1}K_W \cdot [C(HA) + C(H_3X) + K_B] + \\
&\qquad + K_{SX1}K_{SX2}K_W \cdot (K_{SA} + K_{SX3} - K_B) - \\
&\qquad - 2C(H_3X) \cdot K_{SX1}K_{SX2}K_W - K_W^2 \cdot (K_{SA} + K_{SX1})\} + \\
&+ c^2(H_3O^+) \cdot \langle K_{SX1}K_{SX2}K_{SX3} \cdot \{K_{SA}K_B \cdot [C(B) - C(HA) - 3C(H_3X)] + \\
&\qquad + K_W \cdot [K_{SA} - K_B - 3C(H_3X)]\} - K_{SX1}K_W^2 \cdot (K_{SA} + K_{SX2}) - \\
&\qquad - K_{SA}K_{SX1}K_{SX2}K_W \cdot [C(HA) + 2C(H_3X) + K_B]\rangle - \\
&- c(H_3O^+) \cdot \langle K_{SX1}K_{SX2}K_W \cdot \{K_{SA}K_{SX3} \cdot [C(HA) + 3C(H_3X) + K_B] + \\
&\qquad + K_W \cdot (K_{SA} + K_{SX3})\}\rangle - \\
&- K_{SA}K_{SX1}K_{SX2}K_{SX3}K_W^2 = 0\,.
\end{aligned} \tag{9.79}$$

Setzt man $C(HA) = C$, $C(B) = C(OAc^-)$ und berücksichtigt, daß K_B die Basekonstante einer sehr starken Base ist, so errechnet sich pH = 6,052. Damit betragen die Konzentrationen an HOAc und OAc^- nach Gl. (5.4) und (5.5)

$$c(HOAc) = 2{,}376 \cdot 10^{-3},\ c(OAc^-) = 4{,}762 \cdot 10^{-2}$$

und die Gleichgewichts-Konzentrationen an Citronensäure H_3A und ihren Protolyse-Produkten H_2A^-, HA^{2-} und A^{3-} [Gleichungen (9.42) bis (9.45)]:

$$c(H_3A) = 4{,}073 \cdot 10^{-8},\ c(H_2A^-) = 3{,}404 \cdot 10^{-5},$$
$$c(HA^{2-}) = 6{,}667 \cdot 10^{-4},\ c(A^{3-}) = 2{,}992 \cdot 10^{-4}.$$

19

a) Für ein Gemisch zweier einwertiger Säuren HA_1 und HA_2 mit den beiden Säurekonstanten K_{S1} und K_{S2} errechnet sich

$$\beta = (\ln 10) \cdot \left\{ c(H_3O^+) + c(OH^-) + \frac{c(H_3O^+) \cdot C(HA_1) \cdot K_{S1}}{[c(H_3O^+) + K_{S1}]^2} + \frac{c(H_3O^+) \cdot C(HA_2) \cdot K_{S2}}{[c(H_3O^+) + K_{S2}]^2} \right\}, \tag{9.80}$$

$$\beta = \beta(H_3O^+) + \beta(OH^-) + \beta(HA_1) + \beta(HA_2)\,. \tag{9.81}$$

b) Gl. (9.80) läßt sich für $C(\mathrm{HA_1}) = C(\mathrm{HA_2}) = C$ umformen:

$$\beta = \beta(\mathrm{H_3O^+}) + \beta(\mathrm{OH^-}) + (\ln 10) \cdot \frac{Z}{N} \tag{9.82}$$

mit

$$Z = c(\mathrm{H_3O^+}) \cdot C \cdot [c^2(\mathrm{H_3O^+}) \cdot (K_{S1} + K_{S2}) + 4c(\mathrm{H_3O^+}) \cdot K_{S1}K_{S2} + \\ + K_{S1}K_{S2} \cdot (K_{S1} + K_{S2})],$$

$$N = c^4(\mathrm{H_3O^+}) + 2c^3(\mathrm{H_3O^+}) \cdot (K_{S1} + K_{S2}) + c^2(\mathrm{H_3O^+}) \cdot [(K_{S1} + K_{S2})^2 + \\ + 2K_{S1}K_{S2}] + 2c(\mathrm{H_3O^+}) \cdot K_{S1}K_{S2} \cdot (K_{S1} + K_{S2}) + K_{S1}^2K_{S2}^2 .$$

Für eine zweiwertige Säure $\mathrm{H_2A}$ gilt [siehe auch Gl. (9.59)]:

$$\beta = (\ln 10) \cdot \left[c(\mathrm{H_3O^+}) + c(\mathrm{OH^-}) + \frac{Z}{N} \right] \tag{9.83}$$

mit

$$Z = c(\mathrm{H_3O^+}) \cdot C \cdot [c^2(\mathrm{H_3O^+}) \cdot K_{S1} + 4c(\mathrm{H_3O^+}) \cdot K_{S1}K_{S2} + K_{S1}K_{S2} \cdot K_{S1}],$$

$$N = c^4(\mathrm{H_3O^+}) + 2c^3(\mathrm{H_3O^+}) \cdot K_{S1} + c^2(\mathrm{H_3O^+}) \cdot (K_{S1}^2 + 2K_{S1}K_{S2}) + \\ + 2c(\mathrm{H_3O^+}) \cdot K_{S1}K_{S2} \cdot K_{S1} + K_{S1}^2K_{S2}^2 .$$

Wenn für eine zweiwertige Säure $K_{S1} \gg K_{S2}$ erfüllt ist, also die beiden $\mathrm{p}K_S$-Werte genügend weit auseinander liegen, kann

$$K_{S1} + K_{S2} \approx K_{S1}$$

gesetzt werden. Damit geht Gl. (9.82) in Gl. (9.83) über. Für eine zweiwertige Säure gilt also mit sehr guter Näherung ($\mathrm{HA_1} = \mathrm{H_2A}$, $\mathrm{HA_2} = \mathrm{HA^-}$):

$$\beta = \beta(\mathrm{H_3O^+}) + \beta(\mathrm{OH^-}) + \beta(\mathrm{H_2A}) + \beta(\mathrm{HA^-}) . \tag{9.84}$$

10 Anhang

10.1 p*K*-Werte ausgewählter Säuren und Basen

Die folgende Auswahl an Säure- und Baseexponenten ist nicht nur als Ergänzung zu den Beispielen und Aufgaben der vorangegangenen Kapitel gedacht. Sie soll auch dazu anregen, über den Zusammenhang zwischen molekularer Struktur einer Säure oder Base und K_S bzw. K_B nachzudenken – ein Problemkreis, der im vorliegenden Text nicht diskutiert wird.

p*K*-Werte kleiner als ~2 und größer als ~13 sind Näherungen; diesen p*K*-Werten der Randbereiche kommt mehr qualitative Bedeutung zu. Falls mehrere Dissoziations-Stufen vorliegen, werden die verschiedenen p*K*-Werte der Größe nach angegeben. Die pK_S-Werte einiger Aminosäuren sind in Tab. 2.4 zu finden.

Tab. 10.1. pK_S-Werte einiger binärer Säuren.

Säure	pK_S	
HF	3,14	
HCl	−6	
HBr	−9	
HJ	−10	
H_2O	15,74	24
H_2S	6,92	13,0
H_2Se	3,77	10,0
H_2Te	2,64	8,80
H_2F^+	−6	
H_3O^+	−1,74	
NH_4^+	9,25	

Tab. 10.2. pK_S-Werte ausgewählter Sauerstoffsäuren.

Sauerstoffsäure	pK_S			
HClO	7,2			
$HClO_2$	2			
$HClO_3$	0			
$HClO_4$	−10			
HBrO	8,68			
$HBrO_3$	0			
HJO	10,7			
HJO_3	−0,77			
H_5JO_6	1,55	8,27	12,6	
H_2SO_2	1,9			
H_2SO_3	1,96	7,0		
H_2SO_4	−3	1,92		
$H_2S_2O_4$	0,3	2,5		
H_2SeO_3	2,54	8,02		
H_2SeO_4	−3	1,95		
H_2TeO_3	2,52	5,85		
H_2TeO_4	7,81	10,33		
HNO	4,7			
HNO_2	3,35			
HNO_3	−1,32			
$H_2N_2O_2$	7,05	11,0		
$H_2N_2O_3$	2,51	9,70		
H_3PO_2	2,0			
H_3PO_3	1,8	6,16		
H_3PO_4	2,13	7,2	12,36	
$H_4P_2O_6$	2,2	2,8	7,3	10,0
$H_4P_2O_7$	0,9	2,0	6,7	9,4
$HAsO_2$	9,05			
H_3AsO_3	9,40	13,52	>15	
H_3AsO_4	2,22	6,98	11,53	
H_2SiO_3	9,51	11,77		
H_4SiO_4	9,66	11,77	12,0	>12
$H_2B_4O_7$	4,0	9,0		
H_3BO_3	9,23	12,74	13,8	
H_2CrO_4	0,74	6,49		

Tab. 10.3. pK_S-Werte unverzweigter Monocarbonsäuren.

Monocarbonsäure	pK_S
$H-COOH$	3,75
CH_3-COOH, HOAc	4,75
CH_3CH_2-COOH	4,87
$CH_3(CH_2)_2-COOH$	4,82
$CH_3(CH_2)_3-COOH$	4,86
$CH_3(CH_2)_4-COOH$	4,88
$CH_3(CH_2)_5-COOH$	4,89
$CH_3(CH_2)_6-COOH$	4,90
$CH_3(CH_2)_7-COOH$	4,95

Tab. 10.4. pK_S-Werte substituierter Essigsäuren.

Substituierte Essigsäure	pK_S	Substituierte Essigsäure	pK_S
CH_3-COOH	4,75	$(C_6H_5)CH_2-COOH$	4,31
FCH_2-COOH	2,57	$(C_6H_5)_2CH-COOH$	3,94
$F_2CH-COOH$	1,24	CH_3SCH_2-COOH	3,72
$F_3C-COOH$	0,23	$C_2H_5SCH_2-COOH$	3,74
$ClCH_2-COOH$	2,87	$C_3H_7SCH_2-COOH$	3,77
$Cl_2CH-COOH$	1,25	$C_4H_9SCH_2-COOH$	3,81
$Cl_3C-COOH$	0,66	$C_6H_5SCH_2-COOH$	3,52
$BrCH_2-COOH$	2,90	$Cl(CH_2)_2-COOH$	4,08
JCH_2-COOH	3,16	$Cl(CH_2)_3-COOH$	4,52
NO_2CH_2-COOH	1,68	CH_3-COOH	4,75
$CNCH_2-COOH$	2,47	CH_3CH_2-COOH	4,88
$NCSCH_2-COOH$	2,58	$(CH_3)_2CH-COOH$	4,86
CH_3OCH_2-COOH	3,59	$(CH_3)_3C-COOH$	5,02
$C_2H_5OCH_2-COOH$	3,60	$HCHOH-COOH$	3,83
$C_3H_7OCH_2-COOH$	3,65	$CH_3CHOH-COOH$	3,86
$C_4H_9OCH_2-COOH$	3,66	$C_2H_5CHOH-COOH$	4,22
$C_6H_5OCH_2-COOH$	3,12	$C_3H_7CHOH-COOH$	3,89

Tab. 10.5. pK_S-Werte substituierter Propionsäuren.

Substituierte Propionsäure	pK_S
CH_3CH_2-COOH	4,87
$CH_3CHCl-COOH$	2,83
$ClCH_2CH_2-COOH$	3,98
$CH_3CHBr-COOH$	2,97
$BrCH_2CH_2-COOH$	4,01
$CH_3CHJ-COOH$	3,21
JCH_2CH_2-COOH	4,05

Tab. 10.6. pK_S-Werte substituierter Buttersäuren.

Substituierte Buttersäure	pK_S
$CH_3(CH_2)_2-COOH$	4,82
$CH_3CH_2CHCl-COOH$	2,86
$CH_3CHClCH_2-COOH$	4,05
$Cl(CH_2)_3-COOH$	4,52
$CH_3CH_2CHBr-COOH$	2,97
$Br(CH_2)_3-COOH$	4,59
$J(CH_2)_3-COOH$	4,64

Tab. 10.7. pK_S-Werte von Dicarbonsäuren.

Dicarbonsäure	pK_S	
$(COOH)_2$	1,24	5,17
$CH_2(COOH)_2$	2,79	5,68
$(CH_2)_2(COOH)_2$	4,13	5,35
$(CH_2)_3(COOH)_2$	4,34	5,27
$(CH_2)_4(COOH)_2$	4,41	5,28
$(CH_2)_5(COOH)_2$	4,48	5,31
$(CH_2)_6(COOH)_2$	4,51	5,33
$(CH_2)_7(COOH)_2$	4,55	5,33
cis-$(CH)_2(COOH)_2$	1,82	6,59
trans-$(CH)_2(COOH)_2$	3,00	4,52
$(CHOH)_2(COOH)_2$	3,01	4,16

Tab. 10.8. pK_S-Werte von Benzolpolycarbonsäuren.

Benzolpolycarbonsäure	pK_S					
C_6H_5-COOH	4,20					
1,2-$C_6H_4(COOH)_2$	2,90	5,51				
1,3-$C_6H_4(COOH)_2$	3,54	4,62				
1,4-$C_6H_4(COOH)_2$	3,54	4,46				
1,2,3-$C_6H_3(COOH)_3$	2,80	4,20	5,87			
1,2,4-$C_6H_3(COOH)_3$	2,52	3,84	5,20			
1,3,5-$C_6H_3(COOH)_3$	3,12	3,89	4,70			
1,2,3,4-$C_6H_2(COOH)_4$	2,06	3,25	4,73	6,21		
1,2,3,5-$C_6H_2(COOH)_4$	2,38	3,51	4,44	5,81		
1,2,4,5-$C_6H_2(COOH)_4$	1,92	2,87	4,49	5,63		
1,2,3,4,5-$C_6H(COOH)_5$	1,80	2,73	3,97	5,25	6,46	
1,2,3,4,5,6-$C_6(COOH)_6$	1,40	2,19	3,31	4,78	5,89	6,96

Tab. 10.9. pK_S-Werte substituierter Benzoesäuren.

Substituierte Benzoesäure	pK_S	Substituierte Benzoesäure	pK_S	
HC_6H_4-COOH	4,20			
o-FC_6H_4-COOH	3,27	*o*-$CH_3OC_6H_4-COOH$	4,09	
m-FC_6H_4-COOH	3,87	*m*-$CH_3OC_6H_4-COOH$	4,09	
p-FC_6H_4-COOH	4,14	*p*-$CH_3OC_6H_4-COOH$	4,47	
o-ClC_6H_4-COOH	2,94	*o*-$C_2H_5OC_6H_4-COOH$	4,21	
m-ClC_6H_4-COOH	3,83	*m*-$C_2H_5OC_6H_4-COOH$	4,17	
p-ClC_6H_4-COOH	3,98	*p*-$C_2H_5OC_6H_4-COOH$	4,45	
o-BrC_6H_4-COOH	2,85	*o*-$C_3H_7OC_6H_4-COOH$	4,24	
m-BrC_6H_4-COOH	3,81	*m*-$C_3H_7OC_6H_4-COOH$	4,20	
p-BrC_6H_4-COOH	3,97	*p*-$C_3H_7OC_6H_4-COOH$	4,46	
o-JC_6H_4-COOH	2,86	*o*-$C_6H_5OC_6H_4-COOH$	3,53	
m-JC_6H_4-COOH	3,85	*m*-$C_6H_5OC_6H_4-COOH$	3,95	
p-JC_6H_4-COOH	3,93	*p*-$C_6H_5OC_6H_4-COOH$	4,25	
o-$NO_2C_6H_4-COOH$	2,17	*o*-$H_2N-C_6H_4-COOH$	2,11	4,95
m-$NO_2C_6H_4-COOH$	3,49	*m*-$H_2N-C_6H_4-COOH$	3,12	4,74
p-$NO_2C_6H_4-COOH$	3,43	*p*-$H_2N-C_6H_4-COOH$	2,41	4,85
m-NCC_6H_4-COOH	3,60	*o*-$CH_3NHC_6H_4-COOH$	5,33	
p-NCC_6H_4-COOH	3,55	*m*-$CH_3NHC_6H_4-COOH$	5,10	
o-HOC_6H_4-COOH	2,98	*p*-$CH_3NHC_6H_4-COOH$	5,04	
m-HOC_6H_4-COOH	4,08	*o*-$(CH_3)_2NC_6H_4-COOH$	8,42	
p-HOC_6H_4-COOH	4,58	*m*-$(CH_3)_2NC_6H_4-COOH$	5,10	
o-$CH_3C_6H_4-COOH$	3,91	*p*-$(CH_3)_2NC_6H_4-COOH$	5,03	
m-$CH_3C_6H_4-COOH$	4,27			
p-$CH_3C_6H_4-COOH$	4,37			

Tab. 10.10. pK_B-Werte einiger Ammoniak-Derivate.

Amin	pK_B	Amin	pK_B	
$H-NH_2$	4,75	*o*-$HO-C_6H_4-NH_2$	4,72	9,71
$HO-NH_2$	8,03	*m*-$HO-C_6H_4-NH_2$	4,17	9,87
CH_3-NH_2	3,36	*p*-$HO-C_6H_4-NH_2$	5,50	10,30
$CH_3CH_2-NH_2$	3,33	$(CH_3)_2NH$	3,29	
$CH_3(CH_2)_2-NH_2$	3,42	$(CH_3CH_2)_2NH$	2,90	
$(CH_3)_2CH-NH_2$	3,28	$[(CH_3)_2CH)]_2NH$	1,95	
$CH_3(CH_2)_3-NH_2$	3,39	$[(CH_3)_2CHCH_2]_2NH$	3,32	
$(CH_3)_2CHCH_2-NH_2$	3,51	$(CH_3)_3N$	4,28	
$CH_3(CH_2)_4-NH_2$	3,37	$(CH_3CH_2)_3N$	3,25	
$CH_3(CH_2)_5-NH_2$	3,36	$[(CH_3)_2CHCH_2]_3N$	3,58	
$CH_3(CH_2)_6-NH_2$	3,34	$CH_3NHC_6H_5$	9,15	
$CH_3(CH_2)_7-NH_2$	3,35	$CH_3CH_2NHC_6H_5$	8,89	
$C_6H_5-NH_2$	9,75	$CH_3(CH_2)_2NHC_6H_5$	8,98	
$C_6H_5CH_2-NH_2$	4,66	$CH_3(CH_2)_3NHC_6H_5$	9,05	
$C_6H_5(CH_2)_2-NH_2$	4,17	$(CH_3)_2NC_6H_5$	8,94	
$C_6H_5(CH_2)_3-NH_2$	3,80	$(CH_3CH_2)_2NC_6H_5$	7,44	
$C_6H_5(CH_2)_4-NH_2$	3,60	$[CH_3(CH_2)_2]_2NC_6H_5$	8,41	
$C_6H_5(CH_2)_5-NH_2$	3,51	$[CH_3(CH_2)_3]_2NC_6H_5$	8,3	

Tab. 10.11. pK_B-Werte einiger Diamine.

Diamin	pK_B	
NH_2-NH_2	6,07	15,1
$NH_2-(CH_2)_2-NH_2$	3,91	7,00
$NH_2-(CH_2)_3-NH_2$	3,38	5,36
$NH_2-(CH_2)_4-NH_2$	3,20	4,65
$NH_2-(CH_2)_8-NH_2$	3,00	3,90
o-$C_6H_4(NH_2)_2$	9,53	12
m-$C_6H_4(NH_2)_2$	9,12	11,35
p-$C_6H_4(NH_2)_2$	7,92	10,71

10.2 Berechnung von pH-Werten aus Gleichungen dritten und höheren Grades in $c(H_3O^+)$

Für eine Gleichung dritten oder höheren Grades in $c(H_3O^+)$ der Form

$$f[c(H_3O^+)] = 0 \tag{10.1}$$

sollen zwei verhältnismäßig einfache Methoden angegeben werden, um die $c(H_3O^+)$-Werte, die der Bedingung (10.1) genügen, mit einer gewünschten Genauigkeit zu berechnen.

10.2.1 Newtonsches Näherungs-Verfahren

Beim Newtonschen Näherungs-Verfahren geht man von einem Startwert $c_1(H_3O^+)$ aus, der in der Nähe der gesuchten Lösung von Gl. (10.1) liegt. Damit kann man nun für $n = 2, 3, \ldots$ mit

$$c_n(H_3O^+) = c_{n-1}(H_3O^+) - \frac{f[c_{n-1}(H_3O^+)]}{f'[c_{n-1}(H_3O^+)]} \tag{10.2}$$

eine Zahlenfolge

$$\{c_1(H_3O^+), c_2(H_3O^+), \ldots\}$$

gewinnen, die in den meisten Fällen gegen die gesuchte Nullstelle $c(H_3O^+)$ von Gl. (10.1) konvergiert. Um die Konvergenz dieses Iterations-Verfahrens zu testen, werden zwei aufeinanderfolgende $c(H_3O^+)$-Werte, $c_{n-1}(H_3O^+)$ und $c_n(H_3O^+)$, miteinander verglichen. Wenn

$$\varepsilon = \left| \frac{c_n(H_3O^+) - c_{n-1}(H_3O^+)}{c_n(H_3O^+)} \right| \tag{10.3}$$

kleiner wird als die geforderte relative Genauigkeit, kann die Iteration abgebrochen werden*). Normalerweise sind bei der Lösung von Gleichungen dritten und höheren Grades in $c(H_3O^+)$ je nach Startwert 2 bis 6 Iterationen notwendig, damit $\varepsilon < 10^{-4}$ erfüllt wird. Ein geeigneter Startwert kann in vielen Fällen aus einem Näherungs-Ansatz zweiten oder ersten Grades, wie im Abschn. 4.1 beschrieben, gewonnen werden.

---

* Die Genauigkeits-Anforderung (10.3) kann auch entsprechend für die pH-Werte aufgestellt werden.

Für die Berechnung des pH-Werts einer 0,01 M Essigsäure-Lösung ($pK_S = 4{,}75$) nach Gl. (3.8) muß man aus

$$c^3(H_3O^+) + c^2(H_3O^+) \cdot 10^{-4,75} - c(H_3O^+) \cdot (0{,}01 \cdot 10^{-4,75} + 10^{-14}) - \\ - 10^{-4,75} \cdot 10^{-14} = 0 \tag{10.4}$$

$c(H_3O^+)$ iterativ bestimmen. Als Startwert bietet sich beispielsweise

$$c_1(H_3O^+) = 10^{-3,3750} = 4{,}2170 \cdot 10^{-4}$$

an [→Gl. (4.7)]. Mit Gl. (10.2) kann über

$$c_n(H_3O^+) = c_{n-1}(H_3O^+) - \\ - \frac{c_{n-1}^3(H_3O^+) + c_{n-1}^2(H_3O^+) \cdot 1{,}778 \cdot 10^{-5} - c_{n-1}(H_3O^+) \cdot 1{,}778 \cdot 10^{-7} - 1{,}778 \cdot 10^{-19}}{c_{n-1}^2(H_3O^+) \cdot 3 + c_{n-1}(H_3O^+) \cdot 3{,}556 \cdot 10^{-5} - 1{,}778 \cdot 10^{-7}}$$

$$c_2(H_3O^+) = 4{,}1317 \cdot 10^{-4} = 10^{-3,3839},$$
$$c_3(H_3O^+) = 4{,}128990 \cdot 10^{-4} = 10^{-3,384156},$$
$$c_4(H_3O^+) = 4{,}128988 \cdot 10^{-4} = 10^{-3,384156}$$

errechnet werden. Für $n = 4$ wird die Rechnung abgebrochen, da

$$\varepsilon = \left| \frac{c_4(H_3O^+) - c_3(H_3O^+)}{c_4(H_3O^+)} \right| = 4{,}844 \cdot 10^{-7} < 10^{-4}$$

erfüllt ist (Flußdiagramm siehe Abschn. 10.3.1).

10.2.2 Einschachtelungs-Verfahren

Ein zweites, ebenfalls einfaches Verfahren zur Berechnung der Nullstellen von $f[c(H_3O^+)]$ nutzt die Tatsache aus, daß sich ja bei Vorzeichenwechsel von f zwischen zwei $c(H_3O^+)$-Werten eine Nullstelle von f befinden muß. Man wählt dazu einen pH-Wert (und damit eine H_3O^+-Konzentration) aus, der beispielsweise kleiner als derjenige der gesuchten Lösung ist, z. B. pH = 0, und vergrößert den pH-Wert um eine pH-Einheit solange, bis sich das Vorzeichen von $f[c(H_3O^+)]$ ändert. Von diesem neuen Wert ausgehend erniedrigt man nun den pH-Wert um 0,1 pH-Einheiten bis zum erneuten Vorzeichenwechsel von $f[c(H_3O^+)]$. Mit diesem pH-Wert wird nun die gleiche Prozedur wiederholt, jedoch mit einer wiederum um eine Zehnerpotenz niedrigeren Schrittweite, usw. Man führt diese Einschachtelungen so lange durch, bis die gewünschte Genauigkeit erreicht ist.

Dazu ist in Tab. 10.12 als Zahlenbeispiel wieder die pH-Wert-Berechnung einer 0,01 M Essigsäure-Lösung nach Gl. (10.4) aufgeführt.

Tab. 10.12. Berechnung der Nullstellen von $f[c(H_3O^+)]$ durch Einschachtelung.

pH	$c(H_3O^+)$	$f[c(H_3O^+)]$
0	1	1
1	10^{-1}	$1{,}0002 \cdot 10^{-3}$
2	10^{-2}	$1{,}0000 \cdot 10^{-6}$
3	10^{-3}	**$8{,}3996 \cdot 10^{-10}$**
4	10^{-4}	**$-1{,}6605 \cdot 10^{-11}$**
3,9	$1{,}2589 \cdot 10^{-4}$	$-2{,}0110 \cdot 10^{-11}$
3,8	$1{,}5849 \cdot 10^{-4}$	$-2{,}3756 \cdot 10^{-11}$
3,7	$1{,}9953 \cdot 10^{-4}$	$-2{,}6830 \cdot 10^{-11}$
3,6	$2{,}5119 \cdot 10^{-4}$	$-2{,}7697 \cdot 10^{-11}$
3,5	$3{,}1623 \cdot 10^{-4}$	$-2{,}2833 \cdot 10^{-11}$
3,4	$3{,}9811 \cdot 10^{-4}$	**$-4{,}8805 \cdot 10^{-12}$**
3,3	$5{,}0119 \cdot 10^{-4}$	**$4{,}1234 \cdot 10^{-11}$**
3,31	$4{,}8978 \cdot 10^{-4}$	$3{,}4659 \cdot 10^{-11}$
3,32	$4{,}7863 \cdot 10^{-4}$	$2{,}8608 \cdot 10^{-11}$
3,33	$4{,}6774 \cdot 10^{-4}$	$2{,}3043 \cdot 10^{-11}$
3,34	$4{,}5709 \cdot 10^{-4}$	$1{,}7932 \cdot 10^{-11}$
3,35	$4{,}4668 \cdot 10^{-4}$	$1{,}3240 \cdot 10^{-11}$
3,36	$4{,}3652 \cdot 10^{-4}$	$8{,}9401 \cdot 10^{-12}$
3,37	$4{,}2658 \cdot 10^{-4}$	$5{,}0029 \cdot 10^{-12}$
3,38	$4{,}1687 \cdot 10^{-4}$	**$1{,}4029 \cdot 10^{-12}$**
3,39	$4{,}0738 \cdot 10^{-4}$	**$-1{,}8841 \cdot 10^{-12}$**
3,389	$4{,}0832 \cdot 10^{-4}$	$-1{,}5688 \cdot 10^{-12}$
3,388	$4{,}0926 \cdot 10^{-4}$	$-1{,}2507 \cdot 10^{-12}$
3,387	$4{,}1020 \cdot 10^{-4}$	$-9{,}2951 \cdot 10^{-13}$
3,386	$4{,}1115 \cdot 10^{-4}$	$-6{,}0541 \cdot 10^{-13}$
3,385	$4{,}1210 \cdot 10^{-4}$	**$-2{,}7831 \cdot 10^{-13}$**
3,384	$4{,}1305 \cdot 10^{-4}$	**$5{,}1807 \cdot 10^{-14}$**
3,3841	$4{,}1295 \cdot 10^{-4}$	**$1{,}8659 \cdot 10^{-14}$**
3,3842	$4{,}1286 \cdot 10^{-4}$	**$1{,}4458 \cdot 10^{-14}$**

10.3 Ausgewählte Flußdiagramme*)

10.3.1 pH-Wert einer einwertigen Säure (Abb. 10.1)

Eingabe: pK_S, $C(HA)$ und ein Start-pH-Wert.

Ausgabe: pH-Wert der Lösung; falls nach 100 Iterationsschritten die gewünschte relative Genauigkeit (hier 10^{-6}) nicht erreicht ist, wird „Start-pH-Wert ändern“ ausgegeben.

Abkürzungen: $x = c(H_3O^+)$; s = Startwert für $c(H_3O^+)$; $S = -\lg s$ (Start-pH-Wert);

$$f(x) = x^3 + x^2 \cdot K_S - x \cdot (K_S C + K_W) - K_S K_W;$$
$$f'(x) = x^2 \cdot 3 + x \cdot 2K_S - K_S C - K_W .$$

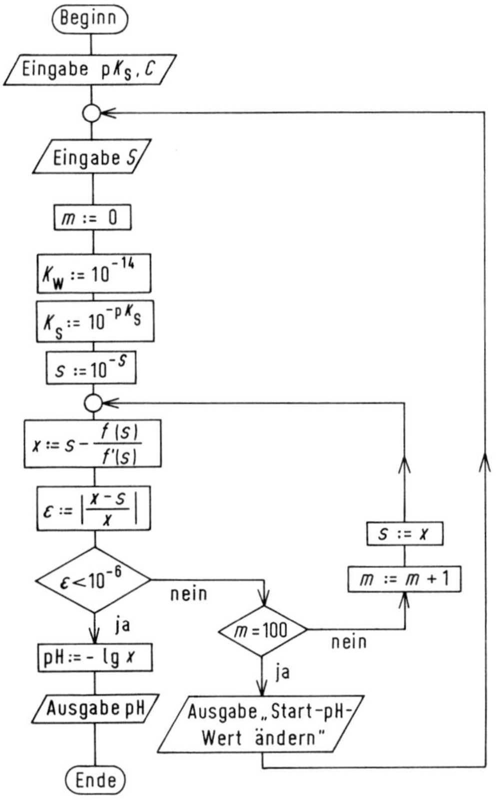

Abb. 10.1. Flußdiagramm zur Berechnung des exakten pH-Werts einer einwertigen Säure.

* Bei allen in diesem Abschnitt vorgestellten Flußdiagrammen werden Verdünnungseffekte nicht berücksichtigt (siehe dazu Abschn. 7.4).

10.3.2 pH-Wert einer *n*-wertigen Säure (Abb. 10.2)

Die Konzentration $C(H_nA)$ und die n pK_{Si}-Werte einer n-wertigen Säure seien gegeben.

Eingabe: $C(H_nA)$, n, ein Start-pH-Wert und die pK_{Si}-Werte.

Ausgabe: pH-Wert der n-wertigen Säure, berechnet nach Gl. (3.35). Falls nach 100 Iterationsschritten die gewünschte relative Genauigkeit von 10^{-6} nicht erreicht ist, wird „Start-pH-Wert ändern" ausgegeben.

Abkürzungen: $C = C(H_nA)$; s = Startwert für $c(H_3O^+)$; $S = -\lg s$ (Start-pH-Wert);

$$p_i = \prod_{j=1}^{i} K_{Sj}.$$

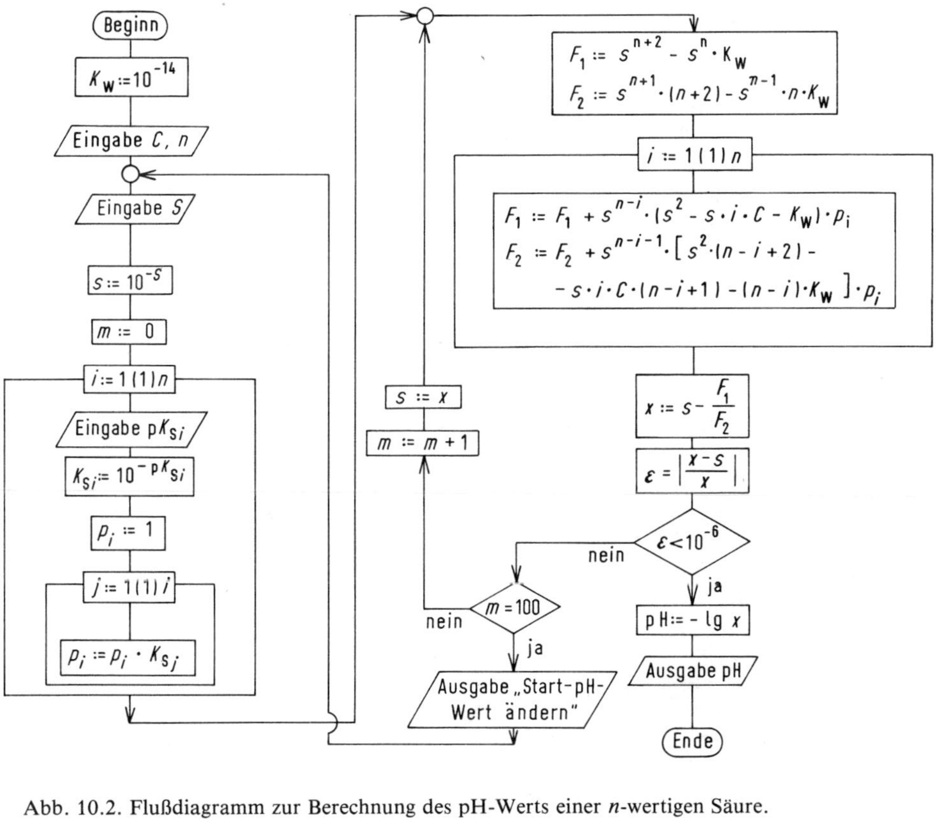

Abb. 10.2. Flußdiagramm zur Berechnung des pH-Werts einer *n*-wertigen Säure.

10.3.3 Lineares und logarithmisches pH-Diagramm einer *n*-wertigen Säure (Abb. 10.3)

Es liege die *n*-wertige Säure H_nA mit der Konzentration *C* vor.

Eingabe: *C, n,* $pK_{S1}, \ldots, pK_{Sn}$.

Ausgabe: pH, $-\lg c_0$, $-\lg c_1$, ..., $-\lg c_n$ für $0 \le pH \le 14$ im Abstand von 0,5 pH-Einheiten, berechnet mit Hilfe von Gl. (5.32).

Abkürzungen:

$x = c(H_3O^+)$;

$c_i = c(H_{n-i}A^{i-})$ ($i = 0, 1, \ldots, n$);

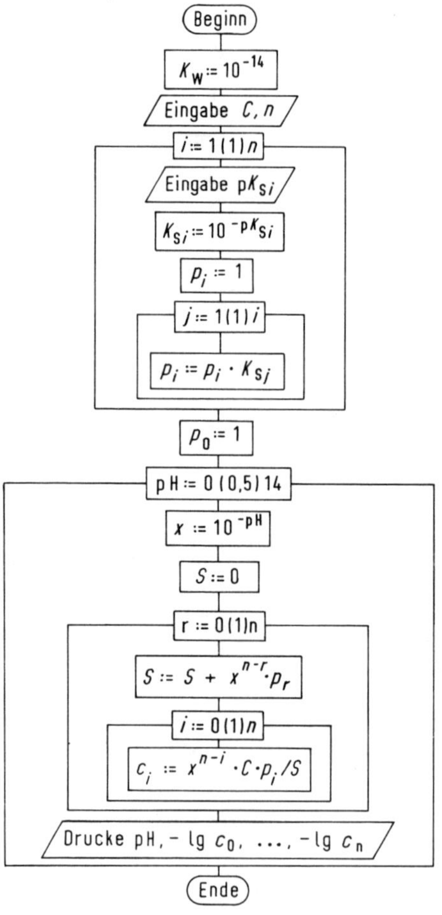

Abb. 10.3. Flußdiagramm zur Berechnung logarithmischer pH-Diagramme *n*-wertiger Säuren.

$$p_i = \prod_{j=1}^{i} K_{Sj} \text{ für } i = 0, 1, \ldots, n^{*)};$$

$$S = \sum_{i=0}^{n} x^{n-i} \cdot p_i.$$

Bemerkung: Läßt man c_i/C anstelle von $-\lg c_i$ ($i = 0, 1, \ldots, n$) ausdrucken, erhält man die Werte der Gleichgewichts-Konzentrationen der Säure H_nA und ihrer Protolyse-Produkte und kann damit lineare pH-Diagramme von n-wertigen Säuren erstellen.

10.3.4 Titration einer n-wertigen Säure mit einer m-wertigen Base (Abb. 10.4)

Die n-wertige Säure H_nA [Konzentration $C(H_nA)$] soll mit der m-wertigen Base B titriert werden.

Eingabe: $C(H_nA)$, m, n, $pK_{B1}, \ldots, pK_{Bm}$, $pK_{S1}, \ldots, pK_{Sn}$.

Ausgabe: (pH, τ)-Wertepaare für $0 \leq \text{pH} \leq 14$ im Abstand von 0,1 pH-Einheiten.

Abkürzungen:
$C = C(H_nA)$; $x = c(H_3O^+)$;

$$\tau = \frac{\sum_{i=0}^{m}\left[x^i \cdot K_W^{m-i} \cdot \prod_{j=1}^{i} K_{Bj}\right]}{\sum_{i=1}^{m}\left[x^i \cdot i \cdot K_W^{m-i} \cdot \prod_{j=1}^{i} K_{Bj}\right]} \cdot \left\{\frac{K_W/x - x}{C} + \frac{\sum_{i=1}^{n}\left[x^{n-i} \cdot i \cdot \prod_{j=1}^{i} K_{Sj}\right]}{\sum_{i=0}^{n}\left[x^{n-i} \cdot \prod_{j=1}^{i} K_{Sj}\right]^{*)}}\right\}$$

$$p_i = \prod_{j=1}^{i} K_{Sj} \quad (i = 0, 1 \ldots, n)^{*)};$$

$$q_i = \prod_{j=1}^{i} K_{Bj} \quad (i = 0, 1, \ldots, m)^{*)};$$

$$S_1 = \sum_{i=0}^{m} x^i \cdot q_i \cdot K_W^{m-i}; \qquad S_2 = \sum_{i=1}^{m} i \cdot x^i \cdot q_i \cdot K_W^{m-i};$$

$$S_3 = \sum_{i=1}^{n} i \cdot x^{n-i} \cdot p_i; \qquad S_4 = x^n + S_3.$$

---

* Definitionsgemäß gilt: $\prod_{j=1}^{0} K_{Sj} = \prod_{j=1}^{0} K_{Bj} = 1$.

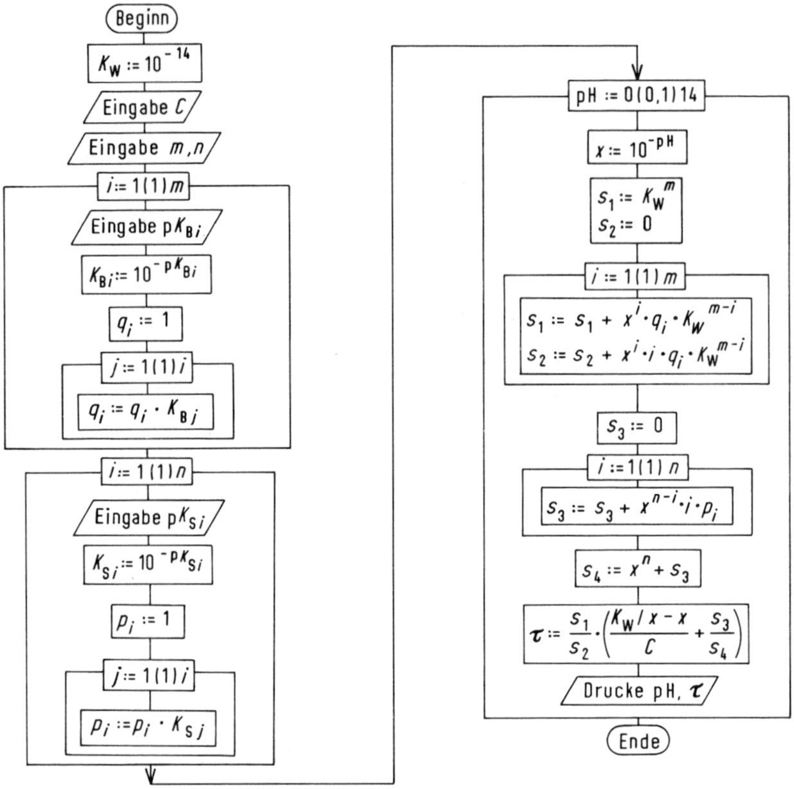

Abb. 10.4. Flußdiagramm zur Berechnung der Titrationskurve einer n-wertigen Säure H_nA mit einer m-wertigen Base B.

10.3.5 pH-Wert eines Gemischs aus zwei einwertigen Säuren und zwei einwertigen Basen (Abb. 10.5)

Es liege ein Gemisch aus den beiden einwertigen Säuren HA und HX [Konzentrationen C(HA) und C(HX), Säurekonstanten K_{SA} und K_{SX}] und die beiden einwertigen Basen B und Y [Konzentrationen C(B) und C(Y), Basekonstanten K_B und K_Y] vor.

Eingabe: Die vier Konzentrationen an HA, HX, B und Y, die beiden Säure- bzw. Baseexponenten und der Start-pH-Wert.

Ausgabe: pH-Wert dieser Lösung; falls nach 100 Iterationsschritten die relative Genauigkeit von 10^{-6} nicht erreicht ist, wird „Start-pH-Wert ändern" ausgegeben.

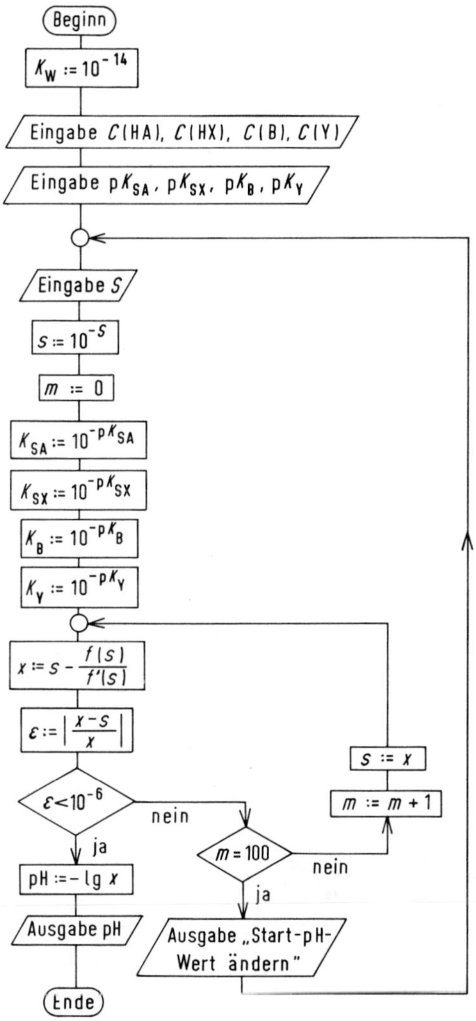

Abb. 10.5. Flußdiagramm zur Berechnung des pH-Werts eines Gemischs aus zwei einwertigen Säuren und zwei einwertigen Basen.

Abkürzungen: $x = c(H_3O^+)$; s = Startwert für $c(H_3O^+)$; $S = -\lg s$ (Start-pH-Wert);

$$\begin{aligned}
f(x) = {} & x^6 \cdot K_B K_Y + \\
& + x^5 \cdot \{K_B K_Y \cdot [K_{SA} + K_{SX} + C(B) + C(Y)] + K_W \cdot (K_B + K_Y)\} + \\
& + x^4 \cdot \langle K_W \cdot [(K_{SA} + K_{SX}) \cdot (K_B + K_Y) + C(B) \cdot K_B + C(Y) \cdot K_Y] + \\
& \quad + K_B K_Y \cdot \{(K_{SA} + K_{SX}) \cdot [C(B) + C(Y)] - C(HA) \cdot K_{SA} - \\
& \quad - C(HX) \cdot K_{SX} - K_W\} + K_{SA} K_{SX} K_B K_Y + K_W^2 \rangle + \\
& + x^3 \cdot \langle K_W \cdot \{(K_{SA} + K_{SX}) \cdot (K_W - K_B K_Y) + (K_{SA} + K_{SX}) \cdot \\
& \quad \cdot [C(B) \cdot K_B + C(Y) \cdot K_Y] + (K_B + K_Y) \cdot (K_{SA} K_{SX} - K_W) - \\
& \quad - (K_B + K_Y) \cdot [C(HA) \cdot K_{SA} + C(HX) \cdot K_{SX}]\} - \\
& \quad - K_{SA} K_{SX} K_B K_Y \cdot [C(HA) + C(HX) - C(B) - C(Y)] \rangle + \\
& + x^2 \cdot \langle K_{SA} K_{SX} K_W \cdot \{C(B) \cdot K_B + C(Y) \cdot K_Y - K_B K_Y + K_W - \\
& \quad - [C(HA) + C(HX)] \cdot (K_B + K_Y)\} - K_W^3 - \\
& \quad - K_W^2 \cdot [(K_{SA} + K_{SX}) \cdot (K_B + K_Y) + C(HA) \cdot K_{SA} + C(HX) \cdot K_{SX}] \rangle - \\
& - x \cdot \{K_{SA} K_{SX} K_W^2 \cdot [K_B + K_Y + C(HA) + C(HX)] + K_W^3 \cdot (K_{SA} + K_{SX})\} - \\
& - K_{SA} K_{SX} K_W^3 ,
\end{aligned}$$

$$\begin{aligned}
f'(x) = {} & x^5 \cdot 6 K_B K_Y + \\
& + x^4 \cdot 5 \cdot \{K_B K_Y \cdot [K_{SA} + K_{SX} + C(B) + C(Y)] + K_W \cdot (K_B + K_Y)\} + \\
& + x^3 \cdot 4 \cdot \langle K_W \cdot [(K_{SA} + K_{SX}) \cdot (K_B + K_Y) + C(B) \cdot K_B + C(Y) \cdot K_Y] + \\
& \quad + K_B K_Y \cdot \{(K_{SA} + K_{SX}) \cdot [C(B) + C(Y)] - C(HA) \cdot K_{SA} - \\
& \quad - C(HX) \cdot K_{SX} - K_W\} + K_{SA} K_{SX} K_B K_Y + K_W^2 \rangle + \\
& + x^2 \cdot 3 \cdot \langle K_W \cdot \{(K_{SA} + K_{SX}) \cdot (K_W - K_B K_Y) + (K_{SA} + K_{SX}) \cdot \\
& \quad \cdot [C(B) \cdot K_B + C(Y) \cdot K_Y] + (K_B + K_Y) \cdot (K_{SA} K_{SX} - K_W) - \\
& \quad - (K_B + K_Y) \cdot [C(HA) \cdot K_{SA} + C(HX) \cdot K_{SX}]\} - \\
& \quad - K_{SA} K_{SX} K_B K_Y \cdot [C(HA) + C(HX) - C(B) - C(Y)] \rangle + \\
& + x \cdot 2 \cdot \langle K_{SA} K_{SX} K_W \cdot \{C(B) \cdot K_B + C(Y) \cdot K_Y - K_B K_Y + K_W - \\
& \quad - [C(HA) + C(HX)] \cdot (K_B + K_Y)\} - K_W^3 - \\
& \quad - K_W^2 \cdot [(K_{SA} + K_{SX}) \cdot (K_B + K_Y) + C(HA) \cdot K_{SA} + C(HX) \cdot K_{SX}] \rangle - \\
& - K_{SA} K_{SX} K_W^2 \cdot [K_B + K_Y + C(HA) + C(HX)] - K_W^3 \cdot (K_{SA} + K_{SX}) .
\end{aligned}$$

10.4 Übersicht der wichtigsten Gleichungen

In den nachstehenden Tabellen 10.13 bis 10.15 sind die wichtigsten Formeln zur Berechnung von pH-Werten zusammengefaßt, die in den vorangegangenen Kapiteln aufgeführt sind.

Tab. 10.13. Berechnung von pH-Werten oder H_3O^+-Konzentrationen.

Fragestellung	Exakte Lösung (Gleichung)	Näherungs-Lösung (Gleichung)
einwertige Säure	(3.8)	(4.1) bis (4.4), (4.7) bis (4.10), (4,12), (4,13), (4.17), (4.20)
einwertige Base	(3.14)	(9.26) bis (9.39)
zweiwertige Säure	(3.26)	
dreiwertige Säure	(9.1)	
n-wertige Säure	(3.35)	
Ampholyt	(3.46)	(4.27), (4.28)
Gemisch einer sehr starken und einer schwachen Säure	(3.57)	
Gemisch zweier einwertiger Säuren	(9.5)	
Gemisch einer ein- und einer zweiwertigen Säure	(9.10), (9.11)	
Gemisch einer einwertigen Säure und eines Ampholyten	(9.23), (9.24)	
Gemisch einer ein- und einer dreiwertigen Säure	(9.14), (9.15)	
Gemisch einer zwei- und einer dreiwertigen Säure	(9.6), (9.7)	
Gemisch einer *n*- und einer *m*-wertigen Säure	(3.61)	
Gemisch einer einwertigen Säure und einer einwertigen Base	(3.72)	
Gemisch einer zweiwertigen Säure und einer sehr starken einwertigen Base	(9.58)	
Gemisch einer zweiwertigen Säure und einer einwertigen Base	(9.12), (9.13)	
Gemisch einer dreiwertigen Säure und einer einwertigen Base	(9.16), (9.17), (9.67)	
Gemisch einer vierwertigen Säure und einer einwertigen Base	(9.72)	
Gemisch einer dreiwertigen Säure und einer zweiwertigen Base	(9.48), (9.49)	
Gemisch einer einwertigen Säure und einer zweiwertigen Base	(9.19), (9.20)	
Gemisch einer einwertigen Säure und einer dreiwertigen Base	(9.8), (9.9)	
Gemisch einer *n*-wertigen Säure und einer *m*-wertigen Base	(3.77)	
Gemisch einer ein- und zweiwertigen Säure und einer einwertigen Base	(9.21), (9.22)	

Tab. 10.13. *(Fortsetzung)*

Fragestellung	Exakte Lösung (Gleichung)	Näherungs-Lösung (Gleichung)
Gemisch einer ein- und dreiwertigen Säure und einer einwertigen Base	(9.78), (9.79)	
Gemisch einer einwertigen Säure und zwei einwertiger Basen	(9.76), (9.77)	
Gemisch zweier einwertiger Säuren und Basen	(3.92)	

Tab. 10.14. Berechnung von Titrationskurven.

Titration von	mit	Exakte Lösung (Gleichung)	Näherungs-Lösung (Gleichung)
einwertiger Säure	sehr starker einwertiger Base	(7.10), (7.68)	(7.72), (7.74), (7.77), (7.81), (7.82)
einwertiger Säure	einwertiger Base	(7.23), (7.65)	
zweiwertiger Säure	einwertiger Base	(7.42), (7.44)	
dreiwertiger Säure	einwertiger Base	(7.50)	
n-wertiger Säure	einwertiger Base	(7.49)	
Gemisch zweier einwertiger Säuren	einwertiger Base	(7.58), (7.59)	
sechswertiger Säure	ein- bzw. zweiwertiger Base	(9.50), (9.51)	
einwertiger Base	*n*-wertiger Säure	(9.52), (9.53)	
zweiwertiger Base	einwertiger Säure	(9.56)	

Tab. 10.15. Berechnung der pH-Werte und der Kapazitäten von Puffern.

Fragestellung	Exakte Lösung (Gleichung)	Näherungs-Lösung (Gleichung)
pH-Wert von Puffern	(8.9)	(8.4)
Zugabe einer einwertigen Säure zu Puffern	(8.14)	
Zugabe einer einwertigen Säure und einer einwertigen Base zu Puffern	(8.16)	
Pufferkapazität einer einwertigen Säure	(8.19)	(8.21), (8.26), (8.27)
Pufferkapazität zweier einwertiger Säuren	(9.80)	
Pufferkapazität einer zweiwertigen Säure	(9.59), (9.61)	
Pufferkapazität einer dreiwertigen Säure	(9.60), (9.68)	
Pufferkapazität einer vierwertigen Säure	(9.73)	
Maximale Pufferkapazität einer einwertigen Säure	(8.28), (9.66)	(8.29), (8.30)
Maximale Pufferkapazität einer zweiwertigen Säure	(9.64)	
Maximale Pufferkapazität einer dreiwertigen Säure	(9.71)	

11 Literatur

Nachstehend ist im ersten Abschnitt eine Auswahl an Büchern aufgeführt, die ähnliche und angrenzende Fragestellungen erörtern. Es schließen sich im zweiten Teil der Literatursammlung Textstellen an, die zum Teil speziellere Probleme aus der Theorie von Säuren und Basen und der Berechnung von pH-Werten behandeln.

Monographien und Lehrbücher

G. Ackermann, W. Jugelt, H.-H. Möbius, H. D. Suschke und *G. Werner:* Elektrolytgleichgewichte und Elektrochemie. Fachstudium Chemie, Lehrbuch 5. Verlag Chemie, Weinheim 1974.

R. G. Bates: Determination of pH, Theory and Practice. Wiley, New York 1973.

R. G. Bates: Electrometric pH Determinations. Wiley, New York 1954.

R. P. Bell: Acids and Bases. Methuen, London 1952.

R. P. Bell: The Proton in Chemistry. Cornell University Press, Ithaca 1959.

R. P. Bell: Säuren und Basen und ihr quantitatives Verhalten. Verlag Chemie, Weinheim 1974.

T. R. Blackburn: Equilibrium. A Chemistry of Solutions. Holt, Rinehart and Winston, New York 1969.

H. T. S. Britton: Hydrogen Ions. Van Nostrand, Princeton 1956.

J. N. Butler: Solubility and pH Calculations. Addison-Wesley, Reading 1964.

J. N. Butler: Ionic Equilibrium, a Mathematical Approach. Addison-Wesley, Reading 1964.

J. A. Campbell: Allgemeine Chemie. Energetik, Dynamik und Struktur chemischer Systeme. Verlag Chemie, Weinheim 1975.

G. Charlot: Chimie Analytique Générale, I. Solutions Aqueuses et non Aqueuses. Masson, Paris 1967.

H. R. Christen: Säure/Base-Gleichgewichte, Redoxvorgänge. Sauerländer, Aarau 1968.

H. W. Davenport: The ABC of Acid-Base-Chemistry. Chicago University Press, Chicago 1958.

C. W. Davies: Ion Association. Butterworths, London 1962.

M. C. Day und *J. Selbin:* Theoretical Inorganic Chemistry. Reinhold, New York 1962.

F. Dietze, E. Hoyer, F. Lorenz, W. Seifert und *D. Wagler:* Säuren und Basen. Verlag Chemie, Weinheim 1972.

R. S. Drago und *N. A. Matwiyoff:* Acids and Bases. Raytheon Education Company, Lexington 1968.

D. Dyrssen, D. Jagner und *F. Wengelin:* Computer Calculation of Ionic Equilibria and Titration Procedures. Almqvist and Wiksell, Stockholm 1968.

S. Ebel und *W. Parzefall:* Experimentelle Einführung in die Potentiometrie. Verlag Chemie, Weinheim 1975.

C. Ferradini: Equilibres Chimiques. Armand Colin, Paris 1975

G. M. Fleck: Equilibria in Solution. Holt, Rinehart and Winston, New York 1966.

H. Freiser und *Q. Fernando:* Ionic Equilibria in Analytical Chemistry. Wiley, New York-London 1963.

H. Fromherz: Physikalisch-chemisches Rechnen in Wissenschaft und Technik, 3. Aufl. Verlag Chemie, Weinheim 1956.
R. J. Gillespie: Proton Acids, Lewis Acids, Hard Acids, Soft Acids and Superacids. In: *E. Caldin* und *V. Gold* (Eds.): Proton-Transfer Reactions. Chapman and Hall, London 1975.
V. Gold: pH-Measurements. Methuen, London 1956.
P. D. Groves: Electrochemistry. John Murrey, London 1974.
G. Hägg: Die theoretischen Grundlagen der analytischen Chemie. Birkhäuser, Basel 1950.
F. L. Hahn: pH und potentiometrische Titrierungen. In: *F. Hecht, R. Kaiser* und *H. Kriegsmann:* Methoden der Analyse in der Chemie, Bd. 3. Akademische Verlagsgesellschaft, Frankfurt/Main 1964.
G. S. Hammond, J. Osteryoung, T. H. Crawford und *H. B. Gray:* Modellvorstellungen in der Chemie. Walter de Gruyter, Berlin/New York 1976.
H. S. Harned und *B. B. Owen:* The Physical Chemistry of Electrolytic Solutions. Reinhold, New York 1950.
W. Huber: Titration nichtwäßriger Lösungsmittel. In: *F. Hecht, R. Kaiser* und *H. Kriegsmann:* Methoden der Analyse in der Chemie, Bd. 1. Akademische Verlagsgesellschaft, Frankfurt/Main 1964.
A. M. Huntz: Equilibres acido-basiques, pH. Masson, Paris 1975.
J. Jander und *C. Lafrenz:* Wasserähnliche Lösungsmittel. Verlag Chemie, Weinheim 1968.
E. J. King: Acid-Base Equilibria. In: *R. A. Robinson* (Ed.): Equilibrium Properties of Electrolyte Solutions. Macmillan, New York 1965.
W. Kischio: Rechnen in der Chemie mit Größengleichungen. Umschau-Verlag, Frankfurt/Main, 1969.
G. Kortüm: Lehrbuch für Elektrochemie, 5. Aufl. Verlag Chemie, Weinheim 1972.
M. F. C. Ladd und *W. H. Lee:* Modern Physical Chemistry: an Introduction. Penguin Books, Hardmondsworth 1969.
J. J. Lagowski (Ed.): The Chemistry of Non-Aqueous Solvents. Vol II: Acidic and Basic Solvents. Academic Press, New York-London 1967.
H. A. Laitinen: Chemical Analysis. McGraw-Hill, New York 1960.
W. F. Luder und *S. Zuffanti:* The Electronic Theory of Acids and Bases. 2. Aufl. Dover Publications, Dover/New York 1961.
L. Michaelis: Die Wasserstoffionen-Konzentration. J. Springer, Berlin 1914.
J. E. Ricci: Hydrogen Ion Concentration. Princeton University Press, Princeton 1952.
R. A. Robinson und *R. H. Stokes:* Electrolyte Solutions. Butterworths, London 1959.
L. Rougeot: Acides et Bases. Presses Universitaires de France, Paris 1970.
C. Rocchiccioli-Deetcheff: Le pH est sa mesure. Presses Universitaires de France, Paris 1967.
F. Seel: Grundlagen der analytischen Chemie, 6. Aufl. Verlag Chemie, Weinheim 1976.
H. H. Sisler: Chemistry in Non-Aqueous Solvents. Reinhold, New York 1961.
L. Šůcha und *S. Kotrly:* Solution Equilibria in Analytical Chemistry. Van Nostrand Reinhold, London 1972.
C. A. van der Werf: Acids, Bases in the Chemistry of Covalent Bond. Reinhold, New York 1961.

Weitere Literatur

A. Albert und *E. P. Serjeant:* Ionization Constants of Acids and Bases. Methuen, London 1961.
H. N. Alyea, J. Chem. Educ. *18,* 206 (1941).
"A Résumé of the Proton Transfer Concept of Acids and Bases"
T. Anfält, D. Dyrssen und *D. Jagner,* Anal. Chim. Acta *43,* 487 (1968).
"Species Formed in the Potentiometric Titration of Fluoride with Thorium or Lanthanum Nitrate and Functions Suitable for the Evaluation of the Equivalence Points"

T. Anfält und *D. Jagner,* Anal. Chim. Acta *47,* 57 (1969).
"Interpretation of Titration Curves by Means of the Computer Program HALTAFALL"
S. Arrhenius, Z. Phys. Chem. *2,* 284 (1888).
„Theorie der isohydrischen Lösungen"
L. F. Audrieth und *T. Moeller,* J. Chem. Educ. *20,* 219 (1943).
"Acid-Base Relationships at Higher Temperatures"
G. H. Aylward und *T. J. V. Findlay:* Datensammlung Chemie. Verlag Chemie/Physik, Weinheim 1975.
J. L. Bada, J. Chem. Educ. *46,* 689 (1969).
"The pK_a of a Weak Acid as a Function of Temperature and Ionic Strength"
A. J. Bard und *D. M. King,* J. Chem. Educ. *42,* 127 (1965).
"General Digital Computer Program for Chemical Equilibrium Calculations"
R. G. Bates: Concept and Determination of pH. In: *I. M. Kolthoff, P. J. Elving* und *E. B. Sandell* (Eds.): Treatise on Analytical Chemistry, I/1. Interscience, New York 1959.
R. P. Bell, Quart. Rev. *1,* 113 (1947).
"The Use of the Terms 'Acid' and 'Base'"
N. Bjerrum, Chem. Rev. *16,* 287 (1935).
"Acids, Salts, and Bases"
N. Bjerrum, Z. Phys. Chem. *103,* 147 (1923).
„Die Konstitution der Ampholyte, besonders der Aminosäuren, und ihre Dissoziationskonstanten"
C. Bliefert und *G. Morawietz,* Z. Anal. Chem. *277,* 203 (1975).
„Kurventafel zur graphischen Bestimmung von pH-Werten einwertiger Säuren und Basen"
C. Bliefert und *G. Morawietz,* Z. Anal. Chem. *282,* 43 (1976).
„Graphische Fehlerabschätzung bei näherungsweiser pH-Wert-Berechnung einwertiger Säuren und Basen"
C. Bliefert, G. Morawietz und *E. Krahé,* Z. Anal. Chem. *287,* 320 (1977).
"Nomograph for the Determination of pH-Values of Monovalent Acids and Bases"
R. S. Bradley, J. Chem. Educ. *27,* 208 (1950).
"Note on the Symmetry between Electron and Proton Transfer"
M. J. D. Brand, J. Chem. Educ. *53,* 771 (1976).
"A General Method for the Solution of Polynomial Equations in H^+ Ion Concentration"
G. L. Breneman, J. Chem. Educ. *51,* 812 (1974).
"A General Acid-Base Titration Curve Computer Program"
L. K. Brice, J. Chem. Educ. *50,* 430 (1973).
"Lewis Acid Base Equilibria"
J. N. Brönsted, Rec. Trav. Chim. Pays-Bas *42,* 718 (1923).
„Einige Bemerkungen über den Begriff der Säuren und Basen."
J. N. Brönsted, Chem. Rev. *5,* 231 (1928).
"Acid and Basic Catalysis"
H. C. Brown, D. H. McDaniel und *O. Häflinger:* Dissociation Constants. In: *E. A. Braude* und *F. C. Nachod* (Eds.): Determination of Organic Structures by Physical Methods. Academic Press, New York 1955.
S. Bruckenstein und *I. M. Kolthoff:* Acid-Base Strength and Protolysis Curves in Water. In: *I. M. Kolthoff, P. J. Elving* und *E. B. Sandell* (Eds.): Treatise on Analytical Chemistry, I/1. Interscience, New York 1959.
J. Butcher und *Q. Fernando,* J. Chem. Educ. *43,* 546 (1966).
"Theoretical Error in Acid-Base Titrations"
J. N. Butler, J. Chem. Educ. *38,* 141 (1961).
"An Approach to Complex Equilibrium Problems"
J. N. Butler, J. Chem. Educ. *40,* 66 (1963).
"Calculation Titration Errors"
H. P. Cady und *H. M. Elsey,* J. Chem. Educ. *5,* 1425 (1928).
"A General Definition of Acids, Bases, and Salts"

G. Charlot, Anal. Chim. Acta *1,* 59 (1947).
"Utilité de la définition de Brönsted des acides et des bases en chimie analytique"
S. D. Christian, J. Chem. Educ. *45,* 713 (1968).
"Rapid Graphical Method for Determining Formation Constants"
H. L. Clever, J. Chem. Educ. *45,* 231 (1968).
"The Ion Product Constant of Water"
W. P. Cortelyou, J. Chem. Educ. *45,* 677 (1968).
"Corrections for Simple Equations for Titration Curves of Monoprotic Acids"
F. E. Crane, J. Chem. Educ. *38,* 365 (1961).
"Is There an Alternative to pH?"
D. Davidson, J. Chem. Educ. *19,* 154 (1942).
"Acids and Bases in Organic Chemistry"
D. Davidson, J. Chem. Educ. *32,* 550 (1955).
"Amphoteric Molecules, Ions, and Salts"
D. D. DeFord, J. Chem. Educ. *27,* 554 (1950).
"The Brönsted Concept in Calculations Involving Acid-Base Equilibria"
D. F. Detar: Computer Programs for Chemistry. Benjamin, New York/Amsterdam 1968.
DIN 1313: Physikalische Größen. Physikalische Gleichungen; Begriffe, Schreibweisen.
DIN 19 260: pH-Messung. Allgemeine Begriffe.
DIN 19 266: pH-Messung. Standardpufferlösungen.
DIN 32 625: Stoffmenge und davon abgeleitete Größen. Begriffe und Definitionen.
J. F. J. Dippy, Chem. Rev. *25,* 151 (1939).
"The Dissociation Constants of Monocarboxylic Acids; their Measurement and their Significance in Theoretical Organic Chemistry"
R. S. Drago, J. Chem. Educ. *51,* 300 (1974).
"A Modern Approach to Acid-Base Chemistry"
J. W. Drenan, J. Chem. Educ. *32,* 36 (1955).
"A General Equation for Approxiamte Hydronium Ion Calculations"
S. Ebel, Z. Anal. Chem. *245,* 353 (1969).
„Berechnung von Titrationskurven"
S. Ebel, Arch. Pharm. *302,* 856 (1969).
„Berechnung der Titrationskurven schwacher Säuren oder Basen"
J. G. Eberhart und *T. R. Sweet,* J. Chem. Educ. *37,* 422 (1960).
"The Numerical Solution of Equations in Chemistry"
M. Eigen, Angew. Chem. *75,* 489 (1963).
„Protonenübertragung, Säure-Base-Katalyse und enzymatische Hydrolyse. Teil I: Elementarvorgänge"
A. R. Emery, J. Chem. Educ. *42,* 131 (1965).
"Computer Program for the Calculation of Acid-Base Titration Curves"
H. Flood und *T. Förland,* Acta Chem. Scand. *1,* 592, 781, 790 (1947).
"The Acidic and Basic Properties of Oxides"
E. C. Franklin, J. Am. Chem. Soc. *27,* 820 (1905).
"Reactions in liquid Ammonia"
H. Freiser, J. Chem. Educ. *47,* 809 (1970).
"Acid-Base Reaction Parameters"
H. Freiser, J. Chem. Educ. *47,* 844 (1970).
"Calculation of Hydrogen Ionic Concentrations"
H. Freiser und *Q. Fernando,* J. Chem. Educ. *42,* 35 (1965).
"Teaching Ionic Equilibrium"
J. J. Fritz, J. Chem. Educ. *30,* 442 (1953).
"Systematic Calculation of Ionic Equilibria"
H. Gehlen, Z. Phys. Chem. *203,* 125 (1954).
„Zur Kenntnis der Säuren-Basen-Theorie von Ussanowitch"

D. M. Goldish, J. Chem. Educ. *47,* 65 (1970).
"Component Concentrations in Solutions of Weak Acids"
J. A. Goldman, J. Chem. Educ. *46,* 123 (1969).
"Monoprotic or Diprotic?"
W. B. Guenther, J. Chem. Educ. *44,* 46 (1967).
"Stepwise Formation Constants of Complex Ions"
V. Gutmann: Chemische Funktionslehre. Springer, Wien-New York 1971.
V. Gutmann und *I. Lindqvist,* Z. Phys. Chem. *203,* 250 (1954).
„Die Ionotropie als Fundamentalreaktion bei Säure-Basen Vorgängen"
N. F. Hall, J. Chem. Educ. *17,* 124 (1940).
"Systems of Acids and Bases"
E. Haglund, D. Moss und *J. Flynn,* J. Chem. Educ. *43,* 582 (1966).
"General Solution of Ionic Equilibria Problems"
S. D. Hamann und *C. H. J. Johnson,* Aust. J. Chem. *21,* 2695 (1968).
"The Theory of Titration of Polybasic Acids. I. Dibasic Acids that form Ion Complexes"
S. D. Hamann, Aust. J. Chem. *23,* 1749 (1970).
"The Theory of Titration of Polybasic Acids. II. Conditions for the Existence of Inflexions near Equivalence Points"
S. D. Hamann, J. Chem. Educ. *47,* 658 (1970).
"Titration Behavior of Monoprotic and Diprotic Acids"
L. P. Hammett: Physikalische Organische Chemie. Verlag Chemie, Weinheim 1973.
A. Hantzsch, Z. physik. Chem. *133,* 406 (1928).
„Über die Konstitution der Säuren und Salze sowie deren chemische Veränderung durch Lösungsmittel"
H. S. Harned und *R. A. Robinson,* Trans. Faraday Soc. *36,* 973 (1940).
"A Note on the Temperature Variation of the Ionisation Constants of Weak Elektrolytes"
L. Heck, J. Chem. Educ. *46,* 535 (1969).
"Graphical Method for Acidity Constants"
L. J. Henderson, J. Am. Chem. Soc. *30,* 954 (1908).
"A Diagrammatic Representation of Equilibria between Acids and Bases in Solution"
T. L. Isenhour und *P. C. Jurs:* Introduction to Computer Programming for Chemists. Allyn and Bacon, Boston 1972.
R. E. Jensen, R. G. Garvey und *B. A. Paulson,* J. Chem. Educ. *47,* 147 (1970).
"Determination of Successive Ionization Constants"
E. L. King, J. Chem. Educ. *31,* 183 (1954).
"Calculating the Concentrations of Species Present in Complex Buffers"
J. G. Kirkwood und *F. H. Westheimer,* J. Chem. Phys. *6,* 506 (1938).
"The Elektrostatic Influence of Substituents on the Dissociation Constants of Organic Acids"
F. Klages, Z. Elektrochem. *39,* 663 (1933).
„Zur Nomenklatur der dissoziierenden Verbindungen"
F. Kohlrausch und *A. Heydweiller,* Z. Phys. Chem. *14,* 317 (1894).
„Über reines Wasser"
I. M. Kolthoff und *S. Bruckenstein,* J. Am. Chem. Soc. *78,* 1, 10, 2974 (1956).
"Acid-Base Equilibria in Glacial Acetic Acid"
I. M. Kolthoff: Concepts of Acids and Bases. In: *I. M. Kolthoff, P. J. Elving* und *E. B. Sandell* (Eds.): Treatise on Analytical Chemistry, I/1. Interscience, New York 1959.
I. M. Kolthoff und *S. Bruckenstein:* Acid-Base Equilibria in Nonaqueous Solutions. In: *I. M. Kolthoff, P. J. Elving* und *E. B. Sandell* (Eds.): Treatise on Analytical Chemistry, I/1. Interscience, New York 1959.
G. Kortüm, W. Vogel und *K. Andrussow:* Dissoziationskonstanten organischer Säuren in wäßriger Lösung. Butterworths, London 1961.
W. J. Kozarek und *Q. Fernando,* J. Chem. Educ. *49,* 202 (1972).
"Location of the Equivalence Point in Potentiometric Titrations"

W. Kullbach, Chem.-Ztg. *98,* 386 (1974).
„Mengen-, Gehalts- und Konzentrationsangaben auf der Grundlage des Einheitsgesetzes und entsprechender Normen"

A. J. Leffler, J. Chem. Educ. *53,* 460 (1976).
"A Criterion for the Simple Approximation in Dissociation Equilibria"

H. Lineweaver und *D. Burk,* J. Am. Chem. Soc. *56,* 658 (1934).
"The Determination of Enzyme Dissociation Constants"

A. Lomax und *A. J. Bard,* J. Chem. Educ. *45,* 621 (1968).
"Equations for Potentiometric Titration"

N. G. Lordi, J. Chem. Educ. *46,* 861 (1969).
"Analog Computer Simulation of log(K)-pH Profiles"

T. M. Lowry, Chem. Ind. (London) *42,* 43 (1923).
"The Uniqueness of Hydrogen"

T. M. Lowry, Trans. Faraday Soc. *20,* 13 (1924).
"The Electronic Theory of Valency. IV. The Origin of Acidity"

W. F. Luder, J. Chem. Educ. *19,* 24 (1942).
"Acids and Bases: Their Relationship to Oxidizing and Reducing Agents"

H. Lux, Z. Elektrochem. *45,* 303 (1939).
„Säuren und Basen im Schmelzfluss: Die Bestimmung der Sauerstoffionen-Konzentration"

F. R. Meeks, J. Chem. Educ. *42,* 609 (1965).
"When to Approximate"

L. Meites, J. Chem. Educ. *49,* 682 (1972).
"Polybasic Weak Acids Indistinguishable from Monobasic by Titrimetry"

L. Meites, J. S. F. Pode und *H. C. Thomas,* J. Chem. Educ. *43,* 667 (1966).
"Are Solubilities and Solubility Products Related?"

T. Moeller: Inorganic Chemistry. Wiley, New York 1952.

F. S. Nakayama, J. Chem. Educ. *47,* 67 (1970).
"Hydrolysis of Sodium Carbonate"

E. R. Nightingale, J. Chem. Educ. *34,* 277 (1957).
"The Use of Exact Expressions in Calculating Hydrogen Ion Concentrations"

R. G. Pearson, J. Am. Soc. *85,* 3533 (1963).
"Hard and Soft Acids and Bases"

R. G. Pearson und *J. Songstad,* J. Am. Chem. Soc. *89,* 1827 (1967).
"Application of the Principle of Hard and Soft Acids and Bases to Organic Chemistry"

R. G. Pearson, J. Chem. Educ. *45,* 581, 643 (1968).
"Hard and Soft Acids and Bases, HSAB"

D. D. Perrin: Dissociation Constants of Organic Bases in Aqueous Solution. Butterworths, London 1965.

J. P. Peters und *D. D. von Slyke:* Quantitative Clinical Chemistry, II. Williams and Wilkins, Baltimore 1932.

F. L. Pilar, J. Chem. Educ. *49,* 776 (1972).
"Preparation of Solutions in the pH Range of Approximately −47 to +47"

E. C. Pitzer, J. Chem. Educ. *32,* 300 (1955).
"Pocket Slide Rule for pH Calculations"

K. J. Radimer, J. Chem. Educ. *27,* 251 (1950).
"Solution of Problems Involving Equilibrium Constants"

R. W. Ramette, J. Chem. Educ. *44,* 647 (1967).
"Equilibrium Constants from Spectrophotometric Data"

J. E. Ricci, J. Am. Chem. Soc. *70,* 109 (1948).
"The Aqueous Ionization Constants of Inorganic Oxygen Acids"

P. S. Roller, J. Am. Chem. Soc. *50,* 1 (1928).
"Theory of the End-Point in Electrometric Titration"

B. Saville, Angew. Chem *79,* 966 (1967).
„Anwendung des Konzepts der harten und weichen Säuren und Basen auf Vielzentrenreaktionen"

W. Schroeder: Massenwirkungsgesetz. Walter de Gruyter, Berlin-New York 1975.
F. Seel: Säure-Base-Theorien. In: Ullmanns Encyklopädie der technischen Chemie, Bd. 15, 3. Aufl. Urban & Schwarzenberg, München-Berlin 1964.
J. B. Senior, Pure Appl. Chem. *41,* 373 (1975).
"Some Aspects of Chemistry in Strongly Acid Solvent Media"
L. G. Sillén: Graphic Presentation of Equilibrium Data. In: *I. M. Kolthoff, P. J. Elving* und *E. B. Sandell* (Eds.): Treatise on Analytical Chemistry, I/1. Interscience, New York 1959.
D. D. van Slyke, J. Biol. Chem. *52,* 525 (1922).
"On the Measurement of Buffer Values and on the Relationship of Buffer Value to the Dissociation Constant of the Buffer and the Concentration and Reaction of the Buffer Solution"
C. C. Solomons, J. Chem. Educ. *42,* 225 (1965).
"Lineweaver-Burk Treatment of Acid-Base Dissociation"
S. P. L. Sörensen, Biochem. Z. *21,* 131 (1909).
„Über die Messung und die Bedeutung der Wasserstoffionenkonzentration bei enzymatischen Prozessen"
H. Spandau und *V. Gutmann,* Angew. Chem. *64,* 93 (1952).
„Protonenfreie ionisierende anorganische Lösungmittel"
R. A. Stairs, J. Chem. Educ. *55,* 99 (1978).
"Unified Calculation of Titration Curves"
P. E. Sturrock, J. Chem. Educ. *45,* 258, 621 (1968).
"Is a Weak Acid Monoprotic?"
F. Szabadváry und *R. E. Oesper,* J. Chem. Educ. *41,* 105 (1964).
"Development of the pH Concept"
F. D. Tabbutt, J. Chem. Educ. *47,* 845 (1970).
"Calculation of Hydrogen Ionic Concentrations"
C. Tanford und *J. G. Kirkwood,* J. Am. Chem. Soc. *79,* 5333 (1957).
"Theory of Protein Titration Curves. I. General Equations for Impenetrable Spheres"
C. Tanford, J. Am. Chem. Soc. *79,* 5340 (1957).
"Theory of Protein Titration Curves. II. Calculations for Simple Models at Low Ionic Strength"
E. B. Thomas, J. Chem. Educ. *40,* 70 (1963).
"Graphical Treatment Simplifies Acid-Base Equilibria Calculations"
M. Usanovich, Z. Obsc. Chim. *9,* 182 (1939).
T. C. Waddington (Ed.): Non-Aqueous Solvent Systems. Academic Press, London-New York 1965.
J. Waser, J. Chem. Educ. *44,* 274 (1967).
"Acid-Base Titration and Distribution Curves"
H. Werner, Chemie in unserer Zeit *1,* 135 (1967).
„Harte und weiche Säuren und Basen – Ein neues Klassifizierungsprinzip"
C. E. Wilson, J. Chem. Educ. *52,* 344 (1975).
"Computer Simulated Titration Curves"
K. Winkelblech, Z. Phys. Chem. *36,* 546 (1901).
„Über amphotere Elektrolyte und innere Salze"

12 Register